仪器分析(附实验)

(第二版)

主　审：万家亮

主　编：李耀仓　马红霞　尹　利

副主编：赵昌后　李先良　刘中华

编　者：(排名不分先后)

汪志涛　廖振环　李　辉

易庆平　刘秀娟

华中师范大学出版社

内 容 提 要

　　本书是为理、工、农、医类高等院校培养应用型和创新型人才而组织编写的。全书内容包括绪论、紫外-可见吸收光谱分析、分子荧光分析、红外吸收光谱分析、原子吸收光谱分析、旋光分析和折光分析、电位分析、气相色谱分析、高效液相色谱分析,还精选了二十四个基础仪器分析实验。

　　本书可作为理、工、农、医类高等院校相关专业的仪器分析课程教材,也可以作为工厂、企业分析测试人员的参考书。

新出图证(鄂)字 10 号

图书在版编目(CIP)数据

仪器分析:附实验/李耀仓,马红霞,尹利主编. —2 版. —武汉:华中师范大学出版社,2019.12(2022.7 重印)

　　ISBN 978-7-5622-8911-1

　　Ⅰ.①仪…　Ⅱ.①李…　②马…　③尹…　Ⅲ.①仪器分析—高等学校—教材　Ⅳ.①O657

　　中国版本图书馆 CIP 数据核字(2019)第 286590 号

仪器分析(附实验)
(第二版)

主　　　编:李耀仓　马红霞　尹　利ⓒ	
责任编辑:张子文　鲁　丽　　责任校对:缪　玲	封面设计:胡　灿
编 辑 室:高等教育分社	电　　话:027-67867364
出版发行:华中师范大学出版社	
地　　址:湖北省武汉市珞喻路 152 号	邮　　编:430079
销售电话:027-67861549	
邮购电话:027-67861321	传　　真:027-67863291
网　　址:http://press.ccnu.edu.cn	电子信箱:press@mail.ccnu.edu.cn
印　　刷:武汉中科兴业印务有限公司	督　　印:刘　敏
字　　数:353 千字	
开　　本:787 mm×1092 mm　1/16	印　　张:14.75
版　　次:2019 年 12 月第 2 版	印　　次:2022 年 7 月第 2 次印刷
印　　数:5001—10000	定　　价:37.50 元

欢迎上网查询、购书

前　言

　　随着高等院校教学改革的不断深入，培养应用型和创新型人才日益成为高校的追求目标。仪器分析作为高校众多专业的基础课程，对于提高学生的创新能力、实践能力和学习能力尤显重要。

　　本书在保持原教材注重基础、精选内容、简明实用等特点及风格的基础上，更加注重加强对学生综合分析能力、实际应用能力和创新实践能力的培养。编者结合仪器分析学科发展的趋势及国内教学的实际情况，对本教材进行了修订。一方面，为了更加贴近现实的发展，对一些陈旧的知识进行了删除或更新；另一方面，精选了一些具有代表性的综合性和应用性实验，更加注重对学生综合实践能力和实际应用能力的培养。如增加了旋光分析和折光分析法及实验，增加了测定多组分的光谱法实验，对全书其余章节进行了修订，增删了一些内容。

　　本书是许多长期工作在仪器分析教学第一线的教师和教辅人员共同辛勤劳动的成果。有些同仁已退休或因其他工作任务繁忙，未能参与本书的修订工作，但是他们都曾为本书的形成和完善付出过辛勤的劳动，本书也浸透了他们的心血和汗水。

　　本书共分九章，并附有二十四个基础仪器分析实验。本书由武汉生物工程学院的李耀仓（第一章、第七章）、马红霞（第二章、第四章、第五章，实验项目共十四个）以及湖北生物科技职业学院的尹利（第六章、实验十四至十五）主持修订编写，参加此次修订工作的还有咸宁职业技术学院的赵昌后（第三章）、荆楚理工学院的李先良（第八章）、周口师范学院的刘中华（实验四、实验七、实验十、实验二十、实验二十一）等，全书由李耀仓负责整理、统稿。

　　在改版过程中，本书得到了武汉生物工程学院、湖北生物科技职业学院、周口师范学院、湖北生态工程职业技术学院、咸宁职业技术学院、襄阳职业技术学院、荆楚理工学院领导及教师的大力支持与帮助，在此一并致谢！

　　由于编者的学识水平所限，书中的缺点和错误在所难免，敬请各位专家和读者批评指正。

编　者

2019 年 10 月

目　　录

第一章　绪　论

第一节　仪器分析的任务和特点

一、仪器分析的任务

分析化学是一门表征和测量的科学,也是研究分析方法的科学。它可以提供物质的化学组成、价态、状态、分布、含量和结构等各种信息。由于获取信息和进行表征的方法多种多样,所以,分析化学一般可以分为化学分析和仪器分析两大类。

化学分析是以化学反应及其化学计量关系为基础的分析方法;仪器分析(instrumental analysis)是以物质的物理性质或物理化学性质为基础,采用特殊仪器设备对物质进行表征和测量的分析方法。仪器分析通常是通过测量能表征物质的物理性质或物理化学性质的某些参数或参数的变化,来确定物质的化学组成、含量和结构。仪器分析不但可以用于定性分析和定量分析,还可以完成化学分析难以胜任的特殊分析任务,例如,可以进行结构分析、无损分析、表面分析、微区分析、分布分析、在线分析、活体分析和临床分析等等。仪器分析不仅是分析测试手段,而且是强有力的科学研究方法。

二、仪器分析的特点

化学分析和仪器分析是分析化学相辅相成的两个重要的组成部分。化学分析法是经典的分析方法,也是分析化学的基础;仪器分析法具有准确、灵敏、快速、自动化程度高等特点,是分析化学的发展方向。仪器分析主要有以下特点:

(一)灵敏度高

仪器分析法的绝对检出限可以达到微克数量级(10^{-6} g 或 μg)或纳克数量级(10^{-9} g 或 ng),甚至皮克数量级(10^{-12} g 或 pg);相对检出限可以达到 μg·mL^{-1}、ng·mL^{-1} 或 μg·g^{-1}、ng·g^{-1},甚至 pg·mL^{-1}、pg·g^{-1}。化学分析法的灵敏度较低,只能用于常量组分($>1\%$)及微量组分($0.01\%\sim1\%$)的分析,而仪器分析法可以很方便地用于痕量组分($<0.01\%$)的测定。

(二)试样用量少

仪器分析法固体试样用量为数毫克(mg)或数微克(μg),试液用量为数毫升(mL)或数微升(μL);化学分析法在常量分析中,固体试样用量一般大于 0.1g,试液用量一般大于 10 mL。在半微量分析中,试液用量一般为 2 滴,即 0.08 mL。

(三)分析速度快,适用于批量样品的分析

例如,采用流动注射—原子吸收联用技术,每小时可以测定 60～120 个试样的数据;采用高频电感耦合等离子体光电直读光谱法,每分钟可以同时测定 10～40 个元素的含量。

(四)选择性高,适用于复杂组分样品分析

很多仪器分析方法可以通过选择或调整测定条件,使共存组分与测定组分相互不发生干扰,有时也可以利用分析方法和分析对象的专属性进行有效的分离分析。例如,电位分析和高效液相色谱分析中的相关分析方法。

(五)容易实现在线分析和自动化分析

将被测定组分的物理或物理化学信号转换、放大处理成电信号,并与计算机联用或多机联用,可以很容易地实现在线分析和自动化程控分析。由于分析测试自动化,大大加快了在线分析和程控分析的速度,提高了工作效率。

仪器分析虽然具有许多优点,但也存在一些不足之处。第一,仪器比较昂贵,尚不易普及,使其应用受到一定限制。第二,仪器设备比较复杂,需要一定的技术才能掌握。第三,仪器分析是一种相对分析法,仍然需要纯物质作标准对照。第四,仪器分析法相对误差通常在 $1\% \sim 5\%$,有的甚至会大于 10%,但是,对于化学分析法无法进行的痕量分析和超痕量分析而言,仍能够满足对准确度的要求。

由于采用了现代计算机技术、微电子技术、光电子技术及精密仪器制造技术,新型仪器不断出现,仪器分析方法迅速发展,仪器分析的应用越来越广泛。仪器分析已经成为理、工、农、医类高等院校相关专业的一门基础课,并成为农业科学、生命科学、食品科学、环境科学、化学化工、材料科学、医药和临床科学等进行分析测试和科学研究的重要手段,发挥着越来越重要的作用。

第二节 仪器分析方法的分类

随着科学技术的进步和发展,新的仪器分析方法和技术不断涌现。仪器分析方法种类不断增多(现已有 40 余种),各种分析方法都有相对独立的物理及物理化学原理。根据测量原理和测量参数的特点,仪器分析大致分为光学分析法、电化学分析法、色谱分析法和其他仪器分析法四大类,如表 1-1 所示。

表 1-1 仪器分析方法的分类

方法分类	原理及测量参数	主要的分析方法
光学分析法	光的发射(λ、I)	原子发射光谱法、原子荧光光谱法、分子发光分析法
	光的吸收(λ、σ、A、δ)	紫外-可见吸收光谱法、红外吸收光谱法、原子吸收光谱法、核磁共振波谱法
	光的散射(λ、σ、I)	比浊法、散射浊度法、拉曼光谱法
	光的折射(n)	折射法、干涉法
	光的衍射(θ)	X 射线衍射法、电子衍射法
	光的偏转(n、α)	偏振法、旋光法
电化学分析法	电池电位(E)	电位分析法
	电流-电压(i-E)	极谱和伏安分析法
	电导(G)	电导分析法
	电量(Q)	库仑分析法
色谱分析法	两相间的分配(t_R、V_R、$r_{2,1}$、h、A)	气相色谱法、液相色谱法

方法分类	原理及测量参数	主要的分析方法
其他仪器分析法	质荷比(m/z) 热性质$(m、\Delta T、t)$	质谱分析法 热重法、差热分析法

一、光学分析法

基于物质发射光或光与物质相互作用而建立的一类分析方法叫光学分析法。光学分析法又分为光谱法和非光谱法。

光谱法是依据物质对光的吸收、发射或拉曼散射作用建立的光学分析法,属于这一类的方法有:紫外-可见吸收光谱法、分子荧光光谱法、红外吸收光谱法、原子吸收光谱法、原子荧光光谱法等。非光谱法是依据光与物质作用之后,其反射、折射、衍射、干涉、偏振等性质的变化建立的光学分析法,如折射法、干涉法、旋光法、X射线法和电子衍射法等。

二、电化学分析法

电化学分析法是根据物质在溶液中和电极上的电化学性质为基础建立的一类分析方法。属于电化学分析法的有电位分析法、极谱和伏安分析法、电导分析法、库仑分析法等。

三、色谱分析法

色谱分析法是以物质的不同组分在互不相溶的两相(流动相和固定相)中分配吸附能力、溶解能力或其他亲和作用力的差异而建立的分离分析方法。色谱法又分气相色谱法和液相色谱法两种。

四、其他仪器分析法

(一)质谱分析法

质谱分析法是带电粒子在电磁场中根据物质的质荷比(m/z)的大小不同而进行分离分析的方法。它是研究有机化合物结构和同位素组成的重要方法。

(二)热分析法

热分析法是根据物质的质量、体积、热导、反应热等性质与温度之间的动态关系来进行分析的方法。热分析法可用于成分分析,但更多地用于热力学、动力学、化学反应机理和物质状态等方面的研究。热分析法有热重法、差热分析法等。

第三节 仪器分析的发展概况

20世纪40年代以来,由于物理学和电子技术的发展,促进了分析化学中物理方法的发展,分析化学从以化学分析为主的经典分析化学发展到以仪器分析为主的现代分析化学。从20世纪70年代到现在,以计算机应用为主要标志的信息时代的来临,给仪器分析带来了飞速的发展,并将在越来越多的领域中发挥重要作用。仪器分析的发展趋势可能有以下几个方面:

(1)计算机技术在仪器分析中的应用将更加广泛,实现仪器程控操作和数据处理的自动化,将大大提高仪器分析方法的效率、灵敏度和准确度。尤其是以现代电子成像技术、数理统计为基础对分析数据的处理、图形解析的化学计量学(chemometrics)的诞生和发展,使分析化学发展到一个新的阶段。智能化的仪器分析将逐渐成为例行分析的重要手段。

(2)化学、数学、微电子技术、计算机科学、生命科学、环境科学、新材料科学等各学科相互渗透、融合,使仪器分析逐渐成为一门以一切可能的方法和技术,以一切可以利用的物质属性,对一切可以测定的化学组分及其形态、状态、结构、分布进行表征和测量的综合性学科。

(3)仪器分析中各种方法的联用,充分发挥各种方法的优势,将进一步提高仪器分析的效能。将具有很高分离能力的色谱仪与具有很强检测能力的质谱仪、红外光谱仪、核磁共振谱仪联用,成为解决复杂物质分析的一种强有力的手段。例如气相色谱仪与质谱仪联用(GC/MS),液相色谱仪与质谱仪联用(LC/MS),气相色谱仪与红外光谱仪联用(GC/IR)、液相色谱仪与核磁共振谱仪联用(LC/NMR)等。此外,还有热重分析仪和拉曼光谱仪与红外光谱仪联用(TG/IR 和 Raman/IR)等。这些都使得分析方法更加简便、高效。

(4)仪器分析将进一步与生物医学相结合,更多地用于生命过程研究,并作为有效的临床诊断方法。此外,生物医学中的酶催化反应和免疫反应等技术也将用于仪器分析,开拓新的研究方法和领域,如酶电极、免疫传感器、免疫伏安法、免疫发光分析等。

毋庸置疑,随着现代科学和生产技术的发展,仪器分析将得到更加迅速的发展和更加广泛的应用,而仪器分析的发展,必将更加有力地推动生产力的发展和科学技术的进步。

第二章　紫外-可见吸收光谱分析

第一节　光学分析法概述

以物质发射光或光与物质相互作用为基础建立的一类分析方法称为光学分析法（optical analysis methods）。或者说，凡是以光为测量信号的分析方法统称为光学分析方法。这类分析方法是仪器分析的重要组成部分，应用范围广泛。本节简要介绍光学分析法的基础知识。

一、光的基本性质

光是一种电磁辐射，而电磁辐射是空间传播着的交变电磁场，故光也称为电磁波。图 2-1 表示一束沿 x 轴方向传播的电磁波。电场矢量（E）在 y 轴方向上周期性的变化，磁场矢量（H）在 z 轴方向上周期性的变化，均呈现出波动性质。当只有电矢量同物质中的电子相互作用时，常常只用电矢量图来描述电磁辐射。光具有波粒二象性。

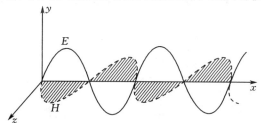

图 2-1　电磁波的正弦振动传播

（一）光的波动性参数

光的波动性表现在光的衍射和干涉现象。电磁波可以用波长（λ）、频率（ν）和波数（σ）等参数来表征。

（1）波长（λ）　电磁波一次全振动的距离，单位为 nm、μm 或 cm。

$$1\,\mathrm{nm}=10^{-3}\,\mu\mathrm{m}=10^{-6}\,\mathrm{mm}=10^{-7}\,\mathrm{cm}=10^{-9}\,\mathrm{m}$$

（2）波数（σ）　单位长度（1cm）内电磁波全振动的次数或波的数目。

$$\sigma=\frac{1}{\lambda}(\mathrm{cm}^{-1})$$

（3）频率（ν）　单位时间（1s）内电磁波振动的次数。

$$\nu=\frac{c}{\lambda}=\sigma c\,(\mathrm{s}^{-1}\,\text{或}\,\mathrm{Hz})\,(c\,\text{为光速})$$

（4）周期（T）　完成一次全振动的时间。

$$T=\frac{1}{\nu}(\mathrm{s})$$

(5)光速　　在介质中：$\qquad\qquad v=\nu\lambda\,(\text{cm}\cdot\text{s}^{-1})$

$\qquad\qquad\qquad$ 在真空中：$\qquad c=\nu\lambda=2.998\times10^{10}\ \text{cm}\cdot\text{s}^{-1}$

在不同介质中，光速(v)和波长(λ)不同，但频率恒定，因此，频率与辐射的介质无关，对于确定的电磁波，频率(ν)是一个不变的特征参数。

(二)光的微粒性参数

根据量子力学理论，电磁辐射(光)是在空间高速(3×10^{10} cm·s^{-1})运动的光子流。光的最小能量单位是光子。光的微粒性表现在光电效应、光压等方面。普朗克(Planck)认为光子具有能量，能量是非随意的、量子化的，能量(E)的大小与光的频率或波长有关系，可用普朗克公式表示为：

$$E=h\nu=\frac{hc}{\lambda} \qquad\qquad\qquad (2\text{-}1)$$

式中，E——能量，单位为 J 或 eV($1\,\text{eV}=1.602\times10^{-19}$ J)；

$\qquad h$——Planck 常数，$h=6.626\times10^{-34}$ J·s$=4.136\times10^{-15}$ eV·s；

$\qquad \nu$——频率，单位为 s^{-1} 或 Hz；

$\qquad c$——光速，$c=2.998\times10^{10}$ cm·s^{-1}；

$\qquad \lambda$——波长，单位为 nm 或 cm。

由于式中的 h 和 c 都是常数，因此，光子能量与它的频率成正比，而与它的波长成反比。普朗克公式将电磁辐射的波动性和微粒性联系在一起。

【例题 2-1】 已知波长为 200 nm 的光，计算其能量、频率及波数各为多少？

【解】 (1) $E=\dfrac{hc}{\lambda}=\dfrac{6.626\times10^{-34}\ \text{J}\cdot\text{s}\times2.998\times10^{10}\ \text{cm}\cdot\text{s}^{-1}}{200\ \text{nm}\times10^{-7}\ \text{cm}\cdot\text{nm}^{-1}}=9.932\times10^{-19}\ \text{J}$

$\qquad\qquad\quad =\dfrac{9.932\times10^{-19}\ \text{J}}{1.602\times10^{-19}\ \text{J}\cdot\text{eV}^{-1}}=6.20\ \text{eV}。$

(2) $\nu=\dfrac{c}{\lambda}=\dfrac{2.998\times10^{10}\ \text{cm}\cdot\text{s}^{-1}}{200\ \text{nm}\times10^{-7}\ \text{cm}\cdot\text{nm}^{-1}}=1.5\times10^{15}\ \text{s}^{-1}。$

(3) $\sigma=\dfrac{1}{\lambda}=\dfrac{1}{200\ \text{nm}\times10^{-7}\ \text{cm}\cdot\text{nm}^{-1}}=5.0\times10^{4}\ \text{cm}^{-1}。$

二、电磁波谱

电磁辐射按照波长(或频率、波数、能量)大小的顺序排列就得到电磁波谱。一般可将电磁波谱分成若干区域，如表 2-1 所示。不同的波长区域对应着物质不同能级跃迁类型，也就是说，电磁波的波长或能量与能级跃迁的类型有关系。

表 2-1　电磁波谱区

波谱区	波长范围	光子能量/eV	能级跃迁类型
γ 射线区	<0.005 nm	$>2.5\times10^5$	核能级
X 射线区	0.005 nm～10 nm	2.5×10^5～1.2×10^2	内层电子能级
远紫外区	10 nm～200 nm	1.2×10^2～6.2	内层电子能级
近紫外区	200 nm～400 nm	6.2～3.1	外层电子或分子成键电子能级
可见光区	400 nm～780 nm	3.1～1.6	外层电子或分子成键电子能级
近红外区	0.78 μm～2.5 μm	1.6～0.5	分子振动能级

波谱区	波长范围	光子能量/eV	能级跃迁类型
中红外区	$2.5\,\mu m \sim 25\,\mu m$	$0.5 \sim 0.025$	分子振动能级
远红外区	$25\,\mu m \sim 1\,000\,\mu m$	$2.5 \times 10^{-2} \sim 1.2 \times 10^{-3}$	分子转动能级
微波区	$0.1\,cm \sim 100\,cm$	$1.2 \times 10^{-3} \sim 1.2 \times 10^{-6}$	分子转动能级
射频区	$1\,m \sim 100\,m$	$1.2 \times 10^{-6} \sim 1.2 \times 10^{-9}$	电子自旋及核自旋能级

根据能量的高低,电磁波谱又可分为三个区域:

1. 高能区

对于波长小于 10 nm,能量大于 10^2 eV 的 γ 射线和 X 射线的电磁波谱,光的粒子性比较明显,称为能谱,由此建立起来的分析方法称为能谱分析法。

2. 中等能区

对于波长位于 10 nm~1 000 μm,能量位于 10^2 eV~10^{-3} eV 的电磁波谱,包括紫外光区、可见光区和红外光区,由于在此范围的电磁波谱在应用和研究上一般都要使用一些光学元件,如用透镜聚焦,用棱镜或光栅分光等,故称为光学光谱,由此建立起来的分析方法称为光学光谱法。

3. 低能区

对于波长大于 1 000 μm,能量小于 10^{-3} eV 的位于微波区和射频区(无线电波)的电磁波谱,光的波动性比较明显,被称为波谱。

三、光谱的产生

在电磁波谱中,中等能区(10 nm~1 000 μm)的光学光谱是光学分析中最重要的光谱区。在这个光谱区中,当物质的原子、离子、分子等粒子与光相互作用时,物质内部产生原子能级或分子能级跃迁,由仪器记录能级跃迁吸收光或发射光的强度随波长或波数的变化曲线或图谱叫光谱(spectrum)。物质是由分子、原子或离子组成的,分子、原子、离子是产生光谱的基本粒子,由于这些粒子的结构不同而产生不同特征的光谱,如原子光谱、分子光谱等。

(一)原子光谱(atomic spectrum)

原子核外层电子(价电子、光谱电子)在不同能级间跃迁而产生的光谱称为原子光谱。跃迁能级的能量差 ΔE 与产生的原子光谱的波长或频率的关系可用普朗克公式表达,即

$$\Delta E = E_2 - E_1 = h\nu = \frac{hc}{\lambda} \tag{2-2}$$

根据原子光谱产生的机理不同,可以分为原子发射光谱、原子吸收光谱和原子荧光光谱。由于原子外层电子跃迁的两个能级之间能量差较大,谱线结构简单,为不连续的线状光谱,即原子光谱为线光谱。

1. 原子发射光谱

在常温下,物质的气态原子处于基态。基态原子在电能、热能作用下,激发跃迁到较高的能级上成为激发态原子,由于激发态原子很不稳定,一般在 10^{-8} s 内返回基态或较低能态而发射出特征光谱,从而会产生原子发射光谱。

2. 原子吸收光谱

当光通过基态原子蒸气时，基态原子蒸气选择性地吸收一定波长或频率的光辐射，使气态基态原子激发跃迁到较高能态，从而产生原子吸收光谱。

3. 原子荧光光谱

物质的气态基态原子吸收光能后，由基态跃迁到激发态。激发态原子通过辐射跃迁回到基态或较低能态，原子产生光致激发光，从而产生的光谱叫原子荧光光谱。

（二）分子光谱（molecular spectrum）

物质的分子与光相互作用，使分子内部的能量产生变化，由此产生的光谱称为分子光谱。分子一般是由双原子或多原子构成，其结构比原子复杂。因此，分子内部各质点的运动状态（能级）比原子复杂得多。分子中有原子、电子，分子、原子、电子都是运动着的物质，均具有能量。在一定的条件下，整个分子处于一定的运动状态，即分子具有一定的能量。一个分子的总能量（E）包括核能（E_n）、分子的平动能（E_t）、电子能（E_e）、分子振动能（E_v）和分子转动能（E_r），即

$$E = E_n + E_t + E_e + E_v + E_r \tag{2-3}$$

在一般的化学实验条件下，核能 E_n 不发生变化，分子平动能 E_t 很小，分子总能量 E 为

$$E = E_e + E_v + E_r \tag{2-4}$$

当光与分子相互作用时，分子内部能级跃迁引起的总能量变化 ΔE 应为

$$\Delta E = (E_e + E_v + E_r)_2 - (E_e + E_v + E_r)_1 = \Delta E_e + \Delta E_v + \Delta E_r = h\nu$$

在上式中，分子中电子能级之间的能量差 ΔE_e 最大，一般为 $1\,eV \sim 20\,eV$；振动能级之间的能量差 ΔE_v 次之，一般为 $0.05\,eV \sim 1\,eV$；转动能级之间的能量差 ΔE_r 最小，一般小于 $0.05\,eV$。每个电子能级中都存在几个可能的振动能级，每个振动能级中又存在若干可能的转动能级。双原子分子能级及相应能级跃迁示意图如图 2-2 所示。

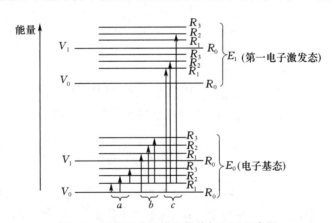

图 2-2 双原子分子能级及能级跃迁示意图

E. 电子能级；*V.* 振动能级；*R.* 转动能级；

a. 转动跃迁；*b.* 振—转跃迁；*c.* 电子振—转跃迁

每个分子都有自己的特征能级跃迁图，通常电子能级以 $E_0,E_1,E_2,\cdots$ 表示，分子振动能级以 $V_0,V_1,V_2,\cdots$ 表示，分子转动能级以 $R_0,R_1,R_2,\cdots$ 表示。

1. 分子吸收光谱

物质的分子选择性地吸收一定波长的光,由基态或较低能态跃迁到较高能态,产生分子吸收光谱。如果分子中的 E_e、E_v、E_r 均变化,产生的光谱叫电子光谱,其波长在紫外-可见光谱区;如果分子中的 E_v、E_r 改变,产生的光谱叫振动光谱,其波长在近红外和中红外光谱区;如果仅 E_r 改变,产生的光谱叫转动光谱,其波长在远红外或微波区。由于 $\Delta E_e > \Delta E_v > \Delta E_r$,在发生电子能级跃迁时,必然伴随着分子振动能级和转动能级跃进;在发生分子振动跃迁时,必然伴随着分子转动能级跃迁。因此,分子在两个电子能级之间跃迁时,必然伴随着许多振—转能级(ΔE_v、ΔE_r)的跃迁。由于 ΔE_v 和 ΔE_r 很小,产生波长差很小的振—转光谱线,用一般的单色器很难将相邻的谱线分开,电子或振动光谱常常表现为宽而钝的带状光谱,所以分子光谱常为带光谱。

2. 分子发射光谱

溶液中的分子吸收了一定波长的光能后,基态分子被激发跃迁到分子激发态,当分子激发态以辐射跃迁形式释放出能量时,便产生分子发射光谱,如分子荧光光谱和分子磷光光谱等属于分子发射光谱。

四、光谱分析方法

利用物质(分子、原子)对光的吸收、发射或散射作用产生的光谱,进行定性、定量和测定结构的分析方法叫光谱分析法或光谱法。

(一)光谱及光谱分析法分类

按照产生光谱的物质类型不同,可以分为原子光谱、分子光谱和固体辐射光谱;按照光谱的性质和形状不同,可以分为线光谱、带光谱和连续光谱,如固体辐射的光谱就是连续光谱;按照产生光谱的方式不同,可以分为发射光谱、吸收光谱和散射光谱。

(1)以产生原子光谱为基础建立的分析方法有原子(离子)发射光谱分析法、原子吸收光谱分析法和原子荧光光谱分析法等。

(2)以产生分子光谱为基础建立的分析方法有紫外-可见吸收光谱分析法、红外吸收光谱分析法、分子荧光分析法、分子磷光分析法和化学发光分析法等。

(3)以产生拉曼散射为基础建立的分析方法有拉曼光谱分析法。拉曼散射是入射光子与溶液中的试样分子之间发生非弹性碰撞,有能量变换,产生了与入射光频率不同的散射光,它属于分子光谱,但本质是散射光谱。

(二)光谱分析法的应用

光谱分析法是仪器分析中应用最广泛的一类分析方法,常见光谱分析方法及其主要应用如表 2-2 所示。

表 2-2　常见光谱分析方法及其主要应用

方法名称	光能作用的物质	主要应用
紫外-可见吸收光谱法	分子外层价电子	微量元素或共轭分子定量分析
红外吸收光谱法	分子	有机物定性、定量、结构分析
分子荧光分析法	分子	无机痕量和有机成分分析
原子发射光谱法	气态原子外层电子	微量、痕量元素分析
原子吸收光谱法	气态原子外层电子	微量、痕量元素分析

方法名称	光能作用的物质	主要应用
原子荧光分析法	气态原子外层电子	微量、痕量元素分析
拉曼光谱法	分子	有机物结构分析
X射线荧光光谱法	原子内层电子	元素定性、定量分析
核磁共振波谱法	有磁矩的原子核	有机物结构分析

第二节　光的吸收定律概述

紫外-可见光谱的波长范围从 200 nm～780 nm，其中波长 200 nm～400 nm 的光为近紫外光，400 nm～780 nm 的光为可见光。紫外-可见吸收光谱分析法（ultraviolet-visible absorption spectrometry, UV-Vis）是根据溶液中物质的分子或离子对紫外-可见光谱区辐射能选择性吸收现象建立的分析方法。由于仪器使用了较先进的色散系统和光电检测系统，该方法又称紫外-可见分光光度法（ultraviolet-visible spectrophotometry）。

紫外-可见吸收光谱分析法是一类历史悠久、应用十分广泛的分析方法，与其他各种仪器分析方法相比较，其所用的仪器比较简单、价格低廉、分析操作也比较简便，而且有较快的分析速度。它广泛用于无机和有机化合物微量和痕量组分分析，测定的灵敏度可达 10^{-4} g·mL^{-1}～10^{-7} g·mL^{-1}；方法的选择性也较好，准确度较高，相对误差通常为 1‰～5‰，更重要的是由于许多有机化合物在紫外-可见光区具有特征的吸收光谱，因此，可用来进行有机化合物及其官能团的定性分析。

一、光的吸收定律

（一）透光度和吸光度

设一束强度为 I_0 的平行单色光，垂直通过浓度为 c 的均匀稀溶液，吸收光强度为 I_a，透射光强度为 I_t，玻璃表面反射光强度为 I_r，则有

$$I_0 = I_a + I_t + I_r$$

在吸收光谱分析中，被测溶液和参比溶液一般是分别放在同样材料和厚度的吸收池中，让强度为 I_0 的单色光分别通过两个吸收池，再测量透射光的强度。溶液对光的吸收如图 2-3 所示。

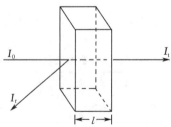

图 2-3　溶液对光的吸收示意图

在测量中，因为反射光 I_r 基本相同，其影响可以相互抵消，因此，上式可以简化为

$$I_0 = I_a + I_t$$

透射光强度 I_t 与入射光强度 I_0 之比称为透光度，它是物质对光吸收程度的一种量

度,用 T 表示,则有

$$T = \frac{I_t}{I_0} \tag{2-5}$$

溶液的透光度越大,表示它对光的吸收程度越小;反之,透光度越小,表示它对光的吸收程度越大。透光度常用百分透光度表示,其定义为

$$T\% = \frac{I_t}{I_0} \times 100\% \text{ 或 } T = \frac{I_t}{I_0} \times 100$$

溶液对光的吸收程度还可以用吸光度 A 表示,吸光度 A 的定义为

$$A = \lg \frac{I_0}{I_t} = -\lg T \tag{2-6}$$

显然,溶液的透光度 T 越大,吸光度 A 越小。当 $I_t = I_0$ 时,$T = 1$,$A = 0$,表明入射光全部透过,吸收为零。而当 $I_t = 0$ 时,$T = 0$,$A \to \infty$,表明入射光全部被吸收,无光透过。故透光度 T 的取值范围为 $0 \sim 1$,对应吸光度 A 的取值范围为 $\infty \sim 0$。

(二) 朗伯-比尔(Lambert-Beer)定律

1. 朗伯定律

一束平行单色光,垂直通过一定浓度的均匀稀溶液时,吸光度 A 与溶液的厚度 l 成正比,其数学表达式为

$$A = k'l$$

2. 比尔定律

一束平行单色光,垂直通过一定厚度的均匀稀溶液时,吸光度 A 与溶液的浓度 c 成正比,其数学表达式为

$$A = k''c$$

3. 朗伯-比尔定律

一束平行单色光,垂直通过浓度为 c、厚度为 l 的均匀稀溶液时,吸光度 A 与溶液浓度 c 和厚度 l 的乘积成正比,即为

$$A = kcl \tag{2-7}$$

式(2-7)中 k 为比例系数或比例常数,k 与吸光物质的本性、入射光波长、溶剂及温度等因素有关系。

4. 比例系数 k 的意义及表示方法

由式(2-7)可得

$$k = \frac{A}{cl} \tag{2-8}$$

比例系数 k 表示溶液单位浓度、单位厚度的吸光度,它是物质吸光能力的量度。由于浓度 c 单位不同,比例系数 k 有如下几种表示方法:

(1) 吸光系数 a　当吸光物质的浓度用质量浓度 ρ_B($g \cdot L^{-1}$)表示时,比例系数 k 称为吸收系数或吸光系数,以 a($L \cdot g^{-1} \cdot cm^{-1}$)表示,则式(2-7)即为

$$A = acl \tag{2-9}$$

(2) 摩尔吸光系数 ε　当吸光物质的浓度用物质的量浓度 c_B($mol \cdot L^{-1}$)表示时,比例系数 k 称为摩尔吸光系数,以 ε($L \cdot mol^{-1} \cdot cm^{-1}$)表示,则式(2-7)即为

$$A = \varepsilon cl \tag{2-10}$$

吸光系数 a 与摩尔吸光系数 ε 的关系为

$$\varepsilon = aM$$

当化合物组成不明,物质的摩尔质量 M 尚不清楚时使用 a,但实际上 ε 应用更广泛。ε 一般是由准确浓度的稀溶液的吸光度通过公式(2-10)计算求得。

【例题 2-2】 取 $1\ mL$ 浓度为 $0.5\ mg \cdot L^{-1}$ 的 Fe^{2+} 标准溶液,用邻二氮菲显色后,定容于 $10\ mL$ 的容量瓶中并摇匀,取此溶液,用 $2\ cm$ 厚的吸收池在 $508\ nm$ 波长处测得 $A=0.190$,计算 a 和 ε。

【解】 已知 $M_{Fe} = 55.85\ g \cdot mol^{-1}$,

则

$$\rho_{Fe} = \frac{0.5 \times 10^{-3}\ g \cdot L^{-1}}{10} = 5.0 \times 10^{-5}\ g \cdot L^{-1},$$

$$c_{Fe} = \frac{5.0 \times 10^{-5}\ g \cdot L^{-1}}{55.85\ g \cdot mol^{-1}} = 8.95 \times 10^{-7}\ mol \cdot L^{-1}。$$

(1) $a = \dfrac{A}{cl} = \dfrac{0.190}{5.0 \times 10^{-5}\ g \cdot L^{-1} \times 2\ cm} = 1.90 \times 10^{3}\ L \cdot g^{-1} \cdot cm^{-1}。$

(2) $\varepsilon = \dfrac{A}{cl} = \dfrac{0.190}{8.95 \times 10^{-7}\ mol \cdot L^{-1} \times 2\ cm} = 1.06 \times 10^{5}\ L \cdot mol^{-1} \cdot cm^{-1}。$

或

$$\varepsilon = aM = 1.90 \times 10^{3}\ L \cdot g^{-1} \cdot cm^{-1} \times 55.85\ g \cdot mol^{-1}$$
$$= 1.06 \times 10^{5}\ L \cdot mol^{-1} \cdot cm^{-1}。$$

吸光系数的大小,取决于物质的本性、温度和吸收波长。不同物质的 ε 不同;同一物质,吸收波长不同,ε 亦不同。在物质、溶剂及温度一定时,ε_{max} 是物质的特征常数。各种吸光物质的 ε 相差很大,ε 的值可以在 $10^{-2} \sim 10^{5}$ 间变化。ε 的值 $= 10^{4} \sim 10^{5}$ 为强吸收,ε 的值 $= 10^{2} \sim 10^{4}$ 为中等吸收,ε 的值 $< 10^{2}$ 为弱吸收。ε 值越大,表示物质对某波长光的吸收能力越强,测量时的灵敏度也越高。因此,ε 常作为定性和定量分析方法灵敏度的评估参数。

(三) 吸光度的加合性

如果溶液中有几种吸光物质(组分)时,且组分之间彼此不发生相互作用,这些组分对一定入射波长光的总吸光度 $A_总$ 应等于各吸光物质吸光度之和,说明吸光度具有加和性。这一性质是进行多组分同时测量的理论依据。其数学表达式为

$$A_总 = A_1 + A_2 + A_3 + \cdots + A_n$$
$$= \varepsilon_1 c_1 l + \varepsilon_2 c_2 l + \varepsilon_3 c_3 l + \cdots + \varepsilon_n c_n l$$
$$= (\varepsilon_1 c_1 + \varepsilon_2 c_2 + \varepsilon_3 c_3 + \cdots + \varepsilon_n c_n) l \tag{2-11}$$

二、吸收光谱

物质对光的吸收具有选择性。同一物质对于不同波长的单色光的吸光系数 ε 不同,因而测得的吸光度也不同。改变入射波长同时记录相应的吸光度或透光度,以吸光度 (A) 或透光度 $(T\%)$ 为纵坐标,以入射波长 (λ) 为横坐标作图,即可得到吸光度随波长变化的光谱,即吸收光谱。吸收光谱又称吸收曲线,如图 2-4 所示。它能较准确地描述物质对不同波长光的吸收情况。吸收曲线中吸光度最大值处(吸收峰)对应的波长称为最大吸收波长,以 λ_{max} 表示,吸光度最小处(峰谷)对应的波长称为最小吸收波长,以 λ_{min} 表示。

吸收光谱的形状和 λ_{max} 的位置及对应的 ε_{max} 为物质的定性分析提供了重要信息,还可

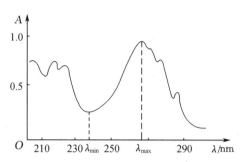

图 2-4　物质的紫外吸收光谱图示例

以根据物质的吸收光谱选择定量分析的测定波长。因为在 $\lambda_{\max}$ 处测量吸光度的灵敏度最高，A 最大，一般都选择 $\lambda_{\max}$ 为测定波长。

第三节　紫外-可见吸收光谱的基本原理

不同物质有不同的分子结构，在溶液中物质对紫外-可见光（200 nm～780 nm）产生选择性的吸收，使分子中的价电子跃迁到较高能级，从而产生紫外-可见吸收光谱。

一、有机化合物的紫外-可见吸收光谱

根据分子轨道理论，在有机化合物分子中有三种不同性质的价电子（光谱电子或跃迁电子）：形成单键的 σ 电子、形成双键或三键的 π 电子和分子中未成键的 n 电子。当分子处于基态时，成键 σ 电子和 π 电子占据分子的成键轨道，未成键的 n 电子占据分子的非成键轨道。当分子选择性地吸收紫外-可见光能后，价电子（σ、π、n）跃迁到能量较高的反键轨道，即 σ^* 反键轨道和 π^* 反键轨道。分子中各种轨道能量的高低次序为

$$\sigma^* > \pi^* > n > \pi > \sigma$$

分子中的价电子吸收光能后产生激发跃迁，主要有四种类型，即

$$\sigma \to \sigma^*,\ n \to \sigma^*,\ \pi \to \pi^*,\ n \to \pi^*$$

这四类电子跃迁所需能量的大小顺序为

$$\sigma \to \sigma^* > n \to \sigma^* > \pi \to \pi^* > n \to \pi^*$$

有机化合物分子中电子能级和跃迁如图 2-5 所示。

（一）电子跃迁类型

1. $\sigma \to \sigma^*$ 跃迁

在有机化合物中，由单键构成的化合物，如饱和烃类能产生 $\sigma \to \sigma^*$ 跃迁。引起 $\sigma \to \sigma^*$ 跃迁所需的能量（ΔE）很大，所产生的吸收峰出现在远紫外区（$\lambda < 200$ nm）。例如：

甲烷	CH_4	C—H 键	$\lambda_{\max} = 125$ nm
乙烷	$CH_3—CH_3$	C—H 键	$\lambda_{\max} = 135$ nm

由于饱和烃类在近紫外-可见光区内无吸收带，因此，常采用饱和烃类化合物为紫外-可见吸收光谱分析的溶剂，如正己烷、正庚烷等。

2. $n \to \sigma^*$ 跃迁

含有未共用电子对（即 n 电子）杂原子（如 O、N、S、X 等）的饱和烃类都可以发生 $n \to \sigma^*$ 跃迁。$n \to \sigma^*$ 跃迁所需能量小于 $\sigma \to \sigma^*$ 跃迁，产生的吸收波长一般在 150 nm～

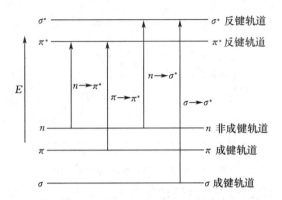

图 2-5　有机化合物分子中的电子能级和跃迁的主要类型

250 nm 区域,其中大多数吸收峰仍低于 200 nm,即在远紫外区。ε 值在 $10^2\ \mathrm{L \cdot mol^{-1} \cdot cm^{-1}} \sim 10^3\ \mathrm{L \cdot mol^{-1} \cdot cm^{-1}}$ 范围。例如:

| 氯甲烷 | $CH_3—\overset{..}{\underset{..}{C}}l:$ | C—Cl 键 | $\lambda_{max}=172\,nm$ |

| 甲　醇 | $CH_3—\overset{..}{\underset{..}{O}}—H$ | C—O 键 | $\lambda_{max}=183\,nm$ |

3. $\pi \rightarrow \pi^*$ 跃迁

凡是含有双键或三键的不饱和有机化合物都会产生 $\pi \rightarrow \pi^*$ 跃迁。$\pi \rightarrow \pi^*$ 跃迁在非共轭体系中对应的波长在 160 nm～190 nm,吸收强度较大,ε_{max} 可达 $10^4\ \mathrm{L \cdot mol^{-1} \cdot cm^{-1}}$。例如:

| 1-辛烯 | $C_6H_{13}CH{=}CH_2$ | C=C 键 | $\lambda_{max}=177\,nm$ |
| 2-辛炔 | $C_5H_{11}C{\equiv}CCH_3$ | C≡C 键 | $\lambda_{max}=178\,nm$ |

4. $n \rightarrow \pi^*$ 跃迁

$n \rightarrow \pi^*$ 跃迁发生在含有不饱和键的杂原子化合物中,$n \rightarrow \pi^*$ 电子跃迁需要的能量最小,产生的吸收峰波长都大于 200 nm,但吸收强度很弱,$\varepsilon < 100\ \mathrm{L \cdot mol^{-1} \cdot cm^{-1}}$。例如:

| 丙酮 | $CH_3—\overset{\displaystyle}{\underset{\underset{:O:}{\|}}{C}}—CH_3$ | C=O 键 | $\lambda_{max}=280\,nm$ |

| 乙醛 | $CH_3—\overset{\displaystyle}{\underset{\underset{:O:}{\|}}{C}}—H$ | C=O 键 | $\lambda_{max}=293\,nm$ |

(二) 共轭效应与吸收光谱

有机化合物中只含一个双键的乙烯,其 $\pi \rightarrow \pi^*$ 跃迁的吸收波长为 170 nm,处于远紫外区。如果有两个或两个以上的双键共轭,根据分子轨道理论,基态的最高占有轨道能量逐渐升高,激发态的最低空轨道能量逐渐降低,所以 π 电子跃迁所需 ΔE 能量逐渐减小,吸收峰逐渐发生红移,如图 2-6 所示。一些共轭烯烃的 $\pi \rightarrow \pi^*$ 跃迁的吸收特性如表 2-3 所示。

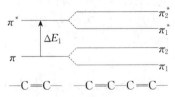

图 2-6　共轭效应的影响

表 2-3　一些共轭烯烃的吸收特性

化合物	双键数 n	λ_{max}/nm	$\varepsilon_{max}/(L \cdot mol^{-1} \cdot cm^{-1})$
乙烯	$n=1$	170	1.5×10^4
1,3-丁二烯	$n=2$	217	2.1×10^4
1,3,5-己三烯	$n=3$	268	3.5×10^4
1,3,5,7-辛四烯	$n=4$	404	5.4×10^4
1,3,5,7,9-癸五烯	$n=5$	434	1.2×10^5
β-胡萝卜素	$n=11$	480	1.4×10^5

如果共轭基团中含有 n 电子,由于 n-π 共轭效应,也可使体系的 $\pi \rightarrow \pi^*$ 跃迁和 $n \rightarrow \pi^*$ 跃迁能量降低,吸收波长发生红移。例如,乙醛 $\pi \rightarrow \pi^*$ 跃迁 $\lambda_{max} = 170$ nm,$n \rightarrow \pi^*$ 跃迁 λ_{max} 在 290 nm 左右;丙烯醛分子中由于存在双键与羰基的共轭效应,$\pi \rightarrow \pi^*$ 跃迁 $\lambda_{max} = 218$ nm,$n \rightarrow \pi^*$ 跃迁 λ_{max} 在 320 nm 左右。

(三) 生色团、助色团和吸收带

1. 生色团

在有机化合物中,含有不饱和键、能吸收紫外-可见光产生 $\pi \rightarrow \pi^*$ 或 $n \rightarrow \pi^*$ 跃迁的基团称为生色团。例如 $\backslash C = C \diagup$, $-C \equiv C-$, $\diagup C = O$, $-N = N-$, $-COOH$, $-NO_2$, $-NO$ 等。一些常见生色团的吸收特性列于表 2-4。

表 2-4　一些常见生色团的吸收特性

生色团	化合物举例	溶剂	λ_{max}/nm	$\varepsilon_{max}/(L \cdot mol^{-1} \cdot cm^{-1})$	电子跃迁类型
烯键	$C_6H_{13}CH = CH_2$	正庚烷	177	13 000	$\pi \rightarrow \pi^*$
炔键	$C_5H_{11}C \equiv CCH_3$	正庚烷	178	10 000	$\pi \rightarrow \pi^*$
羰基	$\overset{O}{\underset{CH_3CCH_3}{\parallel}}$	异辛烷	279	13	$n \rightarrow \pi^*$
醛基	$\overset{O}{\underset{CH_3CH}{\parallel}}$	异辛烷	290	17	$n \rightarrow \pi^*$
羧基	CH_3COOH	乙醇	204	41	$n \rightarrow \pi^*$
酰胺	CH_3CONH_2	水	214	60	$n \rightarrow \pi^*$
偶氮基	$CH_3N = NCH_3$	乙醇	339	5	$n \rightarrow \pi^*$
硝基	CH_3NO_2	异辛烷	280	22	$n \rightarrow \pi^*$
亚硝基	C_4H_9NO	乙醚	300	100	$n \rightarrow \pi^*$
硝酸酯	$C_2H_5ONO_2$	二氧六环	270	12	$n \rightarrow \pi^*$

2. 助色团

在有机化合物中,含有未成键 n 电子,本身不产生吸收峰,但与生色团相连时,能使生色团吸收峰向长波方向移动,吸收强度增大(ε 增大)的含杂原子的基团称为助色团,例如 $-OH$、$-OR$、$-NH_2$、$-SH$、$-SR$、$-X$ 等。助色团的基本原理是杂原子中的 n 电子与 π 电子产生 n-π 共轭作用,使 π^* 轨道能量下降,使 $n \rightarrow \pi^*$ 跃迁需要的能量减小,吸收波长发生红移。苯及其衍生物的吸收特性如表 2-5 所示。

表 2-5　苯及其衍生物的吸收特性

化合物	助色团	B 带 λ_{max}/nm	B 带 ε_{max}/(L·mol^{-1}·cm^{-1})
苯 C_6H_6		254	200
氯苯 C_6H_5Cl	—Cl	264	320
溴苯 C_6H_5Br	—Br	262	325
苯酚 C_6H_5OH	—OH	273	1 780
苯甲醚 $C_6H_5OCH_3$	—OCH$_3$	272	2 240

3. 吸收带

由以上讨论可知,$n \rightarrow \pi^*$ 及 $\pi \rightarrow \pi^*$ 跃迁是紫外-可见吸收光谱分析的基础。根据形成的机理不同紫外-可见光谱谱带可以分为以下四种。

（1）K 吸收带

由共轭双键产生的吸收带称为 K（德文 Konjugation,共轭作用）吸收带,亦称 K 带。其特点是吸收强度大,$\varepsilon_{max} > 10^4$ L·mol^{-1}·cm^{-1},一般出现在 200 nm～280 nm 之间。K 吸收带的波长及强度与共轭体系中双键的数目、位置、取代基的种类有关。

（2）E 吸收带

在芳香族化合物中,具有环状双键共轭体系时,由于乙烯键电子 $\pi \rightarrow \pi^*$ 跃迁所产生的吸收带称为 E 带（ethylenic bands）,其中 E_1 带 $\lambda_{max} = 185$ nm,$\varepsilon_{max} > 10^4$ L·mol^{-1}·cm^{-1}；E_2 带 $\lambda_{max} = 204$ nm,$\varepsilon_{max} > 10^3$ L·mol^{-1}·cm^{-1}。当芳环上有生色团并且与芳环共轭时,E_2 带向长波方向移动而转变为 K 带。例如,苯和苯乙酮的紫外吸收光谱,如图 2-7 和图 2-8 所示。

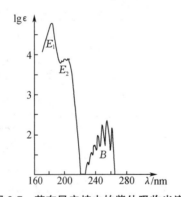

图 2-7　苯在异辛烷中的紫外吸收光谱

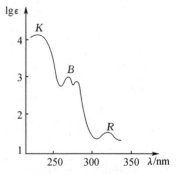

图 2-8　苯乙酮在正庚烷中的紫外吸收光谱

（3）B 吸收带

在芳香族化合物中,双键的 $\pi \rightarrow \pi^*$ 跃迁及 π-π 共轭与苯环的振动相互作用,形成芳环化合物的特征吸收带,在波长 230 nm～270 nm 范围内出现的吸收带,称为 B（德文 Benzenoid,苯的）吸收带,$\lambda_{max} = 254$ nm,$\varepsilon_{max} = 200$ L·mol^{-1}·cm^{-1}。B 吸收带在非极性溶剂中常常出现精细结构（5～7 个小峰）,可以用来判断芳香族化合物或苯环的存在。但是苯环上若有取代基并且与苯环共轭,或者在极性溶剂中测定时,B 带的精细结构特征会有所降低或消失。如图 2-8 中,苯乙酮 B 带的 $\lambda_{max} = 270$ nm,$\varepsilon_{max} = 1$ 100 L·mol^{-1}·cm^{-1}。

（4）R 吸收带

由有机化合物中杂原子助色团的 $n \rightarrow \pi^*$ 跃迁而产生的吸收带称为 R(德文 Radikalartig,基团)吸收带。吸收峰在 200 nm～400 nm,$\varepsilon < 100 \, \text{L} \cdot \text{mol}^{-1} \cdot \text{cm}^{-1}$,强度弱,有时被掩盖。若苯环上的取代基是含有 n 电子的生色团时,吸收光谱中不仅有 K 带和 B 带,有时还有 R 带,其中 R 吸收带的波长最长,强度最小。如图 2-8 中,苯乙酮在正庚烷中的紫外吸收光谱,除 K 带、B 带外,还有 R 带,其 $\lambda_{max} = 330 \, \text{nm}$,$\varepsilon_{max} = 59 \, \text{L} \cdot \text{mol}^{-1} \cdot \text{cm}^{-1}$。

对于多环芳香烃,随着共轭结构增大,共轭效应增强,使 E 带、K 带和 B 带波长发生红移,吸收强度明显增大。苯和某些多环芳香烃的紫外吸收光谱特性如表2-6所示。

表 2-6 某些多环芳烃的紫外吸收光谱特性

化合物	结构式	E_1 吸收带		E_2 或 K 吸收带		B 吸收带	
		λ / nm	$\varepsilon / (\text{L} \cdot \text{mol}^{-1} \cdot \text{cm}^{-1})$	λ / nm	$\varepsilon / (\text{L} \cdot \text{mol}^{-1} \cdot \text{cm}^{-1})$	λ / nm	$\varepsilon / (\text{L} \cdot \text{mol}^{-1} \cdot \text{cm}^{-1})$
苯		185	6.0×10^4	204	8.0×10^3	254	200
萘		220	1.1×10^5	275	6.0×10^3	314	250
菲		251	9.0×10^4	292	2.0×10^4	330	350
蒽		251	2.0×10^5	375	5.0×10^3	被掩盖	

二、无机化合物的紫外-可见吸收光谱

无机化合物吸收光谱一般用于研究金属离子配合物。其电子跃迁可以发生在金属离子的原子轨道之间,也可以发生在有机配体的分子轨道之间,还可以发生在以上两种轨道之间。

（一）过渡金属离子的吸收光谱(d— d 跃迁)

1. d 电子跃迁产生紫外-可见吸收光谱的机理

第 4、5 周期的过渡金属离子含有 $3d$、$4d$ 轨道,在溶液中配体的配位场作用下,中心离子的 5 个 d 轨道发生分裂,形成不同能量的 d 轨道。处于低能级 d 轨道的电子,会选择性地吸收紫外-可见光能,跃迁到高能级的 d 轨道上,即发生 d 电子的 d—d 轨道间的跃迁,从而产生配位场吸收光谱。

2. 中心离子 $\text{Cu}^{2+} (3d^9) d$—d 跃迁示意图

如下：

无配位场作用时 5 个 d 轨道处于简并态　　　　在配位场作用下 5 个 d 轨道处于分裂态

在 d—d 轨道间跃迁时,配体的配位场越强,d 轨道分裂就越大,即 ΔE 就越大,由 $\Delta E = \dfrac{hc}{\lambda}$ 可知,λ_{max} 就越短。在可见吸收光谱中,中心离子与不同配体相结合时产生不同

波长的吸收峰,使不同配体的配合物呈现不同的颜色。如:

$$[Cu(H_2O)_4]^{2+} \qquad \lambda_{max}=794\ nm \qquad Cu^{2+} \text{水合离子呈浅蓝色}$$

$$[Cu(NH_3)_4]^{2+} \qquad \lambda_{max}=663\ nm \qquad Cu^{2+} \text{氨合离子呈深蓝色}$$

配合物中心离子的 $d—d$ 跃迁产生的吸收峰常在可见光区,由于 $\varepsilon = 0.1\ L\cdot mol^{-1}\cdot cm^{-1}\sim 100\ L\cdot mol^{-1}\cdot cm^{-1}$,吸收峰强度弱,此种方法在定量分析中应用较少。常见配体的配位场强度大小顺序如下:

$$X^- < OH^- < H_2O < SCN^- < NH_3 < \text{乙二胺} < \text{邻二氮菲} < NO_2^- < CN^-$$

(二)镧系和锕系元素离子的吸收光谱($f—f$ 跃迁)

同样道理,镧系和锕系元素的离子均有 f 轨道(4f 和 5f),在配位场作用下,7 个 f 轨道也发生能级分裂。处于低能级的 f 电子选择性地吸收紫外 - 可见光能跃迁到高能级 f 轨道上,即产生 f 电子的 $f—f$ 轨道间跃迁,产生配位场吸收光谱。

(三)电荷转移吸收光谱

1. 电荷转移产生吸收光谱的机理

当形成配合物的配体和金属离子或分子内两个大 π 键体系相互接近时,分子吸收光能后,可能发生电荷由一部分转移到另一部分的现象,从而产生电荷转移吸收光谱,可以用如下通式表示:

$$D—A \xrightarrow{h\nu} D^+A^-$$

式中,D 和 A 是配合物金属离子和配体,或者是分子中的两个大 π 键体系,D 是电子给予体,A 是电子接受体。电荷转移吸收光谱(峰)的特点是吸光度大,$\varepsilon_{max} > 10^4\ L\cdot mol^{-1}\cdot cm^{-1}$。由于灵敏度高,此方法常用于定量分析。

2. 无机配合物电荷转移

例如,

$$[Fe^{3+}(SCN^-)]^{2+} \xrightarrow{h\nu} [Fe^{2+}SCN]^{2+} \qquad \text{激发态(红色)}$$

$$[Fe^{3+}Cl^-]^{2+} \xrightarrow{h\nu} [Fe^{2+}Cl]^{2+} \qquad \text{激发态(紫色)}$$

3. 有机化合物电荷转移

例如,

在以上化合物中,Fe^{3+}、$—NR_2$ 是电子接受体,SCN^-、Cl^-、$—C{=}O$ 是电子给予体,而苯环可以是电子接受体,也可以是电子给予体。

4. 有机共轭分子与过渡金属离子配位时的电荷转移

金属离子的 d 电子常与共轭 π 键体系或者共轭 π 电子参与金属离子的 d 轨道,产生吸收光谱,也属于电荷转移吸收光谱。这一过程中产生的有机配合物吸光度很大,ε_{max} 在 $10^4\ L\cdot mol^{-1}\cdot cm^{-1}\sim 10^5\ L\cdot mol^{-1}\cdot cm^{-1}$ 之间。例如 Fe^{2+} 与邻二氮菲形成的配合物

$Fe(Phen)_3^{2+}$，Fe^{2+}为电子接受体，而邻二氮菲为电子给予体。

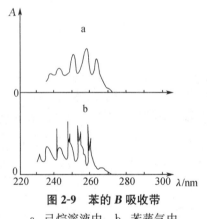

橙红色
$\lambda_{max}=508\ nm$
$\varepsilon_{max}=11\ 000\ L \cdot mol^{-1} \cdot cm^{-1}$

三、影响紫外-可见吸收光谱的因素

紫外-可见吸收光谱主要取决于分子中价电子的能级跃迁。分子结构不同,电子跃迁不同,产生的吸收光谱也不同;另一方面,溶液中分子的外部环境(溶剂、酸度、温度等)也影响价电子的能级跃迁。

(一)溶剂效应

不同溶剂对紫外-可见吸收光谱的波长、强度和精细结构有不同的影响,称为溶剂效应。而溶剂效应与溶剂的极性和有机化合物的电子跃迁类型有关系。

1. 对光谱精细结构和强度的影响

当物质处于气态时,分子间的作用极弱,其振动—转动光谱能表现出来,因而精细结构非常清晰,如图 2-9(b)所示。当物质溶于非极性溶剂时,由于溶剂化作用,限制了分子的转动,转动光谱就不能表现出来,如图 2-9(a)所示。随着溶剂极性增大,分子振动也受到限制,精细结构就会逐渐消失,合并为一条宽而强度低的吸收带,如图 2-10(b)所示。图 2-10 展示了溶剂极性对苯酚的 B 吸收带的影响。

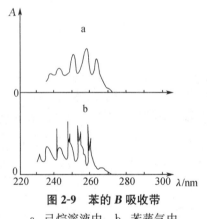
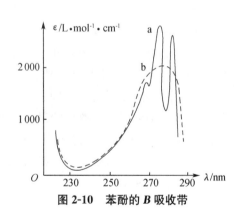

图 2-9 苯的 **B** 吸收带
a. 己烷溶液中　b. 苯蒸气中

图 2-10 苯酚的 **B** 吸收带
a. 庚烷溶液中　b. 乙醇溶液中

2. 对电子跃迁吸收波长的影响

溶剂极性的不同会使 $\pi \rightarrow \pi^*$ 跃迁和 $n \rightarrow \pi^*$ 跃迁两种吸收峰波长向不同方向移动。一般来说,随着溶剂极性增大,$\pi \rightarrow \pi^*$ 跃迁吸收峰向长波方向移动,即波长发生红移;而 $n \rightarrow \pi^*$ 跃迁吸收峰向短波方向移动,即波长发生紫移。溶剂对 4-甲基-3-戊烯-2-酮

($CH_3-\overset{\overset{\displaystyle O}{\|}}{C}-CH=\overset{\overset{\displaystyle CH_3}{}}{\underset{\underset{\displaystyle CH_3}{}}{C}}$)紫外吸收峰的影响如表 2-7 所示。

表 2-7 溶剂对 4-甲基-3-戊烯-2-酮紫外吸收峰的影响

溶剂	正己烷	异辛烷	氯仿	甲醇	水	波长移动
$\pi \rightarrow \pi^*$ λ_{max}/nm	230	235	238	237	243	波长红移
$n \rightarrow \pi^*$ λ_{max}/nm	329	321	315	309	305	波长紫移

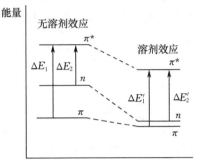

图 2-11 溶剂对电子跃迁吸收波长的影响

一般来说，在极性溶剂中，分子基态（π 轨道、n 轨道）和激发态（π^* 轨道）的能量都下降。对于 $\pi \rightarrow \pi^*$ 跃迁，随着溶剂极性的增大，π^* 轨道的能量降低速度比 π 轨道降低得快，电子跃迁需要的能量 ΔE 逐渐减小，由 $\Delta E = \dfrac{hc}{\lambda}$ 知 λ_{max} 逐渐增大，产生红移。对于 $n \rightarrow \pi^*$ 跃迁，随着溶剂极性的增大，非成键的 n 电子与极性溶剂相互作用形成氢键，使 n 轨道的能量降低速度比 π^* 轨道降低快，电子跃迁需要的能量 ΔE 逐渐增大，由 $\Delta E = \dfrac{hc}{\lambda}$ 知 λ_{max} 逐渐减小，产生紫移。溶剂对电子跃迁吸收波长的影响如图 2-11 所示。

3. 选择溶剂的基本原则

测定化合物紫外-可见吸收光谱时，一般首先是将待测物质配制成溶液，故选择合适的溶剂十分重要。选择溶剂的基本原则如下：

（1）尽可能选择非极性或极性较小的溶剂，以便获得吸收光谱的精细结构。

（2）溶剂对有机物应有很好的溶解性。

（3）所选溶剂在测定波长范围内无吸收或吸收很小。在配制试样溶液、空白溶液和已知标准溶液时，必须使用相同的溶剂。注意尽量与文献中所用溶剂一致。

（4）一些常用溶剂允许使用的最短波长，即为截止波长（低于这个波长，溶剂吸收将会影响被测物紫外-可见吸收光谱测定）。一些常用溶剂的截止波长列于表 2-8 中。

表 2-8 紫外-可见吸收光谱分析中常用溶剂的截止波长

溶剂	截止波长/nm	溶剂	截止波长/nm
正己烷	200	乙醚	220
环己烷	210	二氧六环	230
庚烷	210	二氯甲烷	235
水	210	氯仿	245
乙醇	210	乙酸乙酯	260
异丙醇	210	苯	280
正丁醇	210	丙酮	330

（二）酸度的影响

由于酸度的变化会使一些有机化合物分子离子化，使其存在形式发生变化，导致吸收峰的波长和吸收强度变化，因此，在紫外-可见吸收光谱中，应注意控制溶液的 pH 值。例如，苯胺在酸性物质中会形成苯胺盐阳离子，氨基助色作用消失，波长发生紫移。

$$\text{〈 〉—NH}_2 \xrightarrow{\text{H}^+} \text{〈 〉—NH}_3^+$$

E 带　$\lambda_{max}=230\,nm$　　　　203 nm

B 带　$\lambda_{max}=280\,nm$　　　　254 nm

又如，苯酚在碱性介质中会形成苯酚阴离子，氧原子上孤对电子增加到三对，使 n-π 共轭效应进一步加强，助色作用增大，波长发生红移，同时吸收强度增加。

$$\text{〈 〉—OH} \xrightarrow{\text{OH}^-} \text{〈 〉—O}^-$$

E 带　$\lambda_{max}=210\,nm$　　　　236 nm

　　　　$\varepsilon_{max}=6\,200\,L\cdot mol^{-1}\cdot cm^{-1}$　　9 400 L·mol^{-1}·cm^{-1}

B 带　$\lambda_{max}=273\,nm$　　　　287 nm

　　　　$\varepsilon_{max}=1\,780\,L\cdot mol^{-1}\cdot cm^{-1}$　　2 600 L·mol^{-1}·cm^{-1}

对于配合物的紫外-可见光谱，酸度的改变还会影响配位平衡，使配合物的组成发生变化，从而导致吸收带的特性产生变化。

第四节　紫外-可见分光光度计

紫外-可见分光光度计是绘制吸收光谱及测量物质吸光度的仪器，波长范围为 200 nm～1 000 nm，而紫外分光光度计的波长范围为 200 nm～400 nm。仪器类型很多，性能也不同，但其基本原理和基本部件相同。

一、主要部件

紫外-可见分光光度计主要由光源、单色器、吸收池、检测器和信号显示器五部分组成，如图 2-12 所示。

图 2-12　紫外-可见分光光度计结构示意图

（一）光源

光源的作用是提供强大而稳定的连续光。在可见光区常用的光源是钨灯或卤钨灯（白炽灯），最适用的波长范围是 380 nm～780 nm。卤钨灯发射强度大，寿命长。氢灯和氘灯（气体放电灯）是紫外光源，发射 160 nm～400 nm 的连续光，最适用的波长范围是 180 nm～380 nm。紫外-可见分光光度计同时配有可见和紫外两种光源。

（二）单色器

单色器的作用是将来自光源的连续光色散成单色光的装置。单色器主要由棱镜或光栅等色散元件、狭缝和透镜组成。

1. 单色器的结构

棱镜单色器和光栅单色器的结构如图 2-13 所示。

单色器各部件的功能如下：（1）入射狭缝；（2）准直镜（透镜或准直凹面反射镜）使入

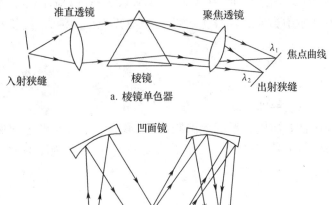

a. 棱镜单色器

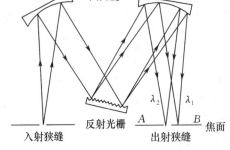

b. 光栅单色器

图 2-13　单色器的结构示意图

射光束变成平行光束;(3) 色散元件(棱镜或光栅)使不同波长的入射光色散开来;(4) 聚焦透镜或聚焦凹面反射镜,使不同波长的光聚焦在焦平面的不同位置;(5) 出射狭缝。

2. 棱镜和光栅的色散原理

(1) 棱镜色散原理　复合光通过棱镜时,在棱镜的两界面处产生两次折射。由于不同波长的光在同一介质中的折射率(n)、折射角(r)或偏向角(θ)不同,将复合光色散成单色光。色散原理如图 2-14 所示。其色散作用可用科希(Cauchy)经验公式描述:

$$n = A + \frac{B}{\lambda^2} + \frac{C}{\lambda^4} \tag{2-12}$$

式(2-12)中,n 为棱镜的折射率,λ 为波长,A、B、C 为棱镜常数。由科希经验公式可知,波长愈短的光,折射率愈大,折射角 r 愈大,即偏向角 θ 愈大。棱镜将复合光色散成按波长顺序排列的光谱。

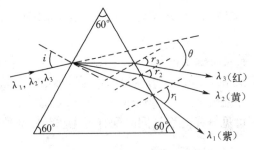

图 2-14　棱镜色散原理示意图

(2) 光栅色散原理　在光学玻璃或金属片上刻制出许多等距、等宽、平行并且具有反射面的刻痕(刻线或沟槽)的元件称为反射光栅。常用的光栅刻痕密度每毫米为 600~1 200 条。反射光栅又分平面反射光栅和凹面反射光栅。平面反射光栅的色散原理是基于光栅槽面对光的衍射和衍射光的干涉作用,使复合光色散成单色光。一束平行复合光中的 1、2 两条光线分别射到平面反射光栅对应的 A、B 点上,入射角为 α,经衍射后光线以衍射角 β 离开光栅,如图 2-15 所示。

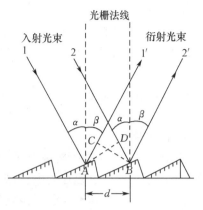

图 2-15 平面反射光栅的衍射示意图

光线 1、2 到达 A、B 点的光程差为 $BD = d\sin\alpha$,当它们以 β 角方向衍射出去之后,光程差又增加或减少 $AC = d\sin\beta$,因此总光程差 $BD \pm AC = d(\sin\alpha \pm \sin\beta)$,其中 d 为相邻两刻痕的距离。显然,当光线 1、2 和光线 $1'$、$2'$ 在光栅平面法线的两侧时,总光程差是 $BD - AC$;若在同一侧时,总光程差是 $BD + AC$,如图 2-15 所示。

根据光的干涉原理,如果总光程差等于衍射波长的整数 n 倍($n = 0, 1, 2, \cdots$)时,同一衍射方向的衍射光相互干涉,其结果是相互加强。若以成像物镜将这些衍射光聚焦,就可以得到不同波长的单色光。因此,光栅色散作用可以用光栅方程(2-13)表示,即

$$d(\sin\alpha \pm \sin\beta) = n\lambda \qquad\qquad (2\text{-}13)$$

式(2-13)中,α 为入射角,规定取正值;β 为衍射角,如果 α 和 β 在光栅法线同侧,则 β 为正值,如果 α 和 β 在法线两侧,β 为负值;d 为相邻两刻痕间的距离,亦称光栅常数(mm),即光栅刻痕密度的倒数;λ 为衍射光的波长;n 为光谱级次。当光栅常数 d 及入射角 α 一定时,对于某一级次的光谱,不同波长 λ 的光会被衍射到不同 β 角方向,这就是光栅的色散作用。单色光聚焦后就成为光谱。当 $n = 0$ 时,即零级光谱,衍射角 β 与 λ 无关,即无色散作用。

(三)吸收池

吸收池是用于盛放溶液并能提供一定吸光厚度的器皿。它是由透明的光学玻璃或石英材料制成。玻璃吸收池只能用于可见光区,而石英吸收池在紫外和可见光区都可使用。其厚度一般为 0.5 cm～5 cm,最常用的吸收池厚度为 1 cm。

(四)检测器

检测器是将光信号转变成电信号,放大并测量电信号的装置。常用的检测器有光电管和光电倍增管。

1. 光电管

它是一种特殊的真空二极管,阳极为金属丝,阴极为半圆形柱体,内表面涂有一层光敏材料。当光照射在光敏材料上,阴极就发射光电子,在外电场(90 V)的作用下形成电流,根据 $i = kI$,入射光强度大小与电流成正比。常用的光电管有蓝敏和红敏两种。蓝敏光电管为锑-铯(Sb-Cs)阴极,适用波长范围为 220 nm～625 nm;红敏光电管为银-氧化铯

(Ag-Cs$_2$O)阴极,适用波长范围为 600 nm～1 200 nm。紫外-可见分光光度计同时配有蓝敏和红敏两种光电管。

2. 光电倍增管(Photomultiplier，PMT)

PMT 是由光敏阴极 K、阳极 A 和若干倍增极 D 组成的真空管,它是检测弱光电信号的电子元件。其工作原理如图 2-16 所示。

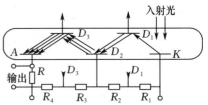

图 2-16　光电倍增管工作原理

当光照射到光敏阴极 K 上时,光敏阴极会发射光电子,这些光电子在电场加速下打在第一倍增极 D_1 上,由于倍增极上同样涂有光敏物质,每个光电子会从该倍增极二次发射 2～5 个次级电子,这些次级电子再被电场加速打在第二个倍增极 D_2 上,又会发射更多的次级电子。这个过程在光电倍增管中如雪崩式地进行,最后被阳极 A 收集,产生较强的电流。光电倍增管不仅起光电转换作用,还能使微弱的光电流放大。光电倍增管对光电流的放大倍数主要取决于电极间的负高压。在工作电压范围内,负高压愈高,放大倍数愈大。通常两个倍增极间的电压为 75 V～100 V,倍增极为 9～12 个,光电倍增管的放大倍数(增益倍数)为 10^6～10^7,适用的波长范围为 160 nm～700 nm。若光电倍增管被强光或长时间照射时,容易损坏和疲劳,应该注意尽量不用过高的负高压,以确保光电倍增管良好的工作特性。

(五) 信号显示器

常用的显示器有电表指示、数字电压表、数据微处理机及荧屏显示等。第一种显示器主要用于简单型分光光度计,中、高档分光光度计多采用后三种。

二、分光光度计的类型

紫外-可见分光光度计主要有单光束、双光束、双波长和光电二极管阵列分光光度计。

(一) 单光束分光光度计

单光束分光光度计工作原理如图 2-17 所示。由光源发出的复合光经过单色器后获得一定波长的单色光,交替通过参比溶液和样品溶液后,经过检测器将透过的光信号转换成电信号并放大,在显示器上以吸光度或透过率形式显示出来。

图 2-17　单光束分光光度计工作原理示意图

(二) 双光束分光光度计

双光束分光光度计工作原理如图 2-18 所示。由光源发出的复合光经过单色器 M_0 获得单色光,被斩光器 M_1 转变为强度相等的两束光,一束通过参比溶液,另一束通过试样溶液,由检测器交替测量参比信号和试样信号,这样就消除了单光束受光源强度变化的影响。设入射光强度为 I_0,通过参比池(R)和试样池(S)的透光强度分别为 I_R 和 I_S,然后由检测器直接测得试样的吸光度 A。

由于 $$A_R = \lg \frac{I_0}{I_R}, \quad A_S = \lg \frac{I_0}{I_S}$$

则　　$A = A_S - A_R = \lg \dfrac{I_R}{I_S}$　　(2-14)

可见,试样的吸光度 A 与入射光强度 I_0 无关,即 A 值与光源的波动无关,但是由于使用了两个吸收池,存在着吸收池厚度不同带来的测量误差。

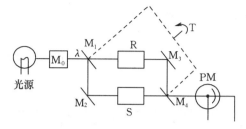

图 2-18　双光束分光光度计工作原理示意图

(三) 双波长分光光度计

双波长分光光度计采用两个单色器,其工作原理如图 2-19 所示。

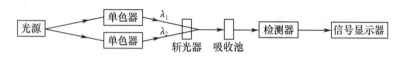

图 2-19　双波长分光光度计工作原理

从同一光源发出的两束光,分别经过两个单色器得到两束不同波长(λ_1 和 λ_2)的单色光,借助斩光器使两束不同波长的光以一定时间间隔交替照射到同一试样池中,然后由检测器测得试样溶液在 λ_1 和 λ_2 处的吸光度之差 ΔA。根据朗伯-比尔定律,则有

$$\Delta A = A_2 - A_1 = (\varepsilon_2 - \varepsilon_1)cl \qquad (2\text{-}15)$$
$$\Delta A = kc$$

式(2-15)为双波长分光光度计定量分析的依据,表明试样溶液中被测定组分的浓度 c 与吸光度差 ΔA 成正比。由于双波长分光光度计只有一个试样池,只要 λ_1 和 λ_2 选择适当,它可以消除背景吸收和吸收厚度不同引起的测量误差,提高定量分析的准确度。双波长分光光度计适用于多组分和混浊试样溶液的测定,还可以很方便地得到导数光谱,它可解决复杂混合溶液中微量组分测定等问题。

(四) 光电二极管阵列分光光度计

光电二极管阵列分光光度计与常规仪器不同,它是一种使用光电二极管阵列检测器、由计算机控制的多通道的紫外-可见分光光度计。它具有快速扫描吸收光谱的特点。光电二极管阵列分光光度计工作原理如图 2-20 所示 。

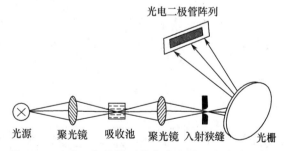

图 2-20　光电二极管阵列分光光度计工作原理示意图

由光源发出的光经透镜聚焦于吸收池中,透射光经光栅分光后,单色光照射到光电二极管阵列检测器上。该检测器包括几百个光电二极管构成的线性阵列,而每个光电二极管又与一个电容并联,整个阵列集成在一只长 1 cm～6 cm 的芯片上。受光照射的二极

管产生光电流并贮存在电容中,光电流与透过光的强度成正比。通过集成的数字移位寄存器,扫描电路顺序地读出每个电容器上贮存的电荷。这种检测器与光电倍增管相比,不仅测量速度快,而且可以同时测量多个光信号,其波长范围为 200 nm~800 nm,分辨率为 2 nm。

第五节　紫外-可见吸收光谱分析条件的选择

在分析工作中,要使测定方法有较高的灵敏度和准确度,就应该选择最佳工作条件,这些条件包括仪器条件、显色反应条件及参比溶液等。

一、仪器条件的选择

(一) 吸收波长的选择

吸收波长也称入射波长,选择的依据是吸收曲线,一般以最大吸收波长 λ_{max} 为测量的吸收波长。因为在 λ_{max} 处对应的 ε 值最大,测定的灵敏度最高。当最强吸收峰的峰形较锐时,应选择吸收稍低、峰形稍平坦的次强峰的波长为吸收波长,以减少或避免由单色光不纯而引起的测量误差。当在 λ_{max} 处存在共存组分的光谱干扰时,则根据"吸收最大、干扰最小"的原则,选择最佳吸收波长。

(二) 吸光度范围的选择

任何分光光度计都存在一定的测量误差,而测量误差是在测量吸光度或透光度时所产生的误差。引起误差的因素有很多,如光源或检测器不稳定性、吸收池位置的不确定性以及读数的不准确性等等。透光度(T)的刻度是均匀的,读数误差(ΔT)虽然是一个常数,但在不同 T 读数范围内所引起的被测组分浓度的相对误差($\Delta c/c$)却不相同。根据朗伯-比尔定律有

$$A = -\lg T = -0.434\ln T = \varepsilon cl$$

$$c = -\frac{0.434}{\varepsilon l}\ln T$$

将上式微分得

$$dc = -\frac{0.434}{\varepsilon l} \cdot \frac{dT}{T}$$

将以上两式相除即得浓度测量的相对误差 E_r 为

$$E_r = \frac{dc}{c} \times 100\% = \frac{dT}{T\ln T} \times 100\% = \frac{0.434dT}{T\lg T} \times 100\% \tag{2-16}$$

或者写成

$$E_r = \frac{\Delta c}{c} \times 100\% = \frac{0.434\Delta T}{T\lg T} \times 100\% \tag{2-17}$$

式(2-16)和式(2-17)表明,浓度测量的相对误差不仅与透光度的读数误差 ΔT 有关,而且与试液本身的透光度 T 有关。设某仪器的 $\Delta T = 0.5\%$,根据式(2-17)可计算出不同 T 值时浓度测量的相对误差 $\Delta c/c$ 值,作出相应的 $\Delta c/c$-$T(A)$ 关系曲线,如图 2-21 所示。

由图 2-21 可知,透光度太大或太小时,$\Delta c/c$ 均较大;当透光度 T 在 20%~65%,即吸光度 A 在 0.2~0.7 时,$\Delta c/c < 2\%$;当 $T = 36.8\%$,即 $A = 0.434$ 时,$\Delta c/c = 1.36\%$,浓度测量的相对误差最小。综上所述,为了减小浓度测量的相对误差,提高测量的准确度,

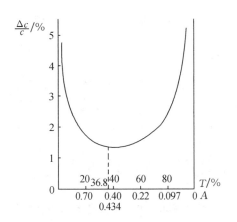

图 2-21　浓度测量的 $\Delta c/c$-$T(A)$ 关系曲线

一般将待测溶液的吸光度控制在 $0.2\sim0.7$ 范围内,或将透光度控制在 $20\%\sim65\%$ 范围内。当溶液的吸光度不在此范围时,可以通过改变称样量、稀释倍数及吸收池的厚度来控制吸光度。

（三）吸收池的选择

一组吸收池的厚度 l 应一致,透光性能要好。对于吸光度 $A<0.2$ 的溶液,应选择较厚的吸收池;相反,对于 $A>0.7$ 的溶液,应选择较薄的吸收池,以减小浓度测量的相对误差。

二、显色反应条件的选择

在紫外-可见光谱分析中,有时选用适当的试剂经化学反应将被测组分转变成在一定波长范围内有吸收或吸收系数较大的物质,然后再进行测定,以提高测定的灵敏度和选择性,这种反应叫显色反应,所用的试剂称为显色剂。为了保证被测组分有效地转变为适宜于测定的稳定的化合物,需要控制或选择最佳显色反应条件,如显色剂的用量、溶液的酸度、显色温度和显色时间等。

三、参比溶液的选择

在测量试液的吸光度时,常要用参比溶液调节仪器的工作零点,即调节透光度 T 为 100% 或吸光度 A 为零,以消除溶液中溶剂及其他组分对光吸收带来的测量误差。参比溶液的组成应该根据试样溶液的性质来决定。正确地选择参比溶液十分重要,否则会造成较大的测量误差。

（一）溶剂参比溶液

在试样溶液组成比较简单,共存组分很少吸收或无吸收的情况下,常用溶剂作参比溶液,以消除溶剂吸收的影响。

（二）试样参比溶液

试样基体溶液若有吸收,而显色剂又不与试样基体发生显色反应时,可用不加显色剂的试样处理溶液作参比溶液。这种参比溶液叫试样参比溶液,它可以消除试样基体组分产生的影响。

（三）试剂参比溶液

如果显色剂或其他试剂在测定工作波长下有吸收,按显色反应相同的条件,只是不加入试样,同样加入试剂和溶剂作为参比溶液,称为试剂参比溶液。这种参比溶液可消除各种试剂产生的影响。

(四)平行操作溶液参比

用不含被测组分的试样,在相同条件下与被测试样进行同样处理,由此得到平行操作参比溶液。例如,在进行某种人血中药物浓度监测时,取正常人的血样与待测血样进行平行操作处理,处理后的正常人的血样溶液即为平行操作参比溶液。

第六节　紫外-可见吸收光谱分析的应用

紫外-可见吸收光谱分析法主要应用在有机化合物的定性、定量分析方面,例如化合物的鉴定分析、结构分析、纯度分析及定量分析。在药物化学、天然产物化学中应用较多。

一、有机化合物的定性分析

(一)化合物的鉴定

有机化合物的鉴定一般采用光谱比较法。将未知化合物的吸收光谱与已知纯化合物的吸收光谱进行比较。把试样与标准物配制成同溶剂、同浓度的溶液,在相同工作条件下扫描其吸收光谱,比较其光谱特征。如果吸收峰数目、波长、相对 ε 值或 A 值、吸收峰形状(极大值、极小值和拐点位置)相同,说明化合物的生色团、助色团基本相同,它们可能是同一类型的化合物。为了便于比较,吸收光谱常以 $\lg\varepsilon$ 对波长 λ 作图,此时朗伯-比尔定律可写成

$$\lg A = \lg\varepsilon + \lg(cl) \tag{2-18}$$

式(2-18)中,只有 $\lg\varepsilon$ 随 λ 变化,即使浓度 c 和吸收池厚度 l 变化,也只能使吸收光谱上下移动,并不影响其形状。由于大多数有机化合物的紫外-可见吸收光谱比较简单,谱带宽且缺乏精细结构,特征性不明显,因此,仅依据紫外-可见吸收光谱数据或吸收峰形状来鉴定未知化合物具有较大局限性。但它可以鉴定共轭官能团,推断未知化合物的结构骨架,并在其他方法配合下,进行定性或结构分析。当无标准物时可以借用紫外-可见吸收标准谱图进行比较。例如,当溶剂和浓度相同时,合成的维生素 A_2 和天然的维生素 A_2 的紫外吸收光谱对比图如图 2-22 所示。

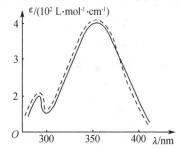

图 2-22　维生素 A_2 紫外吸收光谱对比图
——合成品　----天然品

(二)化合物纯度的鉴定

如果有机化合物在紫外-可见光谱区没有明显的吸收峰,而杂质有较强的吸收峰,则可利用紫外-可见吸收光谱进行化合物的纯度鉴定。例如,生产无水乙醇时通常加入苯进行蒸馏,因此,无水乙醇中常混有少量的苯,乙醇在 210 nm 以上无吸收,苯在 254 nm 处有 B 吸收带,利用 ε 值或 A 值,可计算乙醇的纯度。

(三)化合物中官能团及共轭体系的推断

紫外-可见吸收光谱对化合物中官能团和共轭体系的推断很有效,有以下基本规律。

（1）在 220 nm～800 nm 范围内无紫外-可见吸收峰，可推断化合物不含苯环、共轭双键，没有醛、酮基团。由于电子无 $\pi \to \pi^*$ 和 $n \to \pi^*$ 跃迁，化合物可能是直链烷烃、环烷烃或只含一个双键的烯烃等。

（2）在 210 nm～250 nm 范围内有强吸收带（$\varepsilon > 10^4$ L·mol^{-1}·cm^{-1}），表明化合物中可能有两个共轭双键；在 260 nm～350 nm 范围内有强吸收带，表明化合物中可能有 3～5 个共轭双键或稠环化合物。

（3）在 270 nm～350 nm 范围内出现很弱吸收峰（$\varepsilon = 10$ L·mol^{-1}·cm^{-1} ～ 100 L·mol^{-1}·cm^{-1}），而无强吸收峰，则表明化合物只含有简单的 $n \to \pi^*$ 跃迁的生色团，产生 R 吸收带，可能的基团是 $\diagdown$C=O、—N=N—、$\diagdown$C=N—、—N=O 等。

如
$$CH_3-\overset{\overset{\displaystyle O}{\|}}{C}-CH_3 \qquad \lambda_{max}=270\ nm \qquad \varepsilon=16\ L·mol^{-1}·cm^{-1}$$

$$CH_3-N=N-CH_3 \qquad \lambda_{max}=345\ nm \qquad \varepsilon=5\ L·mol^{-1}·cm^{-1}$$

$$(CH_3)_2CH-N=O \qquad \lambda_{max}=300\ nm \qquad \varepsilon=100\ L·mol^{-1}·cm^{-1}$$

（4）在 230 nm～270 nm 范围内有中等强度吸收带（$\varepsilon = 2 \times 10^2$ L·mol^{-1}·cm^{-1} ～ 1×10^3 L·mol^{-1}·cm^{-1}），并且有精细结构，即为有 B 吸收带，表明化合物中有苯环。B 吸收带是芳香化合物的特征吸收峰。

（5）苯环上有取代基时，苯环的三个吸收带（E_1、E_2、B）的波长都会发生红移，ε 增大，B 吸收带的精细结构因取代基而简化。苯的取代物中，E_1 带在远紫外区研究较少，E_2 和 B 吸收带应用和研究广泛。一般规律是，K 带（E_2）λ_{max} 在 217 nm～280 nm，$\varepsilon > 10^4$ L·mol^{-1}·cm^{-1}；B 带 λ_{max} 在 230 nm～270 nm，$\varepsilon = 10^2$ L·mol^{-1}·cm^{-1} ～ 10^3 L·mol^{-1}·cm^{-1}。取代基的性质不同，共轭效应不同，各带的 λ_{max} 和 ε 也不同，如苯环上带有含羰基的取代基时可能出现 R 带。各种取代基给电子和吸电子能力大致如下。

取代基给电子能力次序：

—CH$_3$＜—Cl＜—Br＜—OH＜—OCH$_3$＜—NH$_2$

＜—O$^-$＜—NHCOCH$_3$＜—NRCH$_3$

取代基吸电子能力次序：

—NH$_3^+$＜—SO$_2$NH$_2$＜—COO$^-$≤—CN＜—COOH＜—CHO＜—NO$_2$

苯及某些取代苯的紫外吸收特性如表 2-9 所示。

表 2-9　苯及某些取代苯的紫外吸收特性

化合物结构式	电子跃迁	吸收带	λ_{max}/nm	ε_{max}/(L·mol^{-1}·cm^{-1})
苯	$\pi \to \pi^*$	E_1	185	6.0×10^4
	$\pi \to \pi^*$	E_2	204	8.0×10^3
	$\pi \to \pi^*$	B	254	2.0×10^2
苯乙烯 —CH=CH$_2$	$\pi \to \pi^*$	K	244	1.2×10^4
	$\pi \to \pi^*$	B	282	4.5×10^2
甲苯 —CH$_3$	$\pi \to \pi^*$	E_2	208	2.5×10^3
	$\pi \to \pi^*$	B	262	1.7×10^2

仪器分析

化合物结构式	电子跃迁	吸收带	λ_{max}/nm	ε_{max}/(L·mol^{-1}·cm^{-1})
苯乙酮	$\pi\rightarrow\pi^*$	K	225	1.3×10^4
	$\pi\rightarrow\pi^*$	B	270	1.1×10^3
	$n\rightarrow\pi^*$	R	330	0.6×10^2
苯酚	$\pi\rightarrow\pi^*$	E_2	210	6.2×10^3
	$\pi\rightarrow\pi^*$	B	273	1.8×10^3
苯甲酸	$\pi\rightarrow\pi^*$	E_2	230	1.0×10^4
	$\pi\rightarrow\pi^*$	B	270	8.0×10^2
苯甲醛	$\pi\rightarrow\pi^*$	E_2	242	1.4×10^4
	$\pi\rightarrow\pi^*$	B	280	1.4×10^3
	$n\rightarrow\pi^*$	R	328	0.6×10^2

按照以上基本规律可以初步确定化合物的归属范围,然后采用对比法才能进一步确定该物质可能是何种化合物。在进行对比时,也可借用各种紫外-可见光谱标准图谱的数据(λ_{max}、ε_{max})做参考。例如,常见标准图谱集如 Sadtler Standard Spectra (Ultraviolet),Heyden,London,1978,该 Sadtler 标准图谱共收集了 46 000 种化合物的紫外光谱。

二、有机化合物的构型分析

具有相同化学组成的不同异构体的紫外吸收光谱有一定的差异,根据这种差异可以对异构体进行判别。

(一) 互变异构体的判别

某些有机化合物在溶液中存在互变异构现象,例如乙酰乙酸乙酯在溶液中存在酮式与烯醇式的平衡:

$$CH_3-C-CH_2-C-OC_2H_5 \rightleftharpoons CH_3-C=CH-C-OC_2H_5$$

酮式(非共轭式)   烯醇式(共轭式)

$\lambda_{max}=204$ nm $\lambda_{max}=245$ nm

$\varepsilon_{max}=110$ L·mol^{-1}·cm^{-1} $\varepsilon_{max}=18\ 000$ L·mol^{-1}·cm^{-1}

在极性溶剂水中,以酮式异构体为主,两个 C =O 双键未共轭,$\pi\rightarrow\pi^*$ 跃迁所需的能量较高;在非极性溶剂正己烷中,以烯醇式为主,两个双键(C =O 和C =C)共轭,$\pi\rightarrow\pi^*$ 跃迁所需的能量较低,因此,在 245 nm 处有强的 K 吸收带。故根据紫外吸收光谱的特性可判定它们以何种形式存在。

(二) 顺反异构体的判别

一般来说,有机化合物的反式异构体的 λ_{max} 和 ε_{max} 值比相应的顺式异构体大,利用其差别可以对其判别。例如1,2-二苯乙烯具有顺式和反式两种异构体:

$$反式$$

$$\lambda_{max} = 295 \text{ nm}$$

$$\varepsilon_{max} = 29\,000 \text{ L} \cdot \text{mol}^{-1} \cdot \text{cm}^{-1}$$

$$顺式$$

$$\lambda_{max} = 280 \text{ nm}$$

$$\varepsilon_{max} = 10\,500 \text{ L} \cdot \text{mol}^{-1} \cdot \text{cm}^{-1}$$

这是由于反式二苯乙烯的空间位阻小,苯环和乙烯双键在同一平面上,π-π 共轭效应大,$\pi \rightarrow \pi^*$ 跃迁能量降低,波长发生红移,ε 较大;而顺式二苯乙烯的空间位阻较大,苯环和乙烯双键偏离同一平面,影响 π-π 共轭效应,吸收波长短,ε 亦较小。由此可以判断其顺反式构型的存在。

三、定量分析方法

紫外-可见吸收光谱法是进行定量分析的最有用的分析方法。方法的灵敏度可达 $10^{-5} \text{ mol} \cdot \text{L}^{-1} \sim 10^{-6} \text{ mol} \cdot \text{L}^{-1}$,准确度高,相对误差在 $1\% \sim 3\%$,并且操作简便。定量分析的依据是朗伯-比尔定律,即 $A = \varepsilon cl$。当物质的吸收波长 λ_{max} 一定时,吸光度与它的浓度呈线性关系。通常都是测量在 λ_{max} 处的吸光度 A(以获得最大的灵敏度),便可以求得物质的浓度或含量。

(一) 微量单组分定量分析

1. 标准对比法

在相同工作条件下,测定试样溶液的吸光度 A_x 和已知浓度的标准溶液的吸光度 A_s,由标准溶液的浓度 c_s 计算出试样中被测物的浓度 c_x。由朗伯-比尔定律可得

$$A_s = \varepsilon c_s l \qquad A_x = \varepsilon c_x l$$

因为被测物和标准物是同种物质,工作条件相同,吸收波长相同,故 ε、l 相同,所以

$$c_x = \frac{A_x}{A_s} \cdot c_s \tag{2-19}$$

这种方法称为标准对比法。该方法简便,但测量误差较大。只有当 c_x 和 c_s 在 A-c 曲线的直线范围内,并且 c_x 与 c_s 接近时,才能得到较为准确的测定结果。

2. 标准曲线法

标准曲线法又称校准曲线法或工作曲线法。首先配制一系列不同浓度的标准溶液,同时配制相应的参比溶液和试样溶液,在相同条件下测定标准系列溶液的吸光度,绘制吸光度-浓度曲线,这种 A-c 曲线就是标准曲线。在相同条件下测定试样溶液的吸光度 A_x,然后在 A-c 曲线上查找 A_x 所对应的浓度 c_x,即可求得试样溶液的浓度,如图 2-23 所示。

标准曲线法简便、快速,测量误差较小,准确度较高,适用于大批组成简单或相似的试样分析。应用标准曲线法应注意以下几点:

(1) 所配制的系列标准溶液、试样浓度应该在 A-c 标准曲线的直线范围内,吸光度在 $0.2 \sim 0.7$ 之间,测量的准确度才较高。

(2) 为了提高测定的准确度,通常配制 $5 \sim 7$ 个标准溶液,并且 A-c 标准曲线的倾角接近 $45°$,以减少读数误差。

31

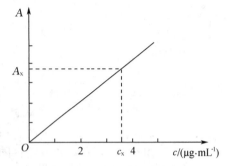

图 2-23 标准曲线法基本原理

（3）标准溶液、试样溶液都应用相同及等量的试剂（溶剂、显色剂等）处理，使用的仪器工作条件完全相同，并应扣除空白值。

（二）微量多组分定量分析

根据吸光度的加和性，当两种或多种组分共存、组分之间不发生化学反应时，可根据各组分吸收曲线相互重叠的情况选择适当的测定方法。下面介绍多组分定量分析方法。

1. 解线性方程组法

（1）a、b 两组分吸收曲线部分重叠，如图 2-24 所示。

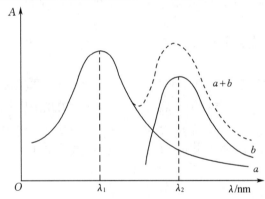

图 2-24 a、b 两组分吸收曲线部分重叠

已知 A_1^a，A_2^{a+b}，ε_1^a，ε_2^a，ε_2^b，$l=1.0\text{cm}$，求 c_a 和 c_b：

① c_a 可按照单组分测量法求解，在波长 λ_1 处 a 组分的吸光度为 A_1^a，因此

$$c_a = \frac{A_1^a}{\varepsilon_1^a \cdot l}$$

代入 l 的值，得

$$c_a = \frac{A_1^a}{\varepsilon_1^a}$$

② c_b 可根据在 λ_2 处的吸光度 A_2^{a+b} 的加和性求得，因此

$$A_2^{a+b} = A_2^a + A_2^b = \varepsilon_2^a \cdot c_a \cdot l + \varepsilon_2^b \cdot c_b \cdot l$$

则

$$c_b = \frac{1}{\varepsilon_2^b \cdot l}(A_2^{a+b} - \varepsilon_2^a \cdot c_a \cdot l)$$

代入 l 的值，得

$$c_b = \frac{1}{\varepsilon_2^b}(A_2^{a+b} - \varepsilon_2^a \cdot c_a)$$

（2）a，b 两组分吸收曲线相互重叠，如图 2-25 所示。

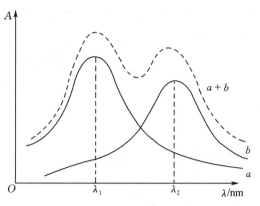

图 2-25 a、b 两组分吸收曲线相互重叠

已知 A_1^{a+b},A_2^{a+b},ε_1^a,ε_1^b 和 ε_2^a,ε_2^b,$l=1.0\text{cm}$,求 c_a 和 c_b：

根据在 λ_1 和 λ_2 处的吸光度 A_1^{a+b} 和 A_2^{a+b} 的加和性列线性方程组,则

$$\begin{cases} A_1^{a+b}=A_1^a+A_1^b=\varepsilon_1^a \cdot c_a \cdot l+\varepsilon_1^b \cdot c_b \cdot l \\ A_2^{a+b}=A_2^a+A_2^b=\varepsilon_2^a \cdot c_a \cdot l+\varepsilon_2^b \cdot c_b \cdot l \end{cases} \tag{2-20}$$

代入 l 的值,解线性方程组得

$$\begin{cases} c_a=\dfrac{\varepsilon_2^b \cdot A_1^{a+b}-\varepsilon_1^b \cdot A_2^{a+b}}{\varepsilon_1^a \cdot \varepsilon_2^b-\varepsilon_2^a \cdot \varepsilon_1^b} \\[4mm] c_b=\dfrac{\varepsilon_1^a \cdot A_2^{a+b}-\varepsilon_2^a \cdot A_1^{a+b}}{\varepsilon_1^a \cdot \varepsilon_2^b-\varepsilon_2^a \cdot \varepsilon_1^b} \end{cases} \tag{2-21}$$

【例题 2-3】 输铁蛋白和脱铁草氨酸的混合物试样溶液中,两组分的吸收曲线互相干扰,在波长 428 nm 处时,总吸光度为 0.401;在波长 470 nm 处时,总吸光度为 0.424。已知,吸收池厚度为 1.0 cm,输铁蛋白的摩尔吸收系数 $\varepsilon_{428}=3.54\times10^3 \text{ L} \cdot \text{mol}^{-1} \cdot \text{cm}^{-1}$,$\varepsilon_{470}=4.17\times10^3 \text{ L} \cdot \text{mol}^{-1} \cdot \text{cm}^{-1}$;脱铁草氨酸的摩尔吸收系数 $\varepsilon_{428}=2.73\times10^3 \text{ L} \cdot \text{mol}^{-1} \cdot \text{cm}^{-1}$,$\varepsilon_{470}=2.29\times10^3 \text{ L} \cdot \text{mol}^{-1} \cdot \text{cm}^{-1}$,计算各组分的浓度。

【解】 由多组分定量分析线性方程组,代入数据后解得输铁蛋白浓度 c_a 和脱铁草氨酸的浓度 c_b：

$$c_a=\frac{\varepsilon_2^b \cdot A_1^{a+b}-\varepsilon_1^b \cdot A_2^{a+b}}{\varepsilon_1^a \cdot \varepsilon_2^b-\varepsilon_2^a \cdot \varepsilon_1^b}=\frac{2.29\times10^3\times0.401-2.73\times10^3\times0.424}{3.54\times10^3\times2.29\times10^3-4.17\times10^3\times2.73\times10^3}$$
$$=7.30\times10^{-5}(\text{mol} \cdot \text{L}^{-1});$$

$$c_b=\frac{\varepsilon_1^a \cdot A_2^{a+b}-\varepsilon_2^a \cdot A_1^{a+b}}{\varepsilon_1^a \cdot \varepsilon_2^b-\varepsilon_2^a \cdot \varepsilon_1^b}=\frac{3.54\times10^3\times0.424-4.17\times10^3\times0.401}{3.54\times10^3\times2.29\times10^3-4.17\times10^3\times2.73\times10^3}$$
$$=5.22\times10^{-5}(\text{mol} \cdot \text{L}^{-1})。$$

2. 导数光谱法

如果将朗伯-比尔定律 $A_\lambda=\varepsilon_\lambda cl$ 公式对波长 λ 进行 n 次求导,由于在式中只有 A_λ 和 ε_λ 是波长 λ 的函数,于是可得

$$\frac{\mathrm{d}^n A_\lambda}{\mathrm{d}\lambda^n}=cl\frac{\mathrm{d}^n \varepsilon_\lambda}{\mathrm{d}\lambda^n} \tag{2-22}$$

从式(2-22)可知,经 n 次求导后,吸光度对波长的导数值仍与吸收物的浓度成正比,这就是导数光谱的理论依据。导数光谱最大的优点是分辨率高,能够分辨吸光度随波长增大时所掩盖的弱吸收峰。在实际应用中,常使用二阶导数光谱。

测量导数光谱峰值的方法随具体情况而定,常用的有三种方法,如图 2-26 所示。

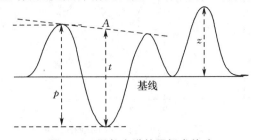

图 2-26　导数光谱的图解求值法
p. 峰—谷法;t. 基线法;z. 峰—零法

(1)峰—谷法　如果基线平坦,可通过测量两个极值之间的距离 p 来进行定量分析。这是常用的导数光谱峰值测量方法。

(2)基线法　首先作相邻两峰的公切线,然后从两峰之间的波谷作一条平行于纵坐标的直线交公切线于 A 点,然后测量 t 值。

(3)峰—零法　此法是以峰与基线间的距离 z 为导数值。峰—零法只适用于导数光谱对称的情况,一般仅在特殊高阶导数求值时才用。

虽然导数光谱具有分辨相互重叠吸收峰的能力,但有时不一定能完全消除干扰物的影响。因此在定量分析时,应该选择干扰物影响最小的波长为测量波长,如图 2-27 用导数光谱法测定乙醇中微量苯的含量。A 与 B 之间峰—谷距离正比于苯的浓度。由图可见,利用一般紫外吸收光谱法只能检测 $10\,\mu g \cdot mL^{-1}$ 的苯(曲线Ⅲ);而用四阶导数光谱,可以检测低于 $1\,\mu g \cdot mL^{-1}$ 的苯(曲线Ⅴ)。图中,曲线Ⅰ是乙醇吸收光谱,曲线Ⅱ是含有 $1\,\mu g \cdot mL^{-1}$ 苯的乙醇吸收光谱,曲线Ⅳ是曲线Ⅱ的二阶导数光谱。

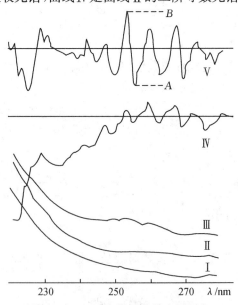

图 2-27　乙醇中微量苯的定量测定

第二章 紫外-可见吸收光谱分析

习　题

1. 产生紫外-可见吸收光谱的原因是什么？

2. 有机化合物分子中电子跃迁主要类型有哪些？产生吸收的波长范围各为多少？

3. 什么是生色团和助色团？请举例说明。

4. 紫外-可见吸收分光光度计的主要部件及其作用是什么？

5. 下列化合物各有何种价电子？吸收紫外-可见光能后，能产生何种电子跃迁？产生何种吸收带？

(1) CH_3Cl；(2) $CH_2{=}CH{-}\underset{\underset{O}{\parallel}}{C}{-}CH_3$；(3) ⟨⟩—OH；(4) ⟨⟩—$\overset{\overset{O}{\parallel}}{C}$—$CH_3$。

6. 下列哪种化合物的吸收光谱的 λ_{max} 最长？哪种最短？为什么？

（a）　　　　　　　（b）　　　　　　　（c）　　　　　　　（d）

7. 4-甲基-3-戊烯-2-酮(4-甲基戊烯酮)有两种异构体：

$$CH_3{-}\underset{\underset{CH_3}{\mid}}{C}{=}CH{-}\underset{\underset{O}{\parallel}}{C}{-}CH_3 \quad 和 \quad CH_2{=}\underset{\underset{CH_3}{\mid}}{C}{-}CH_2{-}\underset{\underset{O}{\parallel}}{C}{-}CH_3$$

实验发现一种在 235 nm 处有强吸收，$\varepsilon_{max}=1.2\times10^4$ L·mol^{-1}·cm^{-1}，另一种在 220 nm 以后没有强吸收，试判断各是哪种异构体。

8. 比较下列各组化合物的最大吸收波长的相对大小。

(1)

（a）　　　　　　　（b）　　　　　;

(2)

（a）　　　　　　　（b）　　　　　。

9. 如果某电子能级的跃迁能量是 5 eV，计算产生的光谱波长为多少？

（248 nm）

10. 已知丙酮在正己烷溶剂中由 $n{\rightarrow}\pi^*$ 跃迁形成 R 吸收带，λ_{max} 为 279 nm，计算 $n{\rightarrow}\pi^*$ 跃

35

迁所需要的能量,分别以电子伏特(eV)和焦耳(J)表示。

$$(4.447\,eV;7.125\times10^{-19}\,J)$$

11. 某有机大分子溶液在 310 nm 处用 1.0 cm 的吸收池测得透光度 $T_1=50\%$,其吸光度 A_1 为多少?若改用 2.0 cm 的吸收池测量,其透光度 T_2 和吸光度 A_2 又分别为多少?

$$(0.301;25.0\%;0.602)$$

12. 用碱式硫酸铜为显色剂和 $0.6\,g\cdot L^{-1}$ 蛋白质溶液显色,在 540 nm 波长下,测得吸光度为 0.409;另取未知浓度的蛋白质溶液,同样条件下显色后测得吸光度 $A_x=0.333$,求该蛋白质溶液的浓度是多少?

$$(0.49\,g\cdot L^{-1})$$

13. 浓度为 $0.51\,\mu g\cdot mL^{-1}$ 的 Cu^{2+} 溶液,用环己酮草酰二腙显色后,于波长 600 nm 处用 2.0 cm 吸收池测量其吸光度为 0.297,求吸收系数 a 和摩尔吸收系数 ε 各为多少?已知 $M_{Cu}=63.55\,g\cdot mol^{-1}$。

$$(2.91\times10^{2}\,L\cdot g^{-1}\cdot cm^{-1};1.85\times10^{4}\,L\cdot mol^{-1}\cdot cm^{-1})$$

14. 某种酶和一磷酸苷的混合物样品中,两组分的吸收曲线互相干扰,在波长 280 nm 处时,总吸光度为 0.460;在波长 260 nm 处时,总吸光度为 0.580,计算各组分的浓度为多少?已知吸收池厚度为 1.0 cm,摩尔吸收系数:酶 $\varepsilon_{280}=2.96\times10^{4}\,L\cdot mol^{-1}\cdot cm^{-1}$,$\varepsilon_{260}=1.52\times10^{4}\,L\cdot mol^{-1}\cdot cm^{-1}$;一磷酸苷 $\varepsilon_{280}=2.40\times10^{3}\,L\cdot mol^{-1}\cdot cm^{-1}$,$\varepsilon_{260}=1.50\times10^{4}\,L\cdot mol^{-1}\cdot cm^{-1}$。

$$(1.35\times10^{-5}\,mol\cdot L^{-1};2.52\times10^{-5}\,mol\cdot L^{-1})$$

15. 以邻二氮菲吸收光谱法测定 $Fe(II)$,称取试样 0.500 g,经处理、显色后,定容于 50 mL 的容量瓶中。用 1.0 cm 吸收池在 508 nm 波长下测得吸光度为 0.430,计算试样中铁的质量分数。已知 $\varepsilon_{508}=1.1\times10^{4}\,L\cdot mol^{-1}\cdot cm^{-1}$,$M_{Fe}=55.845\,g\cdot mol^{-1}$。

$$(0.021\,8\%)$$

第三章　分子荧光分析

　　溶液中某些物质的分子吸收光能以后,分子中的价电子由基态跃迁至激发态,处于激发态的分子不稳定,在很短时间内可以通过辐射跃迁的形式释放能量,由激发态重新回到电子基态,便产生分子发光,这种过程叫光致分子发光。分子荧光(molecular fluorescence)和分子磷光(molecular phosphorescence)同属于光致分子发光。它们所产生的分子荧光光谱和分子磷光光谱都属于分子发射光谱。根据物质的荧光或磷光波长可以进行定性分析,由分子荧光强度 I_f 和分子磷光强度 I_p 可以进行定量分析,这就是所谓的分子荧光分析法(molecular fluorescence analysis)和分子磷光分析法(molecular phosphorescence analysis)。

　　本章主要讨论分子荧光分析,它与一般的吸收光谱分析法相比,灵敏度比紫外-可见吸收光谱法高 10～1000 倍,检测浓度最低可达 $10^{-7}g \cdot mL^{-1} \sim 10^{-9} g \cdot mL^{-1}$,方法的选择性好,广泛应用于痕量分析。在医学检测、药物分析、免疫分析、环境分析和食品分析中应用日益广泛。

第一节　分子荧光的基本原理

　　溶液中的物质分子选择性地吸收了紫外-可见光能以后 ,分子的价电子由基态跃迁到激发态,这一过程称为光致激发,处于激发态的分子很不稳定,经过无辐射跃迁和辐射跃迁一系列去激发过程,释放能量后回到基态,便产生分子荧光和分子磷光。由于光致激发和去激发发光过程中价电子可以处在不同的自旋状态,因此,常用电子自旋状态的多重性 M 来描述分子中价电子的状态。

一、电子自旋状态的多重性

　　大多数有机化合物分子含有偶数电子。根据保里(Pauli)不相容原理,基态分子中每一个原子轨道上成对电子的自旋方向是相反的,自旋量子数记为 $s = \pm \frac{1}{2}$,两个自旋方向相反的电子总自旋电子数 $S = s_1 + s_2 = -\frac{1}{2} + \frac{1}{2} = 0$,则电子自旋状态的多重性 $M = 2S + 1 = 1$,称为基态单重态,以 S_0 表示,此时分子所处的电子状态为最低能量状态。

　　基态分子吸收光能后产生电子跃迁,主要是产生 $\pi \rightarrow \pi^*$ 跃迁和 $n \rightarrow \pi^*$ 跃迁。处于 π^* 轨道的激发态电子,其自旋方向可能不改变也可能发生改变。当激发态电子的自旋方向不改变时,两个电子的自旋方向仍然相反,其总自旋量子数 S 仍然是零,即 $S = 0$,自旋状态多重性仍然是 $M = 1$,此时分子所处的状态称为激发单重态,以 S_1、S_2、… 表示,分别称为第一、第二、…激发单重态。当激发态电子的自旋方向发生改变,即两个电子自旋方向相同时,总自旋量子数 $S = \frac{1}{2} + \frac{1}{2} = 1$,则电子自旋状态的多重性 $M = 2S + 1 = 2 \times 1 + 1$

＝3，此时分子所处的电子状态称为激发三重态，以 T_1、T_2、…表示，分别称为第一、第二、…激发三重态。分子中 π 电子单重态和三重态的激发示意图如图 3-1 所示。

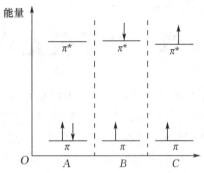

图 3-1　分子中 π 电子单重态和三重态的激发示意图
A. 基态单重态；B. 激发单重态；C. 激发三重态

　　分子中价电子多重性(态)不同，其性质明显不同：第一，激发单重态分子(S_1、S_2、…)在磁场(H)中不发生能级分裂，有抗磁性，而激发三重态分子(T_1、T_2、…)则是顺磁性分子。第二，电子在不同多重态之间跃迁时，自旋方向需要换向，不易发生，如电子由 $S_0 \rightarrow S_1$、S_2 容易，属于允许跃迁；而 $S_0 \rightarrow T_1$、T_2 很难，属于禁阻跃迁。第三，激发三重态的能量比相应的激发单重态的能量稍低，如 T_1 态比 S_1 态能量低，T_2 态比 S_2 态能量低。第四，激发单重态的平均寿命短，大约为 10^{-8} s；而激发三重态的平均寿命较长，约为 10^{-3} s～10 s。

二、分子吸收和分子发射过程能级图

　　分子吸收和分子发射过程的能级示意图如图 3-2 所示。由图可知分子吸收和发射总能量都包括电子跃迁、分子振动、分子转动的能量。由于一般光谱仪分辨不清转动能级的能量变化，故在图中未表示出来，只表示出电子能级 E_e(S、T)和分子振动能级 E_v 的跃

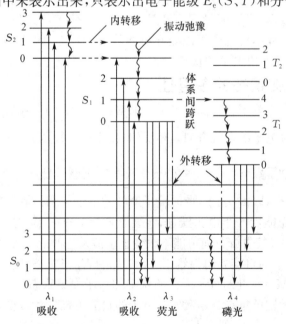

图 3-2　分子吸收和分子发射过程的能级示意图

迁。基态分子吸收紫外-可见光能后,分子被激发到较高能级(S_1、S_2)后不稳定,将以不同方式释放出能量回到基态,这个过程即为分子的去激发过程。去激发过程包括无辐射跃迁和辐射跃迁两个过程。无辐射跃迁以热能的形式释放能量,它又包括振动弛豫、内转移、体系间跨跃和外转移等;辐射跃迁包括荧光发射和磷光发射。

三、无辐射跃迁类型

(一)振动弛豫

分子由较高振动能级向同一电子能级的较低振动能级跃迁的无辐射过程称为振动弛豫。振动弛豫是以热能形式向溶剂释放(ΔE_v)。振动弛豫过程很快,约为 10^{-12} s,比电子激发态的平均寿命短得多。图 3-2 中,各振动能级间的振动弛豫过程用带曲线的箭头表示。

(二)内转移

同一多重态的不同电子能级间的无辐射跃迁叫内转移,如 $S_2 \to S_1$ 或 $T_2 \to T_1$。如图 3-2 中所示,S_2 与 S_1 相距较近以致振动能级重叠,电子则可发生 $S_2 \to S_1$ 的分子内转移过程,多余能量以热能形式向溶剂释放。内转移过程约需要 10^{-12} s。

(三)体系间跨跃

不同多重态间的一种无辐射跃迁叫体系间跨跃,如图 3-2 中所示的 $S_1 \to T_1$ 跃迁。这种跃迁涉及受激电子自旋方向的改变,即原来两个自旋配对的电子不再配对。这种跃迁属于禁阻跃迁,但如果不同多重态的两个电子能态的振动能级有较大重叠时,如图 3-2 中激发单重态 S_1 的较低振动能级与激发三重态 T_1 的较高振动能级重叠时,则可能通过自旋-轨道耦合等作用使 S_1 态转入 T_1 态的概率增大,产生体系间的跨跃。

(四)外转移

激发态分子与溶剂分子或其他溶质分子相互碰撞,以热能形式释放能量回到基态,这一过程叫分子的外转移。外转移会使分子发光(荧光发射或磷光发射)减弱或者消失。这种现象叫熄灭或猝灭效应。在图 3-2 中,由于 T_1 寿命比 S_1 长,因此,T_1 发生外转移的概率大。

四、辐射跃迁

(一)分子荧光的产生

溶液中的分子吸收一定波长的光(λ_1、λ_2、$\cdots$),产生电子能级跃迁,分子由基态单重态 S_0 被激发到激发单重态(S_1、S_2、$\cdots$),处于 S_1、S_2 态的电子,经过各种无辐射跃迁,最后跃迁到 S_1 态的最低振动能级 $S_1(v=0)$,在 10^{-8} s 左右跃迁回到 S_0 态的各种振动能级,即 $S_0(v=0、1、2、3、\cdots)$,发射出分子荧光,如图 3-2 中 λ_3 所示的各种荧光波长。由于经历了各种无辐射跃迁,发射荧光的能量(ΔE_f)总比分子吸收所需的能量小,即荧光发射波长总比吸收波长要长。可见 $S_1 \to S_0$ 跃迁产生分子荧光。

(二)分子磷光的产生

处于激发单重态 S_1 的电子,经过体系间的跨跃到达激发三重态 T_1 后,迅速振动弛豫到达 T_1 态的最低振动能态 $T_1(v=0)$,再经辐射跃迁回到 S_0 态的各种振动能级,即 $S_0(v=0、1、2、3、\cdots)$,发射出分子磷光,如图 3-2 中 λ_4 所示的各种磷光波长。同理,磷光发射波长总比荧光发射波长及分子吸收波长要长。由于磷光是不同多重态之间的跃迁,即

$T_1 \rightarrow S_0$ 跃迁属于禁阻跃迁,由 S_1 经过体系间跨跃到 T_1,再跃迁回到基态 S_0,所需的时间较长,约 10^{-3} s～10 s。因此,当停止光照激发分子后,分子荧光立刻消失,但分子磷光仍然持续一段时间。分子磷光必须在冷冻条件下才能观测到,在常温下,各种无辐射跃迁过程的速率增大,使分子磷光强度减弱或消失。

第二节 影响分子荧光的因素

物质发射分子荧光,首先,该物质的分子在溶液中必须对紫外-可见光有强的吸收,使分子由基态激发到分子激发态;其次,分子激发态在去激发过程中,无辐射跃迁的概率应该小,而辐射跃迁的概率应该大,这样分子产生的荧光强度才大。实践证明,影响分子荧光的因素是多样的,但主要与物质的分子结构和分子在溶液中的化学环境有关系。

一、荧光和分子结构的关系

(一) 荧光效率 φ_f

大量的事实证明,并非能够吸收紫外-可见光的物质都能发射出分子荧光,也就是说,不是被吸收的光量子都能发射出荧光光量子。这里引入荧光效率 φ_f 来表示分子产生荧光的能力。荧光效率也称荧光量子产率,通常用下式表示:

$$\varphi_f = \frac{发射荧光的分子数}{被激发的分子总数} \tag{3-1}$$

或
$$\varphi_f = \frac{发射光量子数}{吸收光量子数} \tag{3-2}$$

在产生荧光的过程中,涉及各种无辐射跃迁过程和辐射跃迁过程。因此,荧光效率与上述每一个过程的速率常数有关,可以用数学式表示如下:

$$\varphi_f = \frac{k_f}{k_f + \sum k_i} \tag{3-3}$$

式(3-3)中,k_f 为荧光发射过程的速率常数,$\sum k_i$ 为各种无辐射跃迁过程的速率常数的总和。显然,凡是能使 k_f 值升高,而使 $\sum k_i$ 值降低的因素,都可以增强分子荧光。一般来说,k_f 主要取决于分子结构,而 $\sum k_i$ 则主要取决于分子在溶剂中的化学环境,同时也与分子结构有关系。

(二) 跃迁的类型

一般来说,大多数荧光物质光致激发后,首先经历 $\pi \rightarrow \pi^*$ 或 $n \rightarrow \pi^*$ 跃迁,经过振动弛豫等无辐射跃迁,再发生 $\pi^* \rightarrow \pi$ 或 $\pi^* \rightarrow n$ 跃迁,产生分子荧光。由于 $\pi \rightarrow \pi^*$ 跃迁的 ε_{max} 一般比 $n \rightarrow \pi^*$ 跃迁大 $10^2 \sim 10^3$ 倍,并且跃迁寿命(10^{-7} s～10^{-9} s)又比 $n \rightarrow \pi^*$ 跃迁寿命(10^{-5} s～10^{-7} s)短,因此,$\pi \rightarrow \pi^*$ 跃迁概率大,加之其跃迁寿命比 $n \rightarrow \pi^*$ 短,发生非荧光过程的概率小,所以 k_f 较大。此外,在 $\pi^* \rightarrow \pi$ 跃迁过程中,由于其能级差 $\Delta E_{\pi^* \rightarrow \pi}$ 比 $\Delta E_{n \rightarrow \pi^*}$ 大,所以体系间跨跃的速率常数 k_i 也较小,荧光效率 φ_f 较大,有利于分子荧光的产生。总之,$\pi^* \rightarrow \pi$ 跃迁是产生分子荧光的主要跃迁类型。

(三) 共轭效应

π-π 共轭程度越大,荧光效率 φ_f 值就越大,所以大多数能够发生荧光的物质会有芳环或杂环,任何有利于提高 π-π 共轭程度的结构变化,都会提高荧光效率,并使荧光波长向长波方向移动。简单的杂环化合物,如吡啶、吡咯、呋喃等不产生荧光。但当苯环被稠化至杂环核上时,π-π 共轭程度增大,ε 增大,因此,像喹啉、吲哚等化合物都会产生荧光。几种芳烃的荧光特性如表 3-1 所示。

表 3-1　几种芳环烃的荧光特性

化合物	φ_f	激发波长 λ_{ex}/nm	荧光波长 λ_{em}/nm
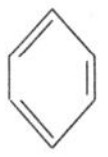 苯	0.10	205	278
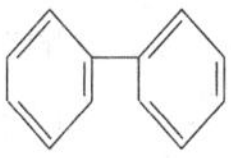 联二苯	0.18	245	316
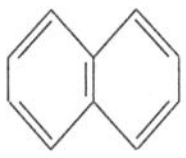 萘	0.29	286	321
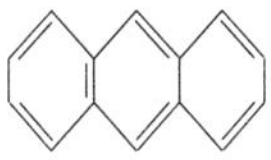 蒽	0.46	365	400
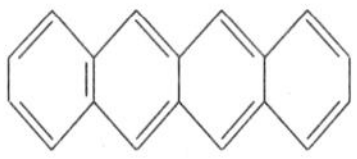 并四苯	0.60	390	480

除芳烃外,含有长共轭双键的脂肪烃也可能产生荧光,如维生素 A 是能发生分子荧光的脂肪烃之一。

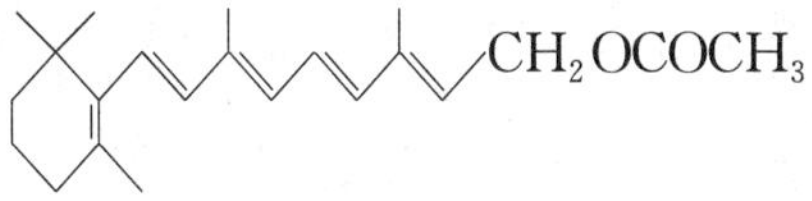

$$CH_2OCOCH_3$$

维生素 A

$$\lambda_{ex}=345\,nm \qquad \lambda_{em}=490\,nm$$

(四) 分子的刚性平面结构

物质分子结构的共平面大,使分子振动减小的分子称为刚性分子。如果通过引入某些基团、氧桥使环封闭,或者通过有机化合与金属离子形成配合物,增大分子结构的共平面性,增大分子刚性,减小分子振动和无辐射跃迁的速率,常会使分子产生荧光或增大荧光强度。

【例 3-1】

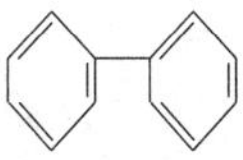

联二苯

$$\varphi_f=0.18$$

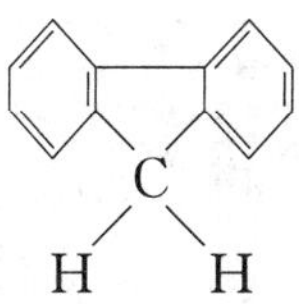

芴

$$\varphi_f=1.0$$

【例 3-2】

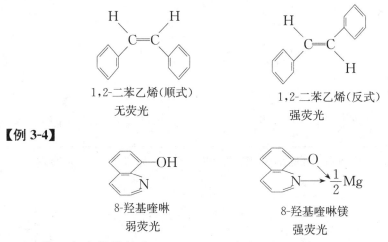

酚酞(内脂式)
$\varphi_f = 0$

荧光素(氧桥式)
$\varphi_f = 0.92$

有些物质的同分异构体有不同的荧光特性,如 1,2-二苯乙烯,反式是平面结构的强荧光物质,顺式则为非平面结构,不产生荧光。如果非刚性有机配体与金属离子配位后变成平面刚性结构,就可能产生分子荧光或使分子荧光强度增大,利用这种性质可以进行痕量金属离子的测定。

【例 3-3】

1,2-二苯乙烯(顺式)
无荧光

1,2-二苯乙烯(反式)
强荧光

【例 3-4】

8-羟基喹啉
弱荧光

8-羟基喹啉镁
强荧光

(五)苯环上取代基效应

芳香族化合物具有不同取代基时,会引起最大吸收波长的位移及相应分子荧光波长的改变。通常情况下,给电子基团如—NH_2、—OH、—NR_2、—OR 等,会使荧光强度增强;吸电子基团如—$COOH$、—NO、—NO_2、—$C=O$ 等,会使荧光强度减弱或消失。不同卤代苯的荧光强度如表 3-2 所示,某些重原子(Br 或 I)引入 π-π 体系,将会导致不同激发态体系间的跨跃,使荧光消失。

表 3-2 不同卤代苯的荧光相对强度 I_f

化合物	C_6H_6	C_6H_5F	C_6H_5Cl	C_6H_5Br	C_6H_5I
I_f	10	10	7	5	0

二、化学环境因素对荧光的影响

分子在溶液中的化学环境,如温度、溶剂、pH 及荧光熄灭剂等都会影响荧光发射及荧光强度。因此,选择适当的实验条件,有利于提高荧光分析的灵敏度和选择性。

(一)温度的影响

一般来说,当温度降低时,溶液的黏度增大,会减少分子间的碰撞,减少分子内的无辐射跃迁,荧光量子效率 φ_f 增大,荧光强度增大。当温度升高时,分子间的碰撞频率会增加,使外转移速率常数 k_i 增大,因此,荧光效率 φ_f 减小,荧光强度减小。通常选择较低温度下进行分子荧光测定,这有利于提高分析的灵敏度。例如,荧光素钠的乙醇溶液,在 0℃以下温度每下降 10℃,荧光效率 φ_f 会增加 3%,在 $-80℃$ 时,φ_f 为 1.0。

（二）溶剂效应

一般情况下,增大溶剂的极性,将使 $\pi \rightarrow \pi^*$ 跃迁的能量降低,ε 增大,φ_f 增大,荧光增强,荧光发射波长向长波方向移动。同一荧光物质在不同溶剂中表现出不同的荧光性质。例如,喹啉在苯、乙醇和水溶剂中 φ_f 的相对大小分别为 1、30 和 1 000。在含有重原子溶剂如四溴化碳(CBr_4)的碘乙烷中,体系间跨跃速率会增大,使荧光强度减弱。某些能够与荧光分子形成氢键的溶剂,也会使分子荧光强度减弱。

（三）pH 的影响

当荧光物质为弱酸或弱碱时,溶液 pH 的改变对荧光强度有较大影响,这是因为 pH 改变了分子的型体,也就改变了分子的荧光特性。

【例 3-5】 苯胺的电离平衡如下,其分子形式有荧光,离子形式无荧光。

pH<2　　　　pH 7~12　　　　pH>12
无荧光　　　蓝色荧光　　　无荧光

【例 3-6】 α-萘酚的电离平衡如下,其分子形式无荧光,离子形式有荧光。

无荧光　　　有荧光

由例 3-5 和例 3-6 可知,弱酸或弱碱性的荧光物质,溶剂 pH 不同,分子型体不同,分子型体和离子型体有不同的荧光特性。所以,在实验中要严格控制溶剂的 pH。

（四）荧光熄灭剂的影响

通常把荧光物质分子与溶剂分子或其他溶质分子的相互作用引起荧光强度降低或消失的现象叫荧光熄灭,又称荧光猝灭。这些能够引起荧光强度降低的物质称为荧光熄灭剂,又称为荧光猝灭剂。常见的荧光熄灭剂如卤素离子、重金属离子、氧分子及硝基化合物、重氮化合物、羰基化合物等等。

荧光熄灭剂的作用机理复杂,作用形式多样,主要有如下几种原因：①处于单重激发态的荧光分子与熄灭剂相互碰撞,产生振动弛豫无辐射跃迁;②溶解氧(O_2)使荧光物质氧化,也可能是顺磁性的 O_2 与处于单重激发态的荧光分子相互作用,促进形成具有顺磁性的三重激发态分子,即使体系间的跨跃速率常数 k_i 增大所致;③在荧光物质的芳环上引入溴或碘原子,容易发生体系间的跨跃,使激发态的荧光分子(S_1)变成激发三重态分子(T_1);④当荧光物质的浓度增大时,荧光物质分子间碰撞,导致无辐射跃迁速率常数 k_i 增大,荧光强度减弱,这种现象称为荧光自灭。溶液浓度越高,荧光标准曲线偏离线性关系越严重。

第三节　荧光光度计及荧光测量

分子荧光的分析仪器有两种,以干涉滤光片为色散元件的叫荧光光度计,也称荧光计;以光栅为色散元件的较复杂仪器叫荧光分光光度计。其主要由光源、第一单色器、样品池、第二单色器、检测器、记录仪六部分组成。

一、基本装置及主要部件功能

荧光光度计的结构示意图如图 3-3 所示。由光源发出的紫外-可见光通过第一单色器(激发单色器),在激发波长(λ_{ex} 或 λ_A)下,样品发射出荧光。为了防止透射光 I_t 对微弱荧光的干扰,在与透射光垂直的方向测量分子荧光。第二单色器(发射单色器)也称荧光单色器,它可以消除溶液中可能产生的杂散光干扰,分离出选定的荧光波长(λ_{em} 或 λ_f),然后由检测器把荧光信号转变成荧光电信号,最后经过放大器放大处理,在显示器上显示或记录仪上记录、贮存。

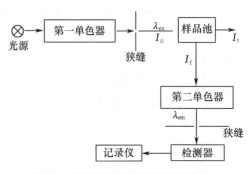

图 3-3　分子荧光光度计结构示意图

(一) 光源

光源的作用是提供稳定、发射强度大的紫外-可见光。在荧光光度计中,常用溴钨灯作光源,提供 300 nm～700 nm 的连续光;在荧光分光光度计中,常采用氙(Xe)灯,提供 250 nm～600 nm 的连续光,并且在 300 nm～400 nm 波段的光强度几乎相等。此外,激光光源强度大,单色性好。

(二) 单色器

单色器中常用的色散元件有两种,干涉滤光片用于荧光光度计中,光栅单色器用于高档的荧光分光光度计中。在荧光分光光度计中有两个单色器:① 激发单色器(第一单色器)置于样品池前,得到单色性好的激发入射光(λ_{ex},I_0);② 发射单色器(第二单色器)置于样品池后,从荧光光谱中分离出某一波长的荧光(λ_{em},I_f)。如日立 F-4 000 型荧光分光光度计,使用两块凹面衍射光栅(900 t/mm),分别作为第一单色器和第二单色器。

(三) 样品池

荧光分析用的样品池是以石英为材料的长方形容器,放入池架中时,用手拿着棱并规定一个插放方向,以免各透光面被指痕污染或被固定簧片擦坏。

(四) 检测器

荧光强度一般较弱,要求检测器具有较高的灵敏度。荧光光度计中采用光电管作检测器,荧光分光光度计采用光电倍增管作检测器。在高档的荧光分光光度计中,还有使用二极管阵列及电荷转移检测器的,它们可以迅速地记录激发光谱和发射光谱,还可以记录二维荧光光谱图。

(五) 读出装置

荧光分光光度计多采用记录仪、阴极示波器和显示器为读出装置。记录仪可用于扫描光谱,阴极示波器的显示速度更快。

二、激发光谱和荧光发射光谱

分子荧光和分子磷光都是光致发光。因此,必须选择合适的激发光波长,可以根据它们的激发光谱(吸收光谱)曲线来确定。具体方法如下:首先固定第二单色器的荧光发射波长,然后改变第一单色器的激发波长(吸收波长),以激发波长为横坐标、荧光强度为纵坐标绘制关系曲线,便得到激发光谱(excitation spectrum)。若固定第一单色器的激发光的波长(λ_{ex}),然后改变第二单色器的荧光发射波长(λ_{em}),以荧光波长为横坐标、荧光强度为纵坐标绘制荧光强度(I_f)随荧光波长(λ_{em})变化的关系曲线,便得到荧光发射光谱(fluorescence spectrum or emission spectrum)。荧光物质的最大激发波长和最大荧光波长是鉴定荧光物质的依据,也是荧光定量分析的最佳工作条件之一。

【例 3-7】 硫酸喹啉的激发光谱与荧光光谱如图 3-4 所示。

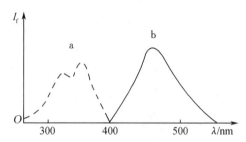

图 3-4 硫酸喹啉的激发光谱和荧光光谱图

- - - -激发光谱 ——荧光光谱

从光谱曲线可以看出,硫酸喹啉的激发光谱和它的荧光光谱有相似之处,这是因为荧光物质吸收了一定波长的紫外-可见光,使分子基态跃迁到分子激发态 S_1、S_2,因此,激发光谱有两个吸收峰。无论用哪个峰值激发波长(或吸收波长)的光作为激发光,荧光的发生总是从 $S_1(v=0)$ 的最低振动能级跃迁回到 S_0,荧光光谱只出现一个峰,所以荧光光谱形状与激发光波长无关,但吸收越强,发射的荧光也越强。

【例 3-8】 蒽的激发光谱和荧光光谱如图 3-5 所示。

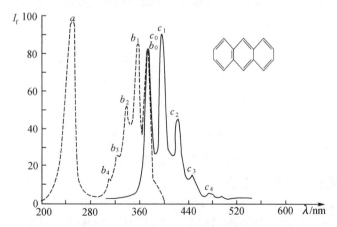

图 3-5 蒽的激发光谱和荧光光谱图

- - - -激发光谱 ——荧光光谱

从图上可见,蒽的激发光谱也有 a、b 两个吸收峰。b 峰和荧光发射 c 峰都有振动能級跃迁形成的小峰,由于 $S_0 \rightarrow S_1$ 电子跃迁和 $S_1 \rightarrow S_0$ 电子跃迁的振动能级分布相似,因此造成了分子激发光谱与分子荧光光谱呈镜像对称的关系。

(一) 荧光强度与溶液浓度的关系

一束强度为 I_0 的紫外-可见光照射于浓度为 c 的荧光物质稀溶液,样品池的厚度为 l,在与入射光垂直的方向测量荧光强度为 I_f,透射光强度为 I_t,被吸收光的强度为 I_a。荧光强度 I_f 应该等于荧光效率 φ_f 和被吸收光的强度 I_a 之乘积,即

$$I_f = \varphi_f I_a = \varphi_f (I_0 - I_t) \tag{3-4}$$

由于

$$A = \lg \frac{I_0}{I_t} \qquad I_t = I_0 \cdot 10^{-A} \tag{3-5}$$

将式(3-5)代入式(3-4)中得

$$I_f = \varphi_f I_0 (1 - 10^{-A}) \tag{3-6}$$

或

$$I_f = \varphi_f I_0 (1 - e^{-2.3A}) \tag{3-7}$$

将其展开,即得

$$I_f = \varphi_f I_0 \left[2.3A - \frac{(-2.3A)^2}{2!} - \frac{(2.3A)^3}{3!} - \cdots \right] \tag{3-8}$$

若 $A = \varepsilon c l < 0.05$,式(3-8)中方括号里其他各项与第一项相比均可以忽略不计,上式可简化为

$$I_f = 2.3 \varphi_f I_0 A \tag{3-9}$$

或

$$I_f = 2.3 \varphi_f I_0 \varepsilon c l \tag{3-10}$$

对于确定的物质,当激发光波长和强度 I_0 一定时,荧光强度只与溶液的浓度成正比,即

$$I_f = kc \tag{3-11}$$

式(3-10)和式(3-11)为荧光定量分析的基本依据。以荧光强度对荧光物质的浓度作图,在低浓度时呈现良好的线性关系。当高浓度时线性关系发生偏离,有时甚至随溶液浓度的增加而降低,如图3-6所示。导致 I_f-c 标准曲线弯曲的原因,除了式(3-8)中高次项影响外,还存在荧光熄灭效应。

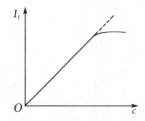

图3-6 荧光强度与溶液浓度的关系示意图

(二) 分子荧光定量分析方法

1. 标准曲线法

将试样与已知量的标准物质在相同条件下处理后,配制成试样溶液和一系列标准溶液,在相同工作条件下,测定它们的相对荧光强度 I_f,绘制 I_f-c 标准曲线。由未知溶液的荧光强度 I_{fx} 在 I_f-c 标准曲线上求得未知溶液的浓度 c_x。标准曲线法适用于大批量样品的测定。

2. 标准比较法

如果样品数量少,可用标准比较法进行测定。取已知量的纯净荧光物质配制与试样浓度 c_x 相近的标准溶液 c_s,并在相同条件下测定它们的荧光强度 I_{fx} 和 I_{fs},若有试剂空白,荧光 I_{f0} 应予以扣除。然后按式(3-12)和式(3-13)计算试样的浓度 c_x。

$$c_x = \frac{I_{fx}}{I_{fs}} c_s \tag{3-12}$$

或

$$c_x = \frac{I_{fx} - I_{f0}}{I_{fs} - I_{f0}} c_s \tag{3-13}$$

式中,浓度单位为 $\mu g \cdot L^{-1}$ 或 $\mu mol \cdot L^{-1}$。

第四节　分子荧光分析的应用和技术

荧光分析法具有灵敏度较高、选择性好、试样量少等优点。其广泛用于医学检验、药物分析、卫生防疫、环境监测和生化研究等领域中微量物质的分析。

一、无机物的分析

在无机化合物中能直接产生荧光并用于荧光分析的为数不多,但金属离子与有机试剂形成配合物后进行荧光分析的元素已达 60 余种,其中铍、铝、硼、镓、硒、镁及某些稀土元素常采用荧光分析法进行测定。某些无机物的荧光测定法如表3-3所示。

表 3-3　某些无机物的荧光测定法

测定离子	荧光试剂	激发波长 λ_{ex}/nm	荧光波长 λ_{em}/nm	检测限/($\mu g \cdot mL^{-1}$)
Al^{3+}	2,2′-二羟基偶氮苯	470	500	0.007
F^-	2,2′-二羟基偶氮苯	470	500	0.001
$B_4O_7^{2-}$	二苯乙醇酮	370	500	0.040
Cd^{2+}	2-(邻羟基苯)-间氮杂氧	365	蓝色	2.000
Li^+	8-羟基喹啉	370	580	0.200
Sn^{4+}	黄酮醇	400	700	0.008
Zn^{2+}	二苯乙醇酮	—	绿色	10.000

注:某些荧光试剂的结构简式如下:

2,2′-二羟基偶氮苯(Al,F)

二苯乙醇酮(B,Zn,Ge,Si)

8-羟基喹啉(Al,Be,Li)

黄酮醇(Zr,Sn)

二、有机物的分析

（一）直接荧光测定法

芳香族化合物因具有共轭不饱和体系，φ_f 大，多数能产生荧光，可以直接用荧光法测定。例如，在微碱性条件下，可直接测定 $0.001\,\mu g \cdot mL^{-1}$ 以上的对氨基萘碘酸及 $0 \sim 5\,\mu g \cdot mL^{-1}$ 的蒽等。

（二）间接荧光测定法

间接荧光测定法是利用化学反应使一些不能产生荧光的化合物转变成荧光化合物。有些是为了提高测定的灵敏度，将芳香族化合物与适当荧光试剂反应，生成新的荧光化合物再测定。其机理较复杂，主要是增大分子的共轭体系或增加分子结构的刚性。某些有机化合物的荧光测定方法如表 3-4 所示。常用的化学处理方法如下：

表 3-4 某些有机化合物的荧光测定方法

待测物	荧光试剂	激发波长 λ_{ex}/nm	荧光波长 λ_{em}/nm	测定范围 $\rho/(\mu g \cdot mL^{-1})$
丙三醇	三磷酸腺甙	365	460	
甲醛	乙酰丙酮	412	510	$0.005 \sim 0.970$
草酸	间苯二酚	365	460	$0.080 \sim 0.440$
甘油三酸酯	乙酰丙酮	405	505	$400 \sim 4\,000$
糠醛	蒽酮	465	505	$1.500 \sim 15$
葡萄糖	5-羟基-1-萘满酮	365	532	$0 \sim 20$
四氧嘧啶	1,2-苯二胺	365	485	—
维生素 A	无水乙醇	345	490	$0 \sim 20$
蛋白质	曙红 Y	紫外	540	$6 \times 10^{-5} \sim 6 \times 10^{-3}$
肾上腺素	乙二胺	420	525	$0.001 \sim 0.020$
胍基丁胺	邻苯二甲醛	365	470	$0.050 \sim 5$

1. 氧化还原反应

例如，血浆中苯妥英的测定，先经二氯乙烷萃取，再转入 NaOH 溶液中，用 $KMnO_4$ 氧化成二苯酮，二苯酮在 H_2SO_4 作用下产生强烈荧光（$\lambda_{ex} = 360\,nm$，$\lambda_{em} = 490\,nm$）。化学反应如下：

$$C_6H_5 \quad \underset{\text{苯妥英}}{\overset{H}{\text{[结构式]}}} \quad \xrightarrow[OH^-]{KMnO_4} \quad \underset{\text{二苯酮}}{\overset{C_6H_5}{\underset{C_6H_5}{C=O}}}$$

2. 水解反应

氨苄青霉素在 pH＝2 的酸性缓冲溶液中，以甲醛为催化剂，在 90 ℃下水解成能产生荧光的化合物 2,5-二酮哌嗪。化学反应如下：

氨苄青霉素   2,5-二酮哌嗪

3. 与荧光试剂反应

例如,磺胺类药物与荧光试剂邻苯二甲醛缩合反应,生成荧光化合物,再测定荧光。

又如,含氨基的药物与荧光试剂丹酰氯(DANS-Cl)反应,生成荧光化合物,再测定荧光。

DANS-Cl   DANS-NHR

三、分子荧光分析工作条件的选择

(一)荧光光度计仪器的校正

荧光光度计在使用前应进行必要的校正,主要进行波长和灵敏度的校正。

1. 波长的校正

荧光光度计在出厂时一般都经过了波长校正,但若经过长期使用,或者更换了检测器等重要部件,有必要用汞灯的标准谱线对单色器的波长重新校正。

2. 灵敏度的校正

影响仪器灵敏度的因素很多,例如,选用的波长及狭缝的宽度,光源的强度及空白溶液的选择等,都会对其灵敏度有影响。一般在每次测定之前,在选定波长及狭缝宽度的条件下,用某种稳定的荧光物质配制成标准溶液进行校正,使每次所得的荧光强度调节到相同数值。如果被测物质的荧光很稳定,也可以作为标准溶液。

(二)激发波长的选择

绘制荧光激发光谱,由荧光激发光谱选择能产生最强荧光的激发波长(λ_{ex}),即最大激发波长,作为分析用的激发光测定波长,以提高方法的灵敏度。

(三)荧光发射波长的选择

绘制荧光发射光谱,由荧光发射光谱选择能产生最强荧光的发射波长(λ_{em}),即最大

发射波长,作为分析用的荧光测定波长,同样是为了提高方法的灵敏度。

(四) 浓度线性范围的选择

当荧光物质浓度较低(一般 $\varepsilon cl < 0.05$)时,荧光物质的荧光强度 I_f 与物质的浓度 c 才有线性关系。因此,应该在一定工作条件下绘制 I_f-c 标准曲线来确定测定的浓度范围,以减小测量误差。

习 题

1. 分子荧光产生的机理是什么?

2. 什么是分子激发单重态和激发三重态?

3. 分子荧光强度与被测物质浓度的关系是什么?

4. 什么是荧光效率 φ_f?什么结构的分子荧光效率较高?

5. 下列化合物中,哪种有较大的荧光效率? 为什么?

蒽　　　　　　　　　　　　　　　　苯并(a)蒽

6. 试解释分子荧光分析法的灵敏度为什么比紫外-可见吸收光谱分析法高 2～3 个数量级。

7. 根据取代基对荧光性质的影响,请解释下列问题:

(1) 苯胺和苯酚的荧光效率 φ_f 比苯高 50 倍;

(2) 硝基苯、苯甲酸和碘苯是非荧光物质;

(3) 氟苯、氯苯、溴苯和碘苯的 φ_f 分别为 0.10、0.05、0.01、0.00。

8. 尼克酰胺腺嘌呤核苷酸(NADH)的还原形式是一种重要的强荧光辅酶,激发波长为 340 nm,荧光波长为 365 nm。用 NADH 标准溶液得到如下测定数据:

NADH 浓度/ $(\mu mol \cdot L^{-1})$	0.100	0.200	0.300	0.400	0.500	0.600
相对荧光强度 I_f	13.0	24.0	37.9	49.0	59.7	71.2

在相同条件下,测得试样相对荧光强度为 42.3,求试样中的 NADH 的浓度。

$(0.35 \mu mol \cdot L^{-1})$

9. 磺胺类药物的结构通式为 NH_2—⟨　⟩—SO_2NHR ,试设计一种用荧光分析法测定药片中该类药物含量的方法。

10. 用分子荧光光度法测定维生素 A 的浓度,激发波长为 345 nm,在 490 nm 波长下测定荧光强度。标准溶液浓度为 8.2 $\mu g \cdot L^{-1}$,测得 I_{fs} 为 35.5。未知浓度的维生素 A 溶液在相同条件下测得 I_{fx} 为 40.5,无水乙醇空白溶液的 I_{f0} 为 2.5,计算未知维生素 A 溶液的浓度为多少?

$(9.4 \mu g \cdot L^{-1})$

第四章　红外吸收光谱分析

第一节　红外吸收光谱分析概述

红外吸收光谱法(infrared absorption spectrometry，IR)是根据物质对红外辐射的特征吸收建立起来的一种光谱分析方法。物质分子吸收红外辐射后，发生分子的振动能级和转动能级的跃迁，因而产生红外光谱。它属于分子吸收光谱分析法，又称为分子振动-转动光谱分析法。

红外吸收光谱分析主要研究分子结构与红外吸收光谱的关系，根据物质的红外吸收光谱反映分子结构的信息，根据红外吸收峰的数目、位置和形状可以推断物质分子的化学结构，根据特征吸收峰的强度可以测定物质中各组分的含量。红外吸收光谱分析作为近代仪器分析方法之一，目前已被广泛用于分子结构和化学组成的测定，如对未知化合物的剖析，判断有机化合物和高分子化合物的分子结构等。它与紫外-可见吸收光谱分析、核磁共振波谱分析、质谱分析被称为四大谱学分析法，成为有机化合物结构分析的重要手段。红外吸收光谱分析已在石油、化工、食品、医药、环境、材料等领域得到广泛应用。

一、红外吸收光谱分析的特点

(1) 适用于分子在振动中伴随有偶极矩变化的化合物，特别是有机化合物。除了单原子分子和同核分子，如 Ar、He、N_2 和 O_2 等之外，几乎所有的有机化合物都可以应用红外吸收光谱分析进行研究。

(2) 具有特征性。依据分子红外吸收光谱的吸收峰的位置、数目及其强度，可以鉴定未知化合物的分子结构或确定其化学基团；依据吸收峰的强度与分子或某化学基团的含量有关，可进行定量分析和纯度鉴定。

(3) 不受样品相态限制。红外吸收光谱分析对气体、液体、固体样品都可测定，甚至对一些表面涂层和不溶、不熔融的弹性体(如橡胶)，也可直接获得其红外吸收光谱图。它是一种对试样具有非破坏性的分析方法。

(4) 样品用量少，分析速度快，操作方便。

(5) 红外吸收光谱法也有其局限性。有些物质不能产生红外吸收峰，不能用红外吸收光谱法鉴别，而且红外吸收光谱定量分析的准确度和灵敏度均低于紫外-可见吸收光谱分析。对于复杂化合物的结构测定，还需配合紫外光谱、质谱和核磁共振波谱等其他分析方法，才能得到满意的结果。

二、红外吸收光谱的表示方法

红外吸收光谱区位于可见光谱区和微波区之间，其波长范围约为 $0.78\ \mu m\sim$

$1\,000\,\mu m$。根据实验技术和应用的不同,通常将红外区划分成 3 个光谱区,即近红外光谱区、中红外光谱区和远红外光谱区,如表 4-1 所示。

表 4-1　红外光谱的三个光谱区

光谱区域	波长 $\lambda/\mu m$	波数 σ/cm^{-1}	能级跃迁类型
近红外区(泛频区)	$0.78\sim2.5$	$12\,800\sim4\,000$	O—H、N—H 及 C—H 键的倍频吸收
中红外区(基本振动区)	$2.5\sim25$	$4\,000\sim400$	分子中基团振动、转动
远红外区(转动区)	$25\sim1\,000$	$400\sim10$	分子转动、晶格振动

近红外光谱和中红外光谱是由分子振动能级跃迁产生的振动光谱,远红外光谱是由分子转动能级跃迁产生的转动光谱;只有简单的气态分子才能产生纯转动光谱,而对于大量复杂的气、液、固态分子主要产生振动光谱。其中中红外光谱区是研究、应用得最多的区域,本章将主要讨论中红外吸收光谱。

红外吸收光谱一般用 T-σ 或 T-λ 曲线来表示。下面以聚苯乙烯的红外吸收光谱为例加以说明。如图 4-1 所示,纵坐标为百分透过率 $T\%$,因而吸收峰向下,向上则为谷;横坐标是波长 λ(单位为 μm),或波数 σ(单位为 cm^{-1}),更常用以波数为横坐标。σ 与 λ 之间的关系为:

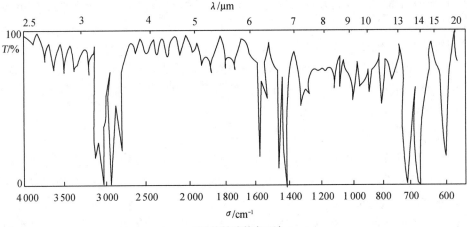

(1) 线性波数表示法

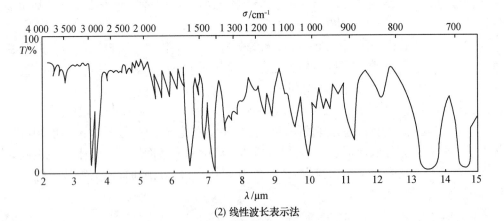

(2) 线性波长表示法

图 4-1　聚苯乙烯的红外吸收光谱图

$$\sigma = \frac{10^4}{\lambda}(\text{cm}^{-1}) \tag{4-1}$$

如 $2.5\,\mu\text{m}$ 的红外线,它的波数 $\sigma = \dfrac{10^4}{2.5}\,\text{cm}^{-1} = 4\,000\,\text{cm}^{-1}$。红外吸收光谱的横坐标若按波数等间距分度为横坐标的表示方法称为线性波数表示法,如图 4-1(1)所示;若按波长等间距分度为横坐标的表示方法称为线性波长表示法,如图 4-1(2)所示。

第二节 红外吸收光谱分析基本原理

一、红外吸收光谱产生的条件

(一)红外吸收光谱产生的条件

如上节所述,红外吸收光谱是由于分子振动能级的跃迁(同时伴随转动能级跃迁)而产生的。但并不是所有的分子振动都能产生红外吸收光谱。实验证明,红外光照射分子,引起振动能级的跃迁,产生红外吸收光谱,必须具备以下两个条件:

(1)红外辐射应恰好满足能级跃迁所需的能量。当红外光照射分子时,如果红外辐射频率和分子中某个基团的振动频率一致,才可以被分子所吸收。

(2)物质分子在振动过程中应有偶极矩的变化。只有偶极矩发生变化的振动才能吸收红外辐射,从而在红外光谱中出现吸收谱带。电荷分配不均匀的分子存在偶极矩,当发生振动时,伴随着偶极矩变化,从而产生交变的电场与红外辐射的交变电磁场发生相互作用,便产生红外吸收。这种振动称为红外活性振动,这种分子称为红外活性分子,如图 4-2 所示。但是并非所有的振动都会产生红外吸收,那些同核双原子分子(如 H_2、Cl_2 等),由于分子中原子的电子云密度相同,正负电荷中心重合,当发生振动时,不会引起偶极矩的变化,因此不能产生红外吸收,这种振动称为非红外活性振动,这种分子称为非红外活性分子。

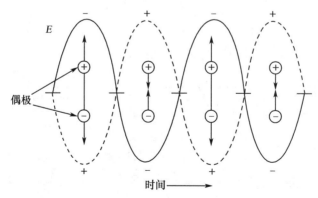

图 4-2 偶极矩变化与交变电磁场的相互作用示意图

由上述可见,当一定频率的红外光照射分子时,如果分子中某个基团的振动频率和它一致,二者就会产生共振,此时光的能量通过分子偶极矩的变化而传递给分子,这个基团就吸收一定频率的红外光,产生振动跃迁;如果红外光的振动频率和分子中各基团的振动频率不相符,该部分的红外光就不会被吸收。若用连续改变频率的红外光照射某试样,试样对不同频率的红外光吸收程度不同,使得通过试样后的红外光在一些波数范围内强度减弱,在另一些波数范围内强度保持不变,由红外光谱仪记录该试样的红外吸收光谱,产生如图 4-1 所示的光谱图。

（二）分子振动频率计算公式

分子振动可以近似地看作分子中的原子以平衡点为中心,以非常小的振幅做周期性的振动,即简谐运动。这种分子振动的模型,可以用经典的方法来模拟。把两个质量为 m_1 和 m_2 的原子看作刚性小球,连接两原子的化学键设想成无质量的弹簧,弹簧的长度就是分子化学键的长度,如图 4-3 所示。

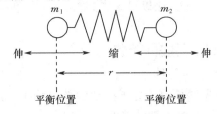

图 4-3　双原子分子的振动示意图

这个体系的振动频率以波数 σ 表示,用经典力学虎克(Hooke)定律可导出分子振动频率(用波数 σ 表示)的计算公式为

$$\sigma = \frac{1}{2\pi c}\sqrt{\frac{k}{u}}\ (cm^{-1}) \tag{4-2}$$

式中,k 为联结原子化学键的力常数,单位为 $N \cdot cm^{-1}$,而 $1\,N = 1\,kg \cdot m \cdot s^{-2} = 10^5\,g \cdot cm \cdot s^{-2}$;$c$ 为光速,其值为 $2.998 \times 10^{10}\,cm \cdot s^{-1}$;$u$ 为原子质量单位。

如果以 m_1 和 m_2 表示化学键两端原子的相对原子质量,用 μ 表示两个原子的折合质量,单位为 g,μ 的计算式如下:

$$\mu = \frac{m_1 m_2}{m_1 + m_2}\ (g) \tag{4-3}$$

如果用原子的折合质量 μ 表示原子质量单位 u,则有

$$u = \frac{m_1 m_2}{(m_1 + m_2) \times N_A} = \mu \times 1.66 \times 10^{-24}\ (g) \tag{4-4}$$

将有关数据代入式(4-2)中,则得虎克公式的简化式为

$$\sigma = \frac{1}{2 \times 3.14 \times 3 \times 10^{-10}\,(cm \cdot s^{-1})}\sqrt{\frac{k \times 10^5\,g \cdot s^{-2}}{\mu \times 1.66 \times 10^{-24}\,g}}$$

$$\sigma = 1\,303\sqrt{\frac{k}{\mu}}\ (cm^{-1}) \tag{4-5}$$

式(4-2)和式(4-5)为分子振动频率计算公式,即虎克公式。由此式可见,影响基本振动频率的直接因素是相对原子质量和化学键的力常数。表 4-2 列举了一些化学键的力常数。

表 4-2　化学键的力常数

化学键	C—C	C=C	C≡C	C—H	O—H	N—H	C=O
键长/pm	154	134	120	109	96	100	122
$k/(N \cdot cm^{-1})$	4.5	9.6	15.6	5.1	7.7	6.4	12.1

【例题 4-1】　计算 C=C 键伸缩振动所产生的基频吸收峰的波数,已知

$k_{C=C} = 9.6 \text{N} \cdot \text{cm}^{-1}$。

【解】 $\mu = \dfrac{m_1 m_2}{m_1 + m_2} = \dfrac{12 \times 12}{12 + 12} = 6$,

$$\sigma = 1\,303\sqrt{\dfrac{k}{\mu}} = 1\,303 \times \sqrt{\dfrac{9.6}{6}} = 1\,648(\text{cm}^{-1})。$$

由于有机化合物的结构不同,它们的相对原子质量和化学键的力常数各不相同,就会出现不同的吸收频率,因此,各有其特征的红外吸收光谱。

应该注意的是,上述用经典力学方法处理分子的振动是为了便于理解。但是,一个真实分子的振动需要用量子理论方法加以处理。例如上述弹簧和小球的体系中,其能量的变化是连续的,而真实分子的振动能量的变化是量子化的。另一方面,虽然根据式(4-5)可以计算基频峰的位置,而且某些计算与实测值很接近,如甲烷的 C—H 基频峰计算值为 2 920cm^{-1},而实测值为 2 915cm^{-1},又如乙烯的 C=C 基频峰计算值为 1 648cm^{-1},而实测值为 1 640cm^{-1}。这种计算只适用于双原子分子或多原子分子中相互影响因素小的简谐运动。实际上,分子中基团与基团间、基团中的化学键之间都相互有影响,所以基本振动频率除了取决于化学键两端的原子质量、化学键的力常数外,还与内部因素(结构因素)和外部因素(化学环境)有关。

二、分子振动的基本形式

双原子分子的振动是最简单的,它只能发生在联结两个原子的直线方向上,并且只有一种振动形式,即两原子的相对伸缩振动。在多原子分子中情况就变得复杂了,但可以把分子中任何一个复杂振动都看成许多简单的基本振动的组合。

一般将基本振动形式分成两类——伸缩振动(stretching vibration)和变形振动(deformation vibration)。

(一) 伸缩振动

原子沿键轴方向伸缩,键长发生变化而键角不变的振动称为伸缩振动,用符号 ν 表示,其振动形式又可以分为两种:对称伸缩振动,表示符号为 ν_s,振动时各键同时伸长或缩短;反对称伸缩振动,又称为不对称伸缩振动,表示符号为 ν_{as},振动时某些键伸长,某些键缩短。对同一基团来说,不对称伸缩振动的频率要稍高于对称伸缩振动。

(二) 变形振动

使键角发生周期性变化而键长不变的振动称为变形振动,又称弯曲振动。其可分为面内变形振动、面外变形振动等形式。

(1) 面内变形振动(β)　变形振动在由几个原子所构成的平面内进行,称为面内变形振动。面内变形振动可分为两种:一是剪式振动(δ),在振动过程中键角的变化类似于剪刀的开和闭;二是面内摇摆振动(ρ),基团作为一个整体在平面内摇摆。

(2) 面外变形振动(γ)　变形振动在垂直于由几个原子所组成的平面外进行,称为面外变形振动。其也可分为两种:一是面外摇摆振动(ω),两个原子同时向面上或面下的振动;二是面外扭曲振动(τ),一个原子向面上,另一个原子向面下的振动。

由于变形振动的力常数 k 比伸缩振动的小,因此,同一基团的变形振动频率都低于伸缩振动频率,即伸缩振动频率(σ)大于变形振动频率。亚甲基(—CH$_2$—)的几种基本振动形式如下:

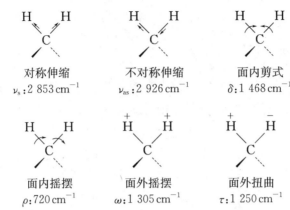

对称伸缩	不对称伸缩	面内剪式
ν_s: 2 853 cm^{-1}	ν_{as}: 2 926 cm^{-1}	δ: 1 468 cm^{-1}

面内摇摆	面外摇摆	面外扭曲
ρ: 720 cm^{-1}	ω: 1 305 cm^{-1}	τ: 1 250 cm^{-1}

("+"表示运动方向垂直纸面向里,"-"表示运动方向垂直纸面向外)

三、振动自由度和红外吸收峰强度

(一)振动自由度与峰数

基本振动的数目称为振动自由度,每个振动自由度相应于红外光谱图上一个基频峰,或称基频谱带(fundamental frequency band)。设分子由 n 个原子组成,每个原子在空间都有 3 个自由度,原子在空间的位置可以用直角坐标系中的 3 个坐标 x,y,z 表示,因此 n 个原子组成的分子总共应有 $3n$ 个自由度,即 $3n$ 种运动状态。但在这 $3n$ 种运动状态中,包括 3 个整个分子的质心沿 x,y,z 方向平移运动和 3 个整个分子绕 x,y,z 轴的转动运动。这六种运动都不是分子的振动,故振动自由度应为 $(3n-6)$ 个。但对于直线型分子,若贯穿所有原子的轴是在一个方向,如 x 方向,则整个分子只能绕 y,z 轴转动,因此直线型分子的振动自由度为 $(3n-5)$ 个。

例如,非线型分子水分子的基本振动数为 $3\times3-6=3$,故水分子有三种基本振动形式,即:

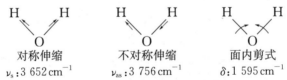

对称伸缩	不对称伸缩	面内剪式
ν_s: 3 652 cm^{-1}	ν_{as}: 3 756 cm^{-1}	δ: 1 595 cm^{-1}

又如,二氧化碳分子为直线型分子,其基本振动自由度为 $3\times3-5=4$,因此,CO_2 分子在理论上有四种基本振动形式,即:

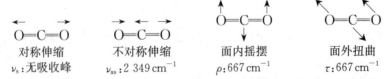

对称伸缩	不对称伸缩	面内摇摆	面外扭曲
ν_s: 无吸收峰	ν_{as}: 2 349 cm^{-1}	ρ: 667 cm^{-1}	τ: 667 cm^{-1}

分子选择性地吸收红外辐射产生振动跃迁,根据振动光谱的跃迁规律,$\Delta\nu=\pm1$,$\pm2,\pm3,\cdots$,当红外辐射的频率与基本振动频率一致时,即可能产生 $\nu=0\rightarrow\nu=1$ 跃迁的基频吸收带;若红外辐射频率刚好满足 $\nu=0\rightarrow\nu=2$ 的跃迁时,则产生二倍频峰;也可能产生 $\nu=1\rightarrow\nu=2$ 的跃迁等。但在常温下,绝大多数分子处于 $\nu=0$ 的振动基态,因此,主要观察的是基态开始跃迁的吸收谱带,也就是基频峰。

在理论上,分子的每个基本振动都对应于一定的振动频率,也就是说,分子振动的每个自由度应有相应的红外吸收峰。实际上,有机化合物的红外吸收峰数通常小于振动自由度。其原因如下：

（1）分子的振动能否在红外光谱中出现与偶极矩的变化有关,通常对称性强的分子不出现红外光谱,它是非红外活性的振动,如 CO_2 分子的对称伸缩振动 ν_s 没有偶极矩变化,即 $\Delta\mu=0$,就没有红外吸收峰。

（2）有的振动形式虽不同,但它们的振动频率相等,因而产生简并,如 CO_2 的面内及面外变形振动吸收峰均为 $667\ cm^{-1}$。

（3）仪器分辨率不高,对一些频率很接近的吸收峰分不开,一些弱峰可能由于仪器灵敏度不够而检测不出。

（4）由于分子振动之间的相互作用,产生倍频峰和组频峰,这两种吸收峰统称为泛频峰。其中组频峰包括合频峰（$\nu_1+\nu_2,2\nu_1+\nu_2,\cdots$）和差频峰（$\nu_1-\nu_2,2\nu_1-\nu_2,\cdots$）,由于泛频峰很弱,又存在重叠,仪器很难检测出来。

（二）红外吸收峰强度

红外吸收峰强度取决于分子振动时偶极矩的变化。根据量子理论,红外光谱的吸收强度与分子振动时偶极矩变化的平方成正比。而偶极矩与分子结构的对称性有关。振动的对称性越高,分子偶极矩变化越小,红外光谱的吸收强度也越弱。因而对称性不高的基团,如 C—X、C=O 等的振动,吸收强度较强;对称性高的基团,如 C—C、C=C 等的振动,吸收强度较弱。

最典型的例子是 C=O 基和 C=C 基。C=O 基的振动吸收是非常强的,常常是红外谱图中最强的吸收带;而 C=C 基的振动吸收有时不出现,即使出现,吸收强度相对也很弱。例如,乙酸丙烯酯分子中 C=O 双键的伸缩振动产生的吸收峰位于 $1\,745\ cm^{-1}$ 处,吸收强度很强;C=C 双键的伸缩振动产生的吸收峰位于 $1\,650\ cm^{-1}$ 处,吸收强度相对很弱。以上如图 4-4 所示。红外光谱吸收峰的强度一般用很强（vs）、强（s）、中等（m）、弱（w）、很弱（vm）来描述。

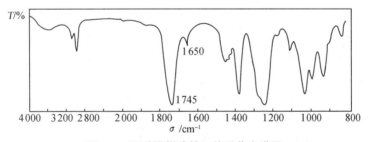

图 4-4　乙酸丙烯酯的红外吸收光谱图

第三节　红外吸收光谱与分子结构的关系

红外吸收光谱的最大特点是具有特征性,这种特征性与各种类型化学键振动的特征相联系。复杂分子都是由许多原子基团组成的,这些原子基团（化学键）在分子受激发后都会产生特征的振动。大多数有机物都是由 C、H、O、N、S、P、卤素等元素构成的,而其中最主要的是 C、H、O、N 四种元素。因此可以说大部分有机物的红外吸收光谱基本上都是由这四种元素所形成的化学键的振动形成的。

在研究了大量化合物的红外吸收光谱后发现:（1）不同分子中同一类型的基团的振动频率是非常相近的,都在一个较窄的频率区间出现吸收谱带,这种吸收谱带的频率称为基团频率(group frequency)。例如，—CH_2 基团的特征频率在 $2\,800\ cm^{-1} \sim 3\,000\ cm^{-1}$ 附近，—$C\equiv N$ 的吸收峰在 $2\,250\ cm^{-1}$ 附近，—OH 伸缩振动的强吸收谱带在 $3\,650\ cm^{-1} \sim 3\,200\ cm^{-1}$ 附近等。虽然在红外吸收光谱中影响基团频率的因素很多，但在大多数情况下这些因素的影响相对是很小的。因此只要掌握了各种基团的基团频率及其影响因素，就可应用红外吸收光谱来测定化合物中存在的基团及其在分子中的相对位置。(2)分子结构的微小变化，可以在指纹区中找到吸收频率的细微差异。

一、基频区和指纹区

(一) 基频区($4\,000\ cm^{-1} \sim 1\,300\ cm^{-1}$)

中红外光谱区($4\,000\ cm^{-1} \sim 400\ cm^{-1}$)可分成 $4\,000\ cm^{-1} \sim 1\,300\ cm^{-1}$ 和 $1\,300\ cm^{-1} \sim 400\ cm^{-1}$ 两个大区。最有分析价值的基团频率在 $4\,000\ cm^{-1} \sim 1\,300\ cm^{-1}$ 之间，这一区域称为基团频率区，简称基频区或官能团区。该区内的吸收峰比较稀疏，易于辨认，主要反映了分子中特征基团的伸缩振动，常用于鉴定官能团。

基频区又可以分为三个区域：

1. $4\,000\ cm^{-1} \sim 2\,500\ cm^{-1}$

$4\,000\ cm^{-1} \sim 2\,500\ cm^{-1}$ 区为 X—H 伸缩振动区，X 可以是 O、C、N、S 原子。

O—H 基的伸缩振动出现在 $3\,650\ cm^{-1} \sim 3\,200\ cm^{-1}$ 范围内，它可以作为判断有无醇类、酚类和有机酸类的重要依据。当醇和酚溶于非极性溶剂(如 CCl_4)，浓度小于 $0.01\ mol \cdot L^{-1}$ 时，在 $3\,650\ cm^{-1} \sim 3\,580\ cm^{-1}$ 处出现游离 O—H 基的伸缩振动吸收，峰形尖锐，且没有其他吸收峰干扰，因此易于识别。由于羟基是强极性基团，当试样浓度增加时，羟基化合物的缔合现象非常显著，O—H 基伸缩振动吸收峰向低波数方向位移，在 $3\,400\ cm^{-1} \sim 3\,200\ cm^{-1}$ 范围出现一个宽而强的吸收峰。

胺和酰胺的 N—H 伸缩振动也出现在 $3\,500\ cm^{-1} \sim 3\,100\ cm^{-1}$ 范围，可能对 O—H 伸缩振动有干扰，但它们的峰强和峰形是不同的，可以区分。

C—H 的伸缩振动可分为不饱和键上的和饱和键上的两种：

(1) 不饱和键上的 C—H 键

主要有苯环上的 C—H 键，双键和叁键上的 C—H 键，其伸缩振动出现在 $3\,000\ cm^{-1}$ 以上，以此来判断化合物中是否含有不饱和的 C—H 键是非常有用的。苯环的 C—H 伸缩振动出现在 $3\,030\ cm^{-1}$ 附近，它的特征是强度比饱和的 C—H 键弱，但谱带比较尖锐；不饱和的双键$=CH$—上的 C—H 伸缩振动出现在 $3\,040\ cm^{-1} \sim 3\,010\ cm^{-1}$ 范围内，末端$=CH_2$ 的 C—H 吸收出现在 $3\,085\ cm^{-1}$ 附近；而叁键$\equiv C—H$ 上的 C—H 伸缩振动出现在更高的 $3\,300\ cm^{-1}$ 附近。

(2) 饱和键上的 C—H 键

主要有—CH_3，—CH_2，—CH，其伸缩振动出现在 $3\,000\ cm^{-1}$ 以下，约 $3\,000\ cm^{-1} \sim 2\,800\ cm^{-1}$ 范围内，取代基对它们的影响也很小。例如，—CH_3 基的伸缩振动出现在 $2\,960\ cm^{-1}(\nu_{as})$ 和 $2\,870\ cm^{-1}(\nu_s)$ 附近，—CH_2 基的伸缩振动在 $2\,930\ cm^{-1}(\nu_{as})$ 和 $2\,850\ cm^{-1}(\nu_s)$ 附近，—CH 基的伸缩振动出现在 $2\,890\ cm^{-1}$ 附近，但强度较弱。

2. $2\,500\ cm^{-1} \sim 1\,900\ cm^{-1}$

$2\,500\ cm^{-1} \sim 1\,900\ cm^{-1}$ 区为叁键和累积双键区。此范围内的红外吸收光谱带较少，只有—$C\equiv C$，—$C\equiv N$ 等叁键的伸缩振动和 $C=C=C$，$N=C=O$ 等累积双键的不对称伸缩振动在此范围内，因此易于辨认。

对于炔类化合物,可以分成 R—C≡CH 和 R′—C≡C—R 两种类型,前者的伸缩振动出现在 $2140\,cm^{-1}$~$2100\,cm^{-1}$ 附近,后者出现在 $2260\,cm^{-1}$~$2190\,cm^{-1}$ 附近。如果 R′ 和 R 是相同基团,因为分子是对称的,则是非红外活性的。

—C≡N 基的伸缩振动在非共轭的情况下出现在 $2260\,cm^{-1}$~$2240\,cm^{-1}$ 附近。当与不饱和键或芳香环共轭时,该峰位移到 $2230\,cm^{-1}$~$2220\,cm^{-1}$ 附近。若分子中含有 C、H、N 原子,—C≡N 基吸收峰增强而且变得尖锐。若分子中含有 O 原子,并且 O 原子离—C≡N 基越近,—C≡N 基的吸收越弱,甚至观察不到。由于只有少数基团在此波数范围内有伸缩振动,因而在定性分析中很有用。

3. $1900\,cm^{-1}$~$1200\,cm^{-1}$

$1900\,cm^{-1}$~$1200\,cm^{-1}$ 区为双键伸缩振动区,该区域主要包括三种伸缩振动:

(1) C=O 的伸缩振动出现在 $1900\,cm^{-1}$~$1650\,cm^{-1}$

它在红外吸收光谱中具有C=O基的特征性,并且往往是红外图谱中最强的吸收,而且在这个范围内其他吸收峰干扰很少,以此很容易判断酮类、醛类、酸类、酯类以及酸酐等含 C=O 基的有机物。

(2) C=C 的伸缩振动

烯烃 C=C 的伸缩振动出现在 $1680\,cm^{-1}$~$1620\,cm^{-1}$,一般较弱。

(3) 芳环的呼吸振动

单核芳环的骨架伸缩振动(呼吸振动)在 $1600\,cm^{-1}$、$1500\,cm^{-1}$、$1450\,cm^{-1}$ 附近有 2~4 个芳环骨架特征吸收峰。

顺便指出,苯及苯衍生物有几种重要的振动级(相关峰)。当芳环与其他不饱和体系发生 π-π 共轭或与含有孤对电子的取代基发生 n-π 共轭时,苯衍生物芳环上 C—H 产生面外变形振动,吸收带在 $960\,cm^{-1}$~$650\,cm^{-1}$ 之间,吸收带的位置、数目、强度取决于取代基的类型,如单取代时 2 个吸收峰($740\,cm^{-1}$、$680\,cm^{-1}$),邻二取代时 1 个吸收峰($740\,cm^{-1}$),间二取代时 3 个吸收峰($860\,cm^{-1}$、$775\,cm^{-1}$、$710\,cm^{-1}$),对二取代时 1 个吸收峰($805\,cm^{-1}$)。同时,吸收带在 $2000\,cm^{-1}$~$1650\,cm^{-1}$,产生 C—H 面外变形振动的组频或倍频若干吸收峰。苯环上 C—H 产生伸缩振动,吸收带在 $3100\,cm^{-1}$~$3000\,cm^{-1}$,谱带较尖而弱。几种取代苯的特征吸收峰如图 4-5 所示。

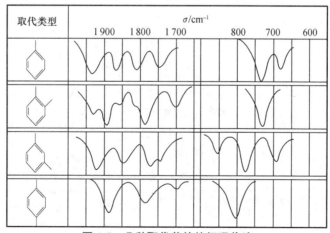

图 4-5 几种取代苯的特征吸收峰

(二)指纹区($1300\,cm^{-1}$~$400\,cm^{-1}$)

在 $1300\,cm^{-1}$~$400\,cm^{-1}$ 的低频区域中,除单键的伸缩振动外,还有 X—H 变形振动。

这些振动与分子的整体结构有关。当分子结构稍有不同时(如同系物、同分异构和空间构象等),该区的吸收就有细微的差异,并显示出分子整体的特征性。这种情况就如同每个人有不同的指纹一样,因此称为指纹区(fingerprint region)。虽然图谱复杂,某些吸收峰无法确定是否存在基团频率,但指纹区对于分辨结构类似的化合物很有帮助,而且可以作为化合物存在某种基团的辅证。

其中 $1380\ cm^{-1} \sim 1370\ cm^{-1}$ 范围为甲基的对称弯曲振动,此范围内干扰较少,可作为判断甲基是否存在的依据。C—O 的伸缩振动出现在 $1300\ cm^{-1} \sim 1000\ cm^{-1}$ 范围,是该区域最强的峰,因而容易判断 C—O 基的存在。$900\ cm^{-1} \sim 400\ cm^{-1}$ 区域内的某些吸收峰可用来确认苯环的取代类型或化合物的顺反构型,如反式构型 的吸收峰在

$990\ cm^{-1} \sim 970\ cm^{-1}$,而顺式构型 的吸收峰在 $690\ cm^{-1}$ 附近,说明烯烃的 ＝C—H 面外变形振动的吸收峰在很大程度上取决于顺反构型情况。

由上述可见,可以应用基频区和指纹区的不同功能来解析红外光谱图。从基频区可以找出该未知物存在的基团,再通过标准谱图在指纹区进行比较,得出未知物的结构。利用红外吸收光谱鉴定有机化合物结构,必须熟悉重要的红外区域与基团的特征关系。基频区和指纹区合起来又可分为四个吸收区域,熟记各区域包含哪些基团的哪些振动,对判断化合物的结构是非常有帮助的。表 4-3 简要总结了红外吸收光谱中一些基团的振动形式及吸收频率(σ)。更详尽的资料可参考相关专业书籍。

表 4-3　红外吸收光谱中一些基团的振动形式及吸收频率

区域	基团	吸收频率 σ/cm^{-1}	振动形式	吸收强度	说明
X—H 伸缩振动区	—OH(游离)	3650~3580	伸缩	m,sh	判断有无醇类、酚类和有机酸的重要依据
	—OH(缔合)	3400~3200	伸缩	s,b	
	—NH₂,—NH(游离)	3500~3300	伸缩	m	
	—NH₂,—NH(缔合)	3400~3100	伸缩	s,b	
	—SH	2600~2500	伸缩		
	C—H 伸缩振动 不饱和 C—H				不饱和 C—H 伸缩振动出现在 $3000\ cm^{-1}$ 以上
	≡C—H(叁键)	3300 附近	伸缩	s	
	＝C—H(双键)	3010~3040	伸缩	m	末端＝C—H 出现在 $3085\ cm^{-1}$ 附近
	苯环中 C—H	3030 附近	伸缩	w	强度比饱和 C—H 稍弱,但谱带较尖锐
	饱和 C—H	2950~2850			饱和 C—H 伸缩振动出现在 $3000\ cm^{-1}$ 以下 $(3000\ cm^{-1} \sim 2800\ cm^{-1})$,取代基影响较小
	—CH₃	2960±5	反对称伸缩	s	
	—CH₃	2870±10	对称伸缩	s	
	—CH₂	2930±5	反对称伸缩	s	三元环中的 —CH₂— 出现在 $3050\ cm^{-1}$
	—CH₂	2850±10	对称伸缩	s	—C—H 出现在 $2890\ cm^{-1}$,很弱
叁键区	—C≡N	2260~2220	伸缩	s	干扰少
	—N≡N	2310~2135	伸缩	m	
	—C≡C—	2260~2100	伸缩	v	R—C≡C—H, $2100\ cm^{-1} \sim 2140\ cm^{-1}$; R—C≡C—R', $2190\ cm^{-1} \sim 2260\ cm^{-1}$;若 R'=R,对称分子无红外谱带
	—C＝C＝C—	1950 附近	伸缩	v	

区域	基团	吸收频率 σ/cm^{-1}	振动形式	吸收强度	说明
双键伸缩振动区	C=C	1680~1620	伸缩	m,w	
	芳环中 C=C	1600,1580 1500,1450	伸缩	v	苯环的骨架振动
	—C=O	1850~1600	伸缩	s	其他吸收带干扰少,是判断羰基(酮类、酸类、酯类、酸酐等)的特征频率,位置变动大
	—NO₂	1600~1500	反对称伸缩	s	
	—NO₂	1370~1250	对称伸缩	s	
	S=O	1220~1040	伸缩	s	
指纹区	C—O	1300~1000	伸缩	s	C—O 键(酯类、醚类、醇类)的极性很强,故强度强,常成为谱图中最强的吸收
	C—O—C	1150~900	伸缩	s	醚类中 C—O—C 的 ν_{as}=1 100 cm⁻¹±50 cm⁻¹是最强的吸收,C—O—C 对称伸缩在 1000 cm⁻¹~900 cm⁻¹,较强
	—CH₃,—CH₂	1460±10	—CH₃ 反对称变形,—CH₂变形	m	大部有机化合物都含有—CH₃、—CH₂ 基,因此此峰经常出现
	—CH₃	1380~1370	对称变形	s	
	—NH₂	1650~1560	变形	m,s	
	C—F	1400~1000	伸缩	s	
	C—Cl	800~600	伸缩	s	
	C—Br	600~500	伸缩	s	
	C—I	500~200	伸缩	s	
	=CH₂	910~890	面外摇摆	s	
	—(CH₂)$_n$—,$n>4$	720	面内摇摆	v	

注:s—强吸收;b—宽吸收带;m—中等强度吸收;w—弱吸收;sh—尖锐吸收峰;v—吸收强度可变。

二、影响基团频率的因素

分子中化学键的振动并不是孤立的,还要受到分子中其他部分特别是相邻基团的影响,有时还会受到溶剂、测定条件等外部因素的影响。因此了解影响基团频率的因素,对解析红外吸收光谱和推断分子结构十分有用。影响基团频率位移的因素大致可分为内部因素和外部因素。

(一)内部因素

影响基团频率的内部因素主要有诱导效应、共轭效应和氢键效应。

1. 诱导效应

取代基具有不同的电负性,通过静电诱导作用,引起分子中电子云密度分布的变化,从而引起键力常数(k)的变化,改变了基团的特征频率。一般来说,随着取代基电负性的增大,这种静电诱导效应越大(键的力常数越大),吸收峰向高波数移动的程度越显著。诱导效应对 C=O 伸缩振动频率的影响如表 4-4 所示。

表 4-4　诱导效应对 C=O 伸缩振动频率的影响

$\sigma(C=O)/cm^{-1}$	1715	1800	1828	1928
化合物	R—C—R′ (O)	R—C→Cl (O)	Cl←C→Cl (O)	F←C→F (O)

2. 共轭效应

形成大 π 键的电子在一定程度上可以移动,例如 1,3-丁二烯的四个碳原子都在同一个平面上,四个碳原子共有全部的 π 电子,结果中间的单键具有一定的双键性质,而两个双键的性质也有所削弱,这就是共轭效应。共轭效应使共轭体系中的电子云密度平均化,结果使原来的双键伸长,力常数减小,因此振动频率降低。共轭效应对 C═O 伸缩振动频率的影响如表 4-5 所示。

表 4-5　共轭效应对 C═O 伸缩振动频率的影响

化合物	$\sigma(C\!=\!O)/cm^{-1}$
R—C—R ‖ O	1710～1725
⬡—C—R ‖ O	1695～1680
⬡—C—⬡ ‖ O	1667～1661

3. 氢键效应

氢键的形成使电子云密度趋于平均化,从而使伸缩振动频率降低。最明显的是羧酸的情况,羰基和羟基之间容易形成氢键,使羰基的频率降低。游离羧酸的 C═O 频率出现在 $1760\ cm^{-1}$ 左右;而在液态或固态时,C═O 频率都在 $1720\ cm^{-1}$,因为此时羧酸形成二聚体,即双分子环状缔合物。羧酸的 OH 伸缩振动频率也因为形成氢键而降低,在 $3200\ cm^{-1} \sim 2500\ cm^{-1}$ 范围内出现一特宽峰,成为羧酸红外光谱的一大特征。

R—C 〈 O···H—O 〉 C—R
　　〈 O—H···O 〉

羧酸的双分子环状缔合物

(二) 外部因素

影响基团频率的外部因素主要指试样状态及溶剂的影响。

1. 试样状态的影响

同一物质在不同的物理状态下,由于试样分子间作用力大小不同,所得到的红外吸收光谱差异也很大。气态试样分子间作用力小,伸缩振动频率(σ)最高,并能观察到分子振动-转动光谱的精细结构。在液态或固态时,伸缩振动频率相对较低,如丙酮在气态时的 C═O 伸缩振动吸收峰为 $1742\ cm^{-1}$,而在液态时为 $1728\ cm^{-1}$。

2. 溶剂的影响

红外光谱测定常用的溶剂有 CS_2、CCl_4、$CHCl_3$ 等。选择溶剂时应注意物质与溶剂的相互作用。试样分子中含有极性基团时,极性溶剂与极性基团之间可能有氢键效应或分子间缔合作用,使基团的红外吸收频率改变。一般情况下,极性基团随溶剂极性的增加,其基团伸缩振动频率向低波数方向移动,并且谱带变宽,如在非极性烃类溶剂中,丙酮溶液的 C═O 伸缩振动吸收峰为 $1728\ cm^{-1}$,在 CCl_4 中为 $1718\ cm^{-1}$,而在 $CHCl_3$ 中为 $1705\ cm^{-1}$。因此,红外吸收光谱分析中一般尽量使用非极性溶剂。

第四节　红外吸收光谱仪

目前主要有两类红外吸收光谱仪,它们是色散型红外吸收光谱仪和傅立叶变换红外吸收光谱仪。红外吸收光谱仪也称红外吸收分光光度计。

一、色散型红外吸收光谱仪

（一）工作原理

色散型红外吸收光谱仪主要由光源、样品池、单色器、检测器、放大器及记录系统六个部分组成。如图 4-6 所示为色散型双光束红外吸收光谱仪的结构。

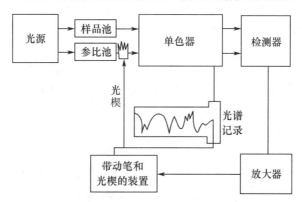

图 4-6　色散型双光束红外吸收光谱仪的结构示意图

色散型红外吸收光谱仪的组成部件与紫外-可见分光光度计相似。但它们的排列顺序略有不同，红外吸收光谱仪的样品池放在光源和单色器之间，而紫外-可见分光光度计的样品池放在单色器之后。

从光源发出的红外光分为两束，一束通过样品池，一束通过参比池，然后进入单色器。在单色器内先通过以一定频率转动的扇形镜，扇形镜周期性地切割两束光，使样品光束和参比光束交替进入单色器的棱镜或光栅，经色散分光后射出某波数的单色光，最后到检测器。随着扇形镜的转动，检测器就交替地接收两束光。

若该单色光不被样品吸收，此时两束光的强度相等，检测器不产生交流信号。改变波数，若该波数下的光被样品吸收，则两束光的强度就有差别，在检测器上会产生一交流信号。通过放大器放大，此信号带动可逆马达，移动光楔进行补偿。样品对某一波数的光吸收越多，光楔就越多地遮住参比光路，把参比光路同样程度地减弱，使两束光重新处于平衡。

样品对于各种不同波长的红外光吸收多少，参比光路上的光楔也相应地按比例移动。由于记录笔是和光楔同步的，记录笔就记录下样品光束被样品吸收后的强度——百分透光度，作为纵坐标直接被描绘在记录纸上。单色器内的棱镜或光栅可以移动以改变单色光的波数，而棱镜或光栅的移动与记录纸的移动是同步的，这就是横坐标。这样在记录纸上就描绘出 T-σ 吸收曲线，即红外吸收光谱图。

（二）主要部件

1. 光源

红外吸收光谱仪中所用的光源通常是一种惰性固体，用电加热使之发射高强度连续红外辐射。常用的有能斯特灯和硅碳棒两种。

（1）能斯特灯（Nernst-Glower）　它是由氧化锆（ZrO_2）、氧化钇（Y_2O_3）和氧化钍（ThO_2）混合后烧结制成的，一般直径为 $1\,mm \sim 3\,mm$，长约 $20\,mm \sim 50\,mm$ 的中空棒或

实心棒。工作温度约 1 700 ℃，在此高温下导电并发射红外线，功率为 50 W～200 W。但它在室温下是非导体，因此，在工作之前要预热。能斯特灯的优点是波数范围宽（4 000 cm^{-1}～400 cm^{-1}）发光强度高，使用寿命可达半年至一年。

（2）硅碳棒（Globar）　它是由碳化硅压制成的两端粗、中间细的实心棒，中间为发光部分，直径约 5 mm，长约 50 mm。硅碳棒在室温下是导体，工作前不需预热。和能斯特灯比较，其优点是坚固，寿命长，工作温度为 1 200 ℃，功率为 200 W～400 W，波数范围宽（4 000 cm^{-1}～400 cm^{-1}），发光面积大。

2. 样品池

红外吸收光谱仪的样品池一般为一个可插入固体薄膜或液体池的样品槽，如果需要对特殊的样品（如超细粉末等）进行测定，则需要装配相应的附件。例如，气体试样应充入红外气体槽中进行测定，液体试样可滴在可拆池两窗之间形成薄的液膜进行测定，固体试样采用压片法测定。

3. 单色器

单色器主要由色散元件（棱镜、光栅）、准直镜和出、入射狭缝构成。其作用是把通过样品池而进入入射狭缝的复合光色散成单色光，再被检测器检测。红外吸收光谱仪常用几块光栅常数不同的光栅自动更换，以使仪器的波数使用范围更大，并且分辨率更高。

4. 检测器

由于红外光子能量较低，不能引起光电子发射。因此，目前红外吸收光谱仪常用的检测器主要有高真空热电偶检测器、热释电检测器和汞镉碲检测器。其作用是吸收红外光能，产生热效应，再把热能转变成电信号。

（1）高真空热电偶检测器

它是色散性红外吸收光谱仪中最常用的一种检测器。它是利用热电偶的两端点由于温度不同产生温差热电势这一原理，让红外光照射热电偶的一端，使其受热。此时，两端点间的温度不同，产生电势差，在回路中有电流通过，而电流的大小则随照射的红外光的强弱而变化。为了提高灵敏度和减少热传导的损失，热电偶是密封在一个高真空的容器内。高真空热电偶检测器如图 4-7 所示。

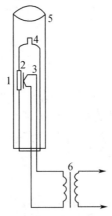

图 4-7　高真空热电偶检测器示意图

1. 红外透光窗；2. 涂黑金箔；3. 热电偶；

4. 真空密封玻璃；5. 金属屏蔽罩；6. 输出变压器

（2）热释电检测器

热释电检测器是用硫酸三甘肽（$NH_2CH_2COOH)_3H_2SO_4$（简称 TGS）的单晶薄片作为检测元件。TGS 在一定温度（其居里点温度 49℃）以下能产生很大的极化效应，其极化强度与温度有关，温度升高，极化强度降低。将 TGS 薄片正面真空镀铬（半透明），背面镀金，形成两电极。当红外辐射照到薄片上时引起温度升高，TGS 极化度改变，表面电荷减少，相当于"释放"了部分电荷，两极便产生了感应电荷，经过放大，转变成电压或电流的方式进行测量。其特点是响应速度快，噪声影响小，能实现高速扫描，故被用于傅立叶变换红外吸收光谱仪中。目前使用最广的晶体材料是氘化了的 TGS（DTGS），居里点温度 62℃，热电系数小于 TGS。

（3）汞镉碲检测器（Hg-Cd-Te，简称 MCT）

它的检测元件由半导体碲化镉和碲化汞混合制成。改变混合物组成可得不同测量波段、灵敏度各异的各种 MCT 检测器。其灵敏度高于 TGS，响应速度快，适于快速扫描测量，常用于色谱仪与红外吸收光谱仪（傅立叶变换红外吸收光谱仪）的联用测定。MCT 检测器需要在液氮温度下工作以降低噪声。

二、傅立叶变换红外吸收光谱仪

前述以棱镜或光栅作为色散元件的红外光谱仪在很多方面已不能满足需要。由于采用了狭缝，这类色散型仪器的能量受到严格限制，在远红外区能量很弱，扫描时间慢，且灵敏度、分辨率和准确度都较低。随着计算方法和计算技术的发展，20 世纪 70 年代出现了新一代的红外吸收光谱测量技术及仪器——傅立叶变换红外吸收光谱仪（Fourier transform infrared spectrometer，简称 FT-IR）。

傅立叶变换红外吸收光谱仪没有色散元件，主要由光源、迈克尔逊（Michelson）干涉仪、探测器和计算机等组成。它具有分辨率高、波数精度高、扫描速度极快（一般在 1s 内可完成全谱扫描）、光谱范围宽、灵敏度高等优点，特别适用于弱红外吸收光谱测定、红外吸收光谱快速测定以及与色谱仪联用测定等。

（一）工作原理

傅立叶变换红外吸收光谱仪与色散型仪器的工作原理有很大不同，其工作原理如图 4-8 所示。

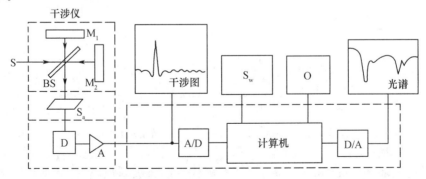

图 4-8　傅立叶变换红外吸收光谱仪工作原理示意图

S. 光源；M_1. 定镜；M_2. 动镜；BS. 分束器；D. 探测器；S_a. 样品；A. 放大器；

A/D. 模数转换器；D/A. 数模转换器；S_w. 键盘；O. 外部设备

光源 S 发出的红外辐射，经干涉仪转变成干涉图，通过试样 S_a 后得到含试样信息的干涉图，由计算机采集，并经过快速傅立叶变换，得到 T-σ 吸收曲线，即红外吸收光谱图。

（二）迈克尔逊干涉仪工作原理简介

傅立叶变换红外吸收光谱仪的核心部分是迈克尔逊干涉仪。它由固定不动的定镜 M_1、动镜 M_2、分束器 BS 和探测器 D 组成。图 4-8 中 M_1 和 M_2 为两块平面镜，它们相互垂直放置，M_1 固定不动，M_2 则可做微小的移动。在 M_1 和 M_2 之间放置一个呈 45°角的半透膜光束分裂器 BS，它能将光源 S 来的光分为相等的两部分。其中，光束 I 穿过 BS 被动镜 M_2 反射，沿原路回到 BS 并被反射到达探测器 D；光束 II 则由固定镜 M_1 沿原路反射回来通过 BS 到达 D。这样，在探测器 D 上所得到的 I 光和 II 光是相干光。经 M_1、M_2 反射及微动 M_2，当两光束的光程差为波长 λ 的整数倍时，即光程差等于 $k\lambda$ 时，发生干涉效应，得到相干光干涉图。当光源为多色光时，得到多色相干图。

当多色相干图通过试样时，样品对不同红外光选择性吸收，在检测器上使复杂的干涉图发生变化，经计算机傅立叶变换处理，就得到常规的红外吸收光谱图，即 $T/\%$-σ/cm^{-1} 吸收曲线。

第五节　红外吸收光谱技术及其应用

一、试样制备

在红外吸收光谱法中，试样的制备占有重要的地位。如果试样处理不当，即使仪器的性能很好，也不能得到满意的红外吸收光谱图。试样可以是固体、液体或气体。一般说来，在制备试样时应注意下述各点：

（1）试样应该是单一组分的纯物质，纯度应大于 98%，这样才便于与标准光谱进行对照。多组分试样应在测定前尽量预先用分馏、萃取、重结晶或色谱法进行分离提纯，否则各组分光谱相互重叠，难以解析。

（2）试样中不应含有游离水。水本身有红外吸收，会严重干扰样品谱图，而且会侵蚀样品池的盐窗。

（3）试样的浓度和测试厚度应选择适当，以使光谱图中的大多数吸收峰的透过率处于 10%～80% 范围内。

（一）固态试样

1. 压片法

取 1 mg～2 mg 固体样品放在玛瑙研钵中研细，加入 100 mg～200 mg 磨细干燥的 KBr 粉末，混合均匀后，加入压模内，在压片机上边抽真空边加压，制成厚约 1 mm，直径约 10 mm 左右的透明片，然后将透明或半透明压片放入仪器光路中测定。KBr 在 4000 cm^{-1}～400 cm^{-1} 光区不产生吸收，因此，可绘制出全红外波段光谱图。

2. 石蜡糊法

将固体样品研成细末，与液体石蜡或全氟代烃混合成糊状，然后夹在两盐片之间进行测谱。石蜡油是一些精制过的长链烷烃，具有较大的黏度和较高的折射率。用石蜡油做成糊剂不能用来测定饱和碳氢化合物的吸收情况，必要时可以用氯丁二烯代替石蜡油做糊剂。

66

3. 薄膜法

薄膜法主要用于高分子化合物的测定。可将它们直接加热熔融后涂制或压制成膜。也可将试样溶解在低沸点的易挥发溶剂中涂在盐片上，待溶剂挥发后成膜来测定。

（二）液态试样

1. 液体池法

液体池的透光面通常用 NaCl 或 KBr 等晶体制成。常用的液体池有三种，即厚度一定的密封固定池、垫片可自由改变厚度的可拆池、用微调螺丝连续改变厚度的密封可变池。通常根据不同情况，选用不同的液体池。对于沸点较低、挥发性较大的试样，可注入封闭液体池中，液层厚度一般为 0.01 mm～1 mm。

2. 液膜法

对于沸点较高的试样，直接滴在两块盐片之间形成液膜；对于一些吸收很强的液体，当用调整厚度的方法仍然得不到满意的谱图时，可用适当的溶剂配成稀溶液来测定，一些固体也能以溶液的形式来进行测定。

但应该注意，常用的红外吸收光谱溶剂应在所测光谱区内本身没有强烈吸收，不侵蚀盐窗，对试样没有强烈的溶剂化效应等。例如，CS_2 是 1 350 cm^{-1}～600 cm^{-1} 区域常用的溶剂，CCl_4 用于 4 000 cm^{-1}～1 350 cm^{-1} 区域。

（三）气态试样

气态试样可在红外气体槽内进行测定，它的两端粘有红外透光的 NaCl 或 KBr 窗片。一般把气槽抽真空，再注入样品。红外气体槽如图 4-9 所示。

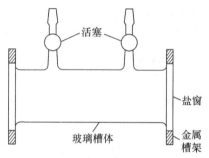

图 4-9　红外气体槽示意图

二、红外吸收光谱定性分析

红外吸收光谱对有机化合物的定性分析具有鲜明的特征性。因为每一种化合物都具有特征性的红外吸收光谱，其谱带的数目、位置、形状和强度均随化合物及其聚集态的不同而不同，因此，根据化合物的光谱就可以确定该化合物的结构或某官能团是否存在。

红外光谱的定性分析，大致可以分为官能团定性分析和结构分析两个方面。官能团定性分析是根据化合物的特征基团频率来鉴定待测物质含有哪些基团，从而确定有关化合物的类别。结构分析则需要由化合物的红外吸收光谱并结合其他实验数据（如相对分子质量、紫外光谱、核磁共振波谱、质谱等）来推断有关化合物的化学结构式。

如果分析目的是对已知物及其纯度进行定性鉴定，那么只要在得到样品的红外吸收光谱图后，与纯物质的标准谱图进行对照即可。如果两张谱图各吸收峰的位置和形状完全相同，峰的相对吸收强度也一致，就可初步判定该样品即为该种纯物质；相反，如果两谱图各吸收峰的位置和形状不一致，或峰的相对吸收强度也不一致，则说明样品与纯物质不是同一种物质，或样品中含有杂质。

（一）定性分析一般过程

1. 试样的分离和干燥

试样的纯化主要包括分离和干燥，利用各种分离手段（如分馏、萃取、重结晶、层析等）提纯试样并加以干燥，得到干燥的纯物质。试样不纯不仅会给光谱的解析带来困难，还可能引起误判。

2. 了解与试样性质有关的其他方面的资料

了解试样来源、元素分析结果、相对分子质量、熔点、沸点、溶解度等性质,以及紫外吸收光谱、核磁共振波谱、质谱等数据,对图谱的解析有很大的帮助。

3. 确定未知物的不饱和度

用适当的方法制样,记录红外吸收光谱图,根据试样的元素分析结果及相对分子质量得出的分子式,再计算其不饱和度,从而可估计分子结构式中是否有双键、叁键及芳香环,并可验证光谱解析结果的合理性,这对光谱解析是很有利的。

所谓不饱和度(U)是表示有机分子中碳原子的饱和程度。计算不饱和度的公式为:

$$U=1+n_4+1/2(n_3-n_1) \tag{4-6}$$

式中,n_1、n_3、n_4 分别为分子式中一价、三价和四价原子的数目。通常规定双键和饱和环状结构的不饱和度为1,叁键的不饱和度为2,苯环的不饱和度为4。

比如 C_6H_5COOH 的不饱和度 $U=1+7+(0-6)/2=5$,表示的是一个苯环和一个 $C=O$ 键。

4. 谱图解析

一般先从基团频率区的最强谱带入手,推测未知物可能含有的基团,判断不可能含有的基团。再从指纹区的谱带来进一步验证,找出可能含有基团的相关峰,用一组相关峰来确认一个基团的存在。对于简单化合物,确认几个基团之后,便可初步确定分子结构,然后用标准谱图核实。对于较复杂的有机物,则需结合紫外光谱、质谱、核磁共振波谱等才能得出较可靠的判断。

(二)图谱解析实例

【例题 4-2】 如某未知物分子式为 C_8H_8O,测得其红外吸收光谱如图 4-10 所示,试推测其结构式。

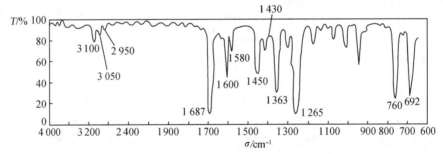

图 4-10　C_8H_8O 的红外吸收光谱图

【解】 (1) 由分子式计算其不饱和度 U。

$$U=1+8+(0-8)/2=5$$

(2) 由图可见,在 3 100 cm^{-1}、3 050 cm^{-1} 处有 2 个弱吸收峰,表明是苯环的 $C—H$ 伸缩振动;1600 cm^{-1}、1580 cm^{-1}、1450 cm^{-1} 处的 3 个吸收峰,显示是苯环的骨架呼吸振动;指纹区 760 cm^{-1}、692 cm^{-1} 处有 2 个吸收峰,说明为单取代苯。

(3) 1687 cm^{-1} 处强吸收峰为 $C=O$ 的伸缩振动,因分子式中只含一个氧原子,不可能是酸或酯,而且从图上分析知有苯环,很可能是芳香酮。

(4) 在 2950 cm^{-1} 的吸收峰,看出是—CH_3 的 $C—H$ 伸缩振动;1363 cm^{-1}、1430 cm^{-1} 处的 2 个吸收峰则分别为—CH_3 的 $C—H$ 对称及反对称变形振动。

根据上述解析,未知物的结构式可能是 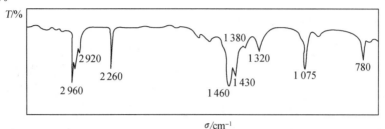。

该化合物含苯环及双键,故上述推测是合理的,该化合物为苯乙酮。进一步查标准光谱核对,也完全一致,因此所推测的结构式是正确的。

【例题 4-3】 某含氮化合物的沸点为 97 ℃,红外吸收光谱如图 4-11 所示,推断该化合物的结构。

图 4-11 某含氮未知物的红外吸收光谱图

【解】 本题未告诉化合物的分子式,故采用先否定后肯定的方法解析。

由含氮未知的红光吸收光谱图可知:

(1) 在 $1600\ cm^{-1}$～$1450\ cm^{-1}$ 的波数范围无苯环特征吸收峰(苯环骨架的伸缩振动),故该未知化合物不属于芳香族化合物。

(2) 基频区($4000\ cm^{-1}$～$1350\ cm^{-1}$)有强峰 $1460\ cm^{-1}$,为—CH_3、—CH_2— 的弯曲振动,而—CH_3 的主要相关峰有 $\nu_{(C-H)}\ 2960\ cm^{-1}$、$\delta_{(C-H)}\ 1430\ cm^{-1}$、$1380\ cm^{-1}$;而—$CH_2$— 的主要相关峰有 $\nu_{(C-H)}\ 2920\ cm^{-1}$,证明有 CH_3—CH_2— 存在。

(3) 基频区强峰 $2260\ cm^{-1}$ 为叁键($C\equiv C$ 或 $C\equiv N$)的伸缩振动。在光谱图中无 $\equiv C-H$ 基团吸收峰,故炔烃的可能性很小,而在 $1650\ cm^{-1}$～$1500\ cm^{-1}$ 及大于 $3100\ cm^{-1}$ 无吸收峰,说明无—NO_2,也无—NH_2,故该化合物可能是脂肪族腈类化合物,但碳链长短不易确定。

(4) 根据沸点推断(乙腈沸点为 79 ℃,丙腈沸点为 97 ℃,丁腈沸点为 118 ℃),说明该未知化合物是丙腈,分子结构为 CH_3—CH_2—$C\equiv N$。

(5) 与标准谱图对照证明结论正确。

(三) 红外标准图谱集

在红外吸收光谱定性分析中,无论是已知物的验证,还是未知物的检定,常需要用纯物质的谱图来做校验。这些标准谱图,除可用纯物质在相同的制样方法和实验条件下自己测得外,最方便的还是查阅标准谱图集。最常见的标准图谱集有三种:

1. Sadtler 红外标准图谱集

萨特勒红外标准图谱集(Sadtler Catalog of Infrared Standard Spectra)由 Sadtler Research Laboratories 整理并编辑出版,这是一套连续出版的大型综合性图谱集。它汇集了超过 130 000 张各类有机化合物的红外吸收光谱图,附有多种索引,便于查找,如单体、聚合物、表面活性剂、胶粘剂、药物、塑料等都包括在内。

2. Aldrich 红外图谱库

Pouchert C J 编,Aldrich Chemical Co. 出版(3 卷,1981)。它汇集了 12000 余张各类有机化合物的红外吸收光谱图,全卷最后附有化学式索引。

3. Sigma Fourier 红外图谱库

Keller R J 编, Sigma Chemical Co. 出版(2 卷, 1986)。它汇集了 10 400 张各类有机化合物的 FT-IR 光谱图, 并附索引。

在查对标准谱图集时要注意:

(1) 被测物和标准谱图上的聚集态、制样方法应一致。

(2) 对指纹区的谱带要仔细对照, 因为指纹区的谱带对结构上的细微变化很敏感, 结构上的微细变化都能导致指纹区谱带的不同。

三、红外吸收光谱定量分析

红外吸收光谱分析法和其他吸收光谱分析法(紫外-可见光吸光光度法)一样, 定量分析是根据物质组分的吸收峰强度来进行的, 其依据是朗伯-比尔定律。用红外光谱做定量分析, 其优点是有许多特征峰可供选择, 从而可以排除干扰; 对于物理和化学性质相近, 而用气相色谱法进行定性分析又存在困难的试样(如沸点高, 或气化时要分解的试样), 往往可采用红外吸收光谱分析; 而且气体、液体和固体物质均可用红外吸收光谱分析法测定。

在红外吸收光谱定量分析中, 由于红外吸收谱带较窄, 所选择的吸收峰应有足够的强度, 并且不与其他峰相重叠, 一般采用峰面积来定量。因为红外吸收光谱定量分析法灵敏度低, 适用于常量组分的定量测定, 不适用于微量组分。为了提高测量的准确度, 样品的透光度 T 不宜过大或过小, 通常在 $20\% \sim 60\%$ 范围内。

习　题

1. 简述分子产生红外吸收的条件。是否所有的分子振动都会产生红外吸收? 为什么?

2. 以亚甲基为例说明分子的基本振动形式。

3. 红外区分为哪几个区域? 它们对红外定性分析的重要性如何?

4. 何谓基团频率? 它有什么重要性及用途? 影响基团频率的因素有哪些?

5. 简述色散型红外光谱仪的组成。

6. 将波长 800 nm 换算成波数。

$$(1.25 \times 10^4 \text{ cm}^{-1})$$

7. 羧基($-\overset{\overset{\displaystyle O}{\|}}{C}-OH$)中 $C=O, C-O$ 和 $O-H$ 的键力常数(k)分别为 $12.1 \text{ N} \cdot \text{cm}^{-1}$, $7.12 \text{ N} \cdot \text{cm}^{-1}$ 和 $5.80 \text{ N} \cdot \text{cm}^{-1}$, 若不考虑各化学键相互影响, 计算各基团的伸缩振动的波数(σ)为多少。

$$(1731 \text{ cm}^{-1}, 1328 \text{ cm}^{-1}, 3229 \text{ cm}^{-1})$$

8. 指出下列振动形式中哪些是红外活性振动, 哪些是非红外活性振动。

分子结构式　　　　　　振动形式

(1) CH_3-CH_3　　　　　$\nu_{(C-C)}$

(2) CH_3-CCl_3　　　　　$\nu_{(C-C)}$

(3) SO_2　　　　　　　　ν_s, ν_{as}

(4) $CH_2=CH_2$　　　　a. $\nu_{(C-H)}$　　　b. $\nu_{(C-H)}$

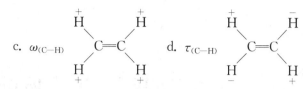

c. $\omega_{(C-H)}$ d. $\tau_{(C-H)}$

9. ▢—OH 和 ▢=O 是同分异构体,试分析二者红外吸收光谱有哪些主要差异。

10. 化合物的化学式为 $C_3H_6O_2$,红外吸收光谱如图 4-12 所示,解析该化合物的结构。

$$\left(CH_3-CH_2-O-\overset{\displaystyle O}{\overset{\|}{C}}-H\right)$$

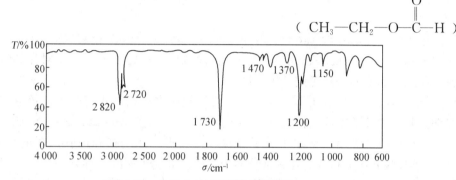

图 4-12　$C_3H_6O_2$ 的红外吸收光谱图

11. 有一化学式为 C_6H_6O 的化合物,其红外吸收光谱如图 4-13 所示,试解析该化合物的结构。

（◯—OH）

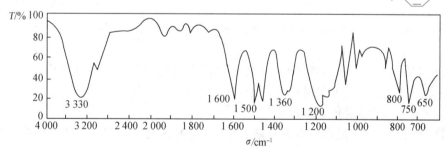

图 4-13　C_6H_6O 的红外吸收光谱图

12. 有一化学式为 C_8H_7N 的化合物,其红外吸收光谱如图 4-14 所示,试推断该化合物的结构。

（CH_3—◯—$C≡N$）

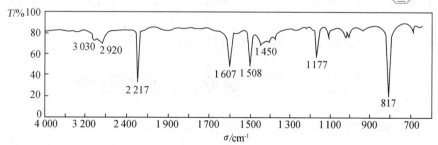

图 4-14　C_8H_7N 的红外吸收光谱图

第五章　原子吸收光谱分析

第一节　概　述

原子吸收光谱分析（atomic absorption spectrometry，AAS）又称原子吸收分光光度法，是根据处于气态的基态原子在特征光谱的辐射下，原子外层电子对光的特征吸收这一现象建立起来的一种光谱分析方法。

原子吸收光谱分析在 20 世纪 50 年代被提出之后得到迅速发展。该方法的奠基人是澳大利亚物理学家沃尔什（A. Walsh）。1955 年他发表首篇著名论文《原子吸收光谱在化学分析中的应用》，奠定了原子吸收光谱分析的理论基础，到了 20 世纪 60 年代中期，原子吸收光谱分析成为比其他仪器分析法发展更迅速的一种方法。

我国对原子吸收光谱分析的研究较晚，1963 年国内刊物上首次介绍了这种新的分析方法，1965 年研制成功空心阴极光源，1970 年研制成功 WFD-Y$_1$ 型单光束原子吸收分光光度计，从此以后原子吸收法在我国地质、冶金、石油、化工、机械、医学、农业、环保等部门得到广泛的应用。目前，原子吸收光谱分析已可以分析 70 多种元素，不仅可以测定金属元素，也可以用间接法测定非金属元素和有机化合物。

原子吸收光谱分析的特点：

（1）灵敏度高。对火焰原子化法，大多数元素的测定灵敏度可达 10^{-6} g，少数可达 10^{-9} g；无火焰原子化法一般可达 10^{-9} g～10^{-13} g。

（2）干扰小，选择性好。

（3）精密度和准确度高。在低含量分析中火焰原子化法相对误差约为 1%。

（4）分析速度快。用 PE 5000 型自动原子吸收分光光度计，连续测定 50 个样品中的 6 个元素，仅需 35 min。

（5）应用范围广。

原子吸收光谱分析最大的不足是测定不同元素需要更换光源，多元素同时测定尚有困难。

原子荧光光谱分析本章仅作简单介绍，详见第七节。

第二节　原子吸收光谱分析基础

一、原子光谱

原子在正常状态时，电子按一定规律处于离核较近的轨道上，这时，原子的能量最低、最稳定，称为基态（E_0）。当原子受到外界能量（例如电能、热能、光能等）作用时，最外层电子就吸收一定能量而被激发跃迁到能量较高的轨道上，而原子处于这一状态称为激发态

(E_i)，这一跃迁过程便产生原子吸收线。处于激发态的原子是不稳定的，在极短时间(约 10^{-8} s)内，它将跃迁返回到低能态或基态，释放能量为 ΔE 的光量子，这就产生了原子发射线。原子吸收和原子发射过程如图 5-1 所示。

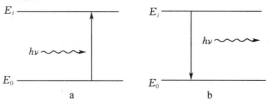

图 5-1　原子吸收(a)和原子发射(b)示意图

光谱线的频率 ν 或波长 λ 与能量的关系为：

$$\Delta E = E_i - E_0 = h\nu = \frac{hc}{\lambda} \tag{5-1}$$

h 为普朗克(Planck)常数 6.626×10^{-34} J·s，c 为光速 3×10^{10} cm·s^{-1}。

二、基态原子与被测元素含量的关系

原子吸收光谱分析的基础是被测元素的气态基态原子对特征谱线的吸收。在原子吸收分析中，常在高温(2 000 K～3 000 K)的条件下，使试样原子化得到气态基态原子。在高温中，化合物总会有脱溶、气化、离解、碰撞、化合等过程，气态原子就是通过这些过程进行能量交换，从而实现从一个能级到另一个能级的激发或跃迁。这些气态原子包括基态原子和激发态原子，理论和实验证明，当原子处于热平衡状态时，处于基态的原子 (N_0) 和处于激发态的原子 (N_i) 的关系可用波尔兹曼(Boltzmann)方程表示：

$$\frac{N_i}{N_0} = \frac{P_i}{P_0} e^{-\frac{E_i - E_0}{KT}} \tag{5-2}$$

或写成

$$\frac{N_i}{N_0} = \frac{P_i}{P_0} \cdot \exp\left(-\frac{E_i - E_0}{KT}\right) \tag{5-3}$$

式中，N_i、N_0 分别为激发态和基态的原子数；P_i、P_0 分别为激发态和基态能级的统计权重；K 为波尔兹曼常数，其值为 1.38×10^{-23} J·K^{-1} 或 8.618×10^{-5} eV·K^{-1}；T 为热力学温度。

在原子光谱中，根据元素谱线的波长就可知道对应的 P_i/P_0 和 $E_i - E_0$ 值，所以可以从理论上计算一定温度下的 N_i/N_0 值。元素在不同温度下的 N_i/N_0 值如表 5-1 所示。

表 5-1　元素在不同温度下的 N_i/N_0 值

元素光谱线/ nm	P_i/P_0	激发态/ eV	N_i/N_0		
			2 000 K	2 500 K	3 000 K
Cs　852.1	2	1.455	4.44×10^{-4}	2.30×10^{-3}	7.24×10^{-3}
Na　589.0	2	2.104	0.99×10^{-5}	1.14×10^{-4}	5.83×10^{-4}
Ba　553.5	3	2.239	6.38×10^{-6}	3.19×10^{-5}	5.19×10^{-4}
Sr　460.7	3	2.690	4.99×10^{-7}	1.13×10^{-5}	9.07×10^{-5}
Ca　422.7	3	2.932	1.22×10^{-7}	3.67×10^{-6}	3.55×10^{-5}
Co　338.2	1	3.664	5.85×10^{-10}	4.11×10^{-8}	6.99×10^{-7}

元素光谱线/nm	P_i/P_0	激发态/eV	N_i/N_0		
			2 000 K	2 500 K	3 000 K
Cu 324.8	2	3.817	$4.82×10^{-10}$	$4.04×10^{-8}$	$6.65×10^{-7}$
Mg 285.2	3	4.346	$3.35×10^{-11}$	$5.20×10^{-9}$	$1.50×10^{-7}$
Pb 283.3	3	4.375	$2.83×10^{-11}$	$4.55×10^{-9}$	$1.34×10^{-7}$
Au 267.6	1	4.632	$2.12×10^{-12}$	$4.60×10^{-10}$	$1.65×10^{-8}$
Zn 213.9	3	5.795	$7.45×10^{-15}$	$6.22×10^{-12}$	$5.50×10^{-10}$

由表 5-1 可以看出,激发态原子数目仅仅是基态原子数目的很小一部分。如 Cs 和 Na 只有当温度较高时,激发态的原子数目才变得可观。对大多数元素,激发态的原子数目不超过 1%。

通常用于原子化的温度一般都在 3 000 K 以下,所以 N_i 与 N_0 比较,N_i 可忽略不计,N_i/N_0 值一般在 10^{-3} 以下,即激发态和基态原子数之比小于 0.1%,所以 N_0 可以认为接近原子总数。在一定的温度下,如果被测元素原子化的效率保持不变,则在一定浓度范围内的基态原子数 N_0 可看成原子总数,而被测元素的原子总数又正比于物质的浓度 c,因此,

$$N_0 = K'c \tag{5-4}$$

三、吸收线与共振吸收线

当原子吸收光能后,其最外层电子可以跃迁至不同的高能级,产生原子吸收线。不同的激发态产生不同的吸收谱线,其中最接近基态能级的激发态或能量最低的激发态称为第一激发态。

当基态原子吸收光能后,由基态跃迁至第一激发态时形成的吸收线常称为共振吸收线,简称为共振线,如钠元素的共振线为 589.0 nm。

各种元素的原子结构和外层电子排布不同,不同元素的原子核外电子从基态激发至第一激发态时吸收的能量也不同,因而各种元素的共振线不同,所以把元素的共振线称为元素的特征谱线。因为共振吸收最容易发生,所以一般把共振线称为元素的灵敏线,在原子吸收光谱分析中就是利用共振吸收线来进行分析的。

四、谱线轮廓和谱线变宽

当一束强度为 I_0 的入射光通过原子蒸气时,其透过光的强度(I_t)与原子蒸气长度(l)的关系符合朗伯-比尔定律。

$$I_t = I_0 e^{-K_\nu \cdot l} \tag{5-5}$$

式中,K_ν 为吸收系数,它是频率 ν 的函数。

理论和实验证明,无论是原子发射线还是原子吸收线,都具有一定的形状,即谱线都有一定的轮廓。原子吸收线的轮廓是指谱线强度 I_ν 或吸收系数 K_ν 随频率 ν 或波长 λ 变化的吸收曲线,如图 5-2 所示。从图中我们可以清楚看出,吸收线轮廓在中心频率 ν_0 处吸收系数有一极大值(K_0),被称为最大吸收系数,$K_0/2$ 处吸收线所对应的频率范围($\Delta\nu$)称为吸收线的半宽度,其值约为 10^{-3} nm～10^{-2} nm。

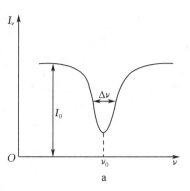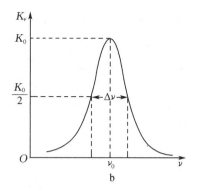

图 5-2　原子吸收线的轮廓示意图

下面讨论谱线的宽度和变宽问题。

（一）自然宽度

由于激发态原子有一定寿命，并且能级是具有宽度的，这就决定了谱线所固有的宽度——自然宽度，其大小一般约为 10^{-5} nm。在原子吸收分析的实验条件下，自然宽度与其他原因引起的谱线宽度相比可以忽略不计。自然宽度 $\Delta\nu_N$ 由下式表示：

$$\Delta\nu_N = \frac{1}{2\pi\tau} \tag{5-6}$$

式中，τ 为激发态原子的平均寿命（10^{-8} s～10^{-7} s）。

（二）多普勒(Doppler)变宽

多普勒变宽又称为热变宽，由原子无规则的热运动产生。谱线的多普勒变宽 $\Delta\nu_D$ 由下式表示：

$$\Delta\nu_D = 7.16 \times 10^{-7} \nu_0 \sqrt{\frac{T}{M}} \tag{5-7}$$

式中，ν_0 是谱线中心频率，T 是绝对温度，M 是原子的摩尔质量。

从上式可见，$\Delta\nu_D$ 与谱线中心频率（ν_0）和 $\sqrt{T}$ 成正比，与 $\sqrt{M}$ 成反比。对某一元素而言，ν_0 和 M 一定时，其 $\Delta\nu_D$ 只与 T 有关，温度越高，$\Delta\nu_D$ 越大，即谱线变宽越大。$\Delta\lambda_D$ 约为 10^{-4} nm～10^{-3} nm。

（三）压力变宽

粒子(原子、分子、离子和电子等)相互碰撞，也会引起谱线变宽。这种变宽和气体压力有关，气体压力升高，粒子间相互碰撞机会增多，碰撞变宽加大，这种变宽称为压力变宽。压力变宽有以下两种情况：

1. 罗伦兹(Lorentz)变宽

非同类原子相互碰撞引起谱线变宽称为罗伦兹变宽。可用下式表示罗伦兹变宽 $\Delta\nu_L$：

$$\Delta\nu_L = 2 N_A \sigma^2 p \sqrt{\frac{2}{\pi RT}\left(\frac{1}{A}+\frac{1}{M}\right)} \tag{5-8}$$

式中，N_A 为阿伏伽德罗常数（6.02×10^{-23}）；σ 为原子和其他粒子碰撞的有效横截面积；p 为气体压力；A 为气体分子的摩尔质量；M 为原子的摩尔质量。

由此可见，压力越大，粒子空间密度越大，碰撞可能性越大，变宽就越严重。$\Delta\nu_L$ 与 $\Delta\nu_D$ 的数值相近。$\Delta\lambda_L$ 约为 10^{-4} nm～10^{-3} nm。不同元素在不同温度下的多普勒宽度

（$\Delta\lambda_D$）和罗伦兹宽度（$\Delta\lambda_L$）如表 5-2 所示。

表 5-2　某些元素的 $\Delta\lambda_D$ 和 $\Delta\lambda_L$（10^{-4} nm）

谱线/nm	相对原子质量	$T=2\,000$ K		$T=2\,500$ K		$T=3\,000$ K	
		$\Delta\lambda_D$	$\Delta\lambda_L$	$\Delta\lambda_D$	$\Delta\lambda_L$	$\Delta\lambda_D$	$\Delta\lambda_L$
Na　589.0	22.99	39	32	44	29	48	27
Ba　553.5	137.24	15	32	17	28	18	26
Sr　465.7	87.62	16	26	17	23	19	21
V　437.9	50.94	20		22		24	
Ca　422.7	40.08	21	15	24	13	26	12
Fe　372.0	55.85	16	13	18	11	19	10
Co　352.7	58.93	13	16	15	14	16	13
Ag　338.3	107.87	10	15	11	13	13	12
Cu　324.7	63.54	13	9	14	8	16	7

2. 共振变宽

同类原子相互碰撞引起谱线变宽称为共振变宽，又称赫鲁兹马克（Holtzmark）变宽，用 $\Delta\nu_H$ 表示。当原子浓度较低时，共振变宽可以忽略不计。

（四）自吸变宽

自吸变宽是在光源中发生的。光源周围温度较低的原子蒸气吸收同种原子的发射线（一般是共振线），叫作谱线自吸，其导致谱线变宽，这种变宽效应称为自吸变宽。

减小原子蒸气的浓度和厚度可以减小自吸变宽。自吸变宽在空心阴极灯的制造和使用中应特别注意，空心阴极灯的灯电流越大，自吸变宽越严重。当空心阴极灯发射线存在自吸变宽时，会降低原子吸收灵敏度。

五、原子吸收的测量

（一）积分吸收测量

在原子吸收分析中，要准确测定原子所产生的吸收值，就必须包括原子蒸气所吸收的全部能量，即吸收线所包括的全部面积，这就是积分吸收。

根据经典色散理论，积分吸收 $\int_{-\infty}^{+\infty} K_\nu \, \mathrm{d}\nu$ 可由下式表示：

$$\int_{-\infty}^{+\infty} K_\nu \, \mathrm{d}\nu = \frac{\pi e^2}{mc} \cdot fN_0 \tag{5-9}$$

式中，e 为电子电荷（1.602×10^{-19} C）；m 为电子质量（9.109×10^{-28} g）；c 为光速（3×10^{10} cm·s^{-1}）；N_0 为单位体积原子蒸气中吸收辐射的基态原子数或密度；f 为振子强度，在一定条件下对一定元素，f 可视为一定值。

上式表明，积分吸收与 N_0 成正比关系，若能测得积分吸收值，即可计算出待测元素的原子密度和含量，而使原子吸收法成为一种分析方法。但是由于原子吸收线的半宽度（$\Delta\lambda$）很小（一般是 10^{-3} nm），要测量这样的半宽度的吸收线的积分吸收值，就需要有分辨率高达 $4 \times 10^5 \sim 5 \times 10^5$ 的单色器。在该方法建立之初，分析用的单色器只能分开零点几纳米或一个多纳米半宽度的谱线，很明显，在当时的技术条件下，测量积分吸收值是不可能的，这就是 100 多年前就已发现的原子吸收现象却一直未能用于分析化学的原因。

（二）峰值吸收的测量

1955 年，澳大利亚物理学家 Walsh 从理论上解决了上述难题。他提出采用锐线光源测量谱线峰值吸收的方法。所谓锐线光源即是能发射出谱线半宽度很窄的发射线的光源。谱线的峰值吸收测量是指测量吸收线中心频率 ν_0 两旁很窄的频率范围（$d\nu=0$）内的吸收强度或吸光度。实现峰值吸收测量的两个必要条件为：（1）发射线（入射线）的 $\Delta\lambda$ 比吸收线的更窄，一般约为吸收线 $\Delta\lambda$ 的 $1/5\sim1/10$（10^{-4} nm～10^{-3} nm）；（2）发射线的中心波长 λ_0 或中心频率 ν_0 等于吸收线的中心波长或中心频率。这样发射线可以尽可能地被吸收线完全吸收，即此种情况下峰值吸收测量就可以代替积分吸收测量。峰值吸收测量如图 5-3 所示。

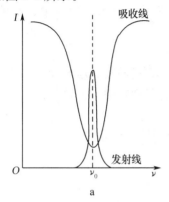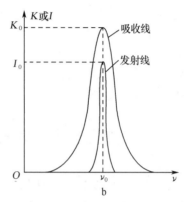

图 5-3　峰值吸收测量示意图

如果吸收线的轮廓主要取决于多普勒变宽，根据经典理论，峰值吸收系数 K_0 与 $\Delta\nu_D$ 成反比，与积分吸收成正比，即由下式表达

$$K_0=\frac{2}{\Delta\nu_D}\sqrt{\frac{\ln2}{\pi}}\cdot\int K_\nu d\nu \tag{5-10}$$

即

$$K_0=\frac{2}{\Delta\nu_D}\sqrt{\frac{\ln2}{\pi}}\cdot\frac{\pi e^2}{mc}fN_0 \tag{5-11}$$

显然，峰值吸收系数 K_0 与待测原子浓度 N_0 成直线关系，N_0 的相对值可以通过测定 K_0 得到。但在实际测定中，不必求出 K_0，只需测定与 N_0 成比例的量吸光度 A 即可。

设频率为 ν、强度为 I_0 的光束通过厚度为 l 的原子蒸气层后，光被吸收一部分，透过光的强度为 I_t，用图 5-4 和式（5-12）表示。

$$I_0\ \longrightarrow\ \boxed{原子蒸气}\ \longrightarrow\ I_t$$

图 5-4　原子吸收示意图

由于 $I_t=I_0\cdot e^{-K_\nu l}$，　则 $\dfrac{I_t}{I_0}=e^{-K_\nu l}$ $\tag{5-12}$

$$A=\lg\frac{I_0}{I_t}=\lg e^{K_\nu l}=\ln e^{K_\nu l}\cdot\lg e=K_\nu l\cdot\lg e$$

$$A=0.434K_\nu l \tag{5-13}$$

采用空心阴极灯锐线光源时，原子蒸气中基态原子对发射线的吸收就成为峰值吸

收,这时可用 K_0 代替 K_ν,则

$$A - \lg \frac{I_0}{I_t} = 0.434 K_0 l$$

将式(5-11)代入上式得

$$A = 0.434 \times \left(\frac{2}{\Delta\nu_D} \sqrt{\frac{\ln 2}{\pi}} \cdot \frac{\pi e^2}{mc} f N_0 \right) \times l \tag{5-14}$$

在给定实验条件下,对某一共振吸收线而言,$\Delta\nu_D$、f 等值是恒定的,可将各常数合并用比例系数 k 代替,因此,式(5-14)简化为

$$A = k N_0 l \tag{5-15}$$

当原子化条件一定时,l 一定,气态基态原子浓度 N_0 正比于溶液中元素的浓度 c。于是式(5-15)可写成

$$A = Kc$$

上式就是原子吸收光谱定量分析的基本关系式。它说明吸光度与元素浓度成正比关系,因此,通过对原子吸收的吸光度的测量,便可求得样品中待测元素的含量。

第三节　原子吸收分光光度计

一、原子吸收分光光度计的结构

原子吸收分光光度计又称原子吸收光谱仪。目前,国内外商品化的仪器种类很多,但基本结构大致相同。图 5-5 为火焰原子吸收分光光度计的结构和工作原理示意图。仪器主要由锐线光源、原子化器、分光系统、检测系统和记录显示系统共五部分组成。

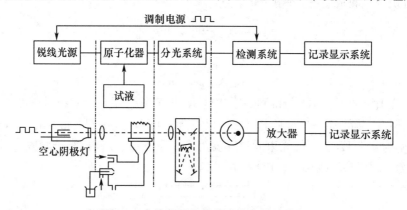

图 5-5　火焰原子吸收分光光度计示意图

(一) 锐线光源

根据峰值吸收测量法的基本原理,锐线光源的作用是发射待测定元素的锐线光谱,发射线的宽度一般约为 10^{-4} nm～10^{-3} nm。锐线光源要求辐射强度大、稳定性好、背景小、寿命长、操作方便。空心阴极灯是目前应用最广的锐线光源。

空心阴极灯(hollow cathode lamp,HCL)是一种低压气体放电管,其结构示意图如图 5-6 所示。

其阴极为空心圆柱形,故称空心阴极灯。阴极形状的设计并不是偶然的,而是因为

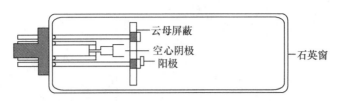

图 5-6　空心阴极灯的结构示意图

采用这样的形状在一定的气体压强下可使放电集中在阴极的凹部进行。为了防止阴极外部发光,使发光集中在阴极凹部,阴极常带有屏蔽罩(一般采用云母片)。阴极空心圆筒内底部衬入了待测元素的纯金属、合金或化合物。阳极为钨棒,其上装有钽片或钛丝作为吸气剂。阴极和阳极固定在硬质玻璃管中,管内充入低压惰性气体,一般是氖气或氩气。空心阴极灯的前部装有石英窗口。

当阳极和阴极间施加一定的直流电压(300 V～500 V)时,便可产生辉光放电。阴极发出的电子在电场作用下,高速射向阳极,在此过程中电子与惰性气体(氖气或氩气)碰撞并使其电离,带正电荷的惰性气体离子在电场的作用下加速而获得很大的动能轰击阴极表面,使阴极表面的元素从其晶格中溅射出来。阴极溅射出来的原子蒸气再与电子和离子等碰撞而被激发,便发射出阴极元素的光谱。

由于元素空心阴极灯的供电电流小,一般为 1 mA～20 mA,气体放电的温度低,约为 500 K～600 K,所以谱线的多普勒变宽($\Delta \nu_D$)很小;由于空心阴极灯是低压放电管,内充惰性气体压力一般只有 10^2 Pa～10^3 Pa,谱线的压力变宽($\Delta \nu_L$)也很小;又因阴极溅射出的元素蒸气密度较小,引起元素谱线自吸变宽也很小。鉴于以上原因,空心阴极灯发射出的元素谱线是锐线,其谱线的半宽度一般为 10^{-4} nm～10^{-3} nm。由于空心阴极灯的特殊空心结构,气态基态原子在空心圆筒柱中停留时间较长,激发效率高,发射出的元素谱线强度较大。

(二) 原子化器

原子吸收光谱的本质是基态气态原子对特征光谱的吸收,原子化装置的作用是使试样解离出基态气态原子。目前,用于原子吸收分析的原子化技术有火焰原子化和非火焰原子化,其中以火焰原子化技术应用最普遍。火焰原子化技术具有简便、快速和重现性较好的优点,而非火焰原子化技术具有比火焰原子化技术更高的灵敏度,是一种痕量分析技术,在微量样品分析中有其独到之处。

1. 火焰原子化器

火焰原子化器由雾化器、雾化室、供气系统和燃烧器四部分组成,如图 5-7 所示。

其原子化过程是,将压缩的空气通入雾化器,雾化器将试样溶液雾化,颗粒较大的雾滴在雾化室中凝聚下来,颗粒较小的雾滴被空气分散成为气溶胶,气溶胶被导入燃烧器中,被高温火焰脱溶、干燥、气化、解离为基态原子蒸气。

(1) 雾化器

雾化器的作用是将试液雾化,通常用聚四氟乙烯或玻璃制成,普通同轴型气动雾化器如图 5-8(a)所示。压缩空气从雾化器的环形间隙喷出,根据气体动力学原理,喷嘴出口便产生负压,试液被吸入沿毛细管提升,由雾化器喷管喷出,同时被高速气流分散成雾粒,撞击球则使雾粒进一步雾化。雾化器的雾化效率一般在 10 % 左右。雾化效率除与试液的物理性质(如黏度、表面张力、密度等)有关外,还与助燃气体的压力、毛细管孔径及撞击球

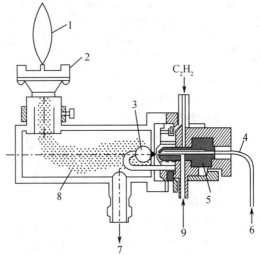

图 5-7　火焰原子化器示意图

1. 火焰；2. 燃烧器；3. 撞击球；4. 毛细管；5. 雾化器；
6. 试液；7. 废液；8. 雾化室；9. 助燃气(空气)

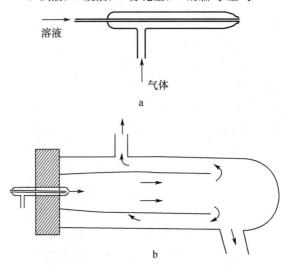

图 5-8　同轴型气动雾化器(a)和雾化室(b)示意图

的相对位置有关。增加助燃气体流速可使雾粒变细，但流速过大又会增大溶液的提升量，降低雾化效率。雾化器对溶液的提升量一般以 $2\,mL\cdot min^{-1}\sim 3\,mL\cdot min^{-1}$ 为宜。

（2）雾化室

雾化室有三个作用，一是使较大雾粒沉降、凝聚，从废液口排出；二是使雾粒与燃气、助燃气均匀混合形成气溶胶，进入火焰原子化器，所以雾化室又称为预混合室；三是起缓冲稳定混合气气压的作用，以便使燃烧产生稳定的火焰。其示意图如图 5-8(b)所示。

（3）燃烧器

它的作用是产生火焰，使进入火焰的试样气溶胶蒸发和原子化。燃烧器是用不锈钢材料制成的，单缝燃烧器应用最广。空气-乙炔焰单缝燃烧器的缝隙为 $0.5\,mm\times 100\,mm$，三缝燃烧器的缝隙为 $0.8\,mm\times 100\,mm$，外焰有屏蔽作用，但消耗乙炔量太大，很少用。二者的示意图如图 5-9 所示。燃烧器的高度可以上下调节，以便选择适宜的火焰原子化区域。为了扩大测量元素含量的范围,燃烧器可以旋转一定角度,改变吸收光程。

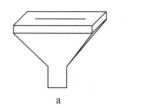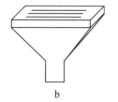

图 5-9 单缝型(a)和三缝型(b)燃烧器示意图

（4）火焰

燃气和助燃气体种类不同,火焰的最高温度不同,表 5-3 是几种类型的火焰及其最高温度。

表 5-3 几种类型的火焰及其最高温度

火焰类型	化学反应	火焰最高温度/K
丙烷-空气焰	$C_3H_8 + 5O_2 \longrightarrow 3CO_2 + 4H_2O$	2 200
氢气-空气焰	$H_2 + \frac{1}{2}O_2 \longrightarrow H_2O$	2 300
乙炔-空气焰	$C_2H_2 + \frac{5}{2}O_2 \longrightarrow 2CO_2 + H_2O$	2 600
乙炔-氧化亚氮焰	$C_2H_2 + 5N_2O \longrightarrow 2CO_2 + H_2O + 5N_2$	3 200

目前火焰原子化器一般都使用乙炔-空气焰,即燃气为乙炔,助燃气为空气。它能够为 35 种以上元素充分原子化提供合适的温度,火焰最高温度为 2 600 K。火焰原子化的能力不仅取决于火焰温度,还与火焰的氧化还原性能有关系。火焰的氧化还原性能取决于燃气和助燃气的流量比。按燃助比不同,可将火焰分为三种不同性质的火焰,其应用范围也不同,如表 5-4 所示。

表 5-4 乙炔-空气火焰的性质、状态及应用范围

火焰的种类	燃助比	火焰的性质	火焰的状态	应用范围
贫燃火焰	1:6	氧化性	火焰发暗高度缩小	碱金属和不易氧化的元素如 Ag、Cu、Pd 等
化学计量火焰	1:4	中性	层次清楚蓝色透明	大多数元素皆适用
富燃火焰	1:3	还原性	层次模糊呈亮黄色	易形成难熔氧化物的元素如 Mo、Cr、稀土元素等

火焰原子化的过程是一个复杂的物理化学过程。试液经过雾化,在火焰中脱溶、干燥、气化、解离,成为基态原子(M°)蒸气,即

$$MX(l) \xrightarrow{脱溶} MX(s) \xrightarrow{气化} MX(g) \xrightarrow{原子化} M°(g) + X°(g)$$

为了便于讨论,通常把预混合乙炔-空气火焰分为四个区,即脱溶干燥区、蒸发区、原子化区和电离-化合区。以 $CaCl_2$ 溶液在火焰中原子化过程为例说明该过程,如图 5-10

所示。

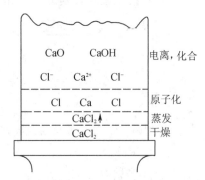

图 5-10 预混合火焰原子化过程示意图

基态原子蒸气还可以进一步被激发(M^*)、电离(M^+)及化合,即

$$M^*(g) \rightleftharpoons M^\circ(g) \rightleftharpoons M^+(g) + e^-$$

在乙炔-空气焰燃烧过程中,存在着 O、OH、C、CO、CH 等气态分解产物,它们与某些金属元素的基态气态原子结合,形成难解离的单氧化物(MO)或单氢氧化物(MOH),使其基态原子数目减少,并且这些 MO 和 MOH 分子可能被激发,形成分子光谱干扰,即

$$M^\circ(g) + O \rightleftharpoons MO(g) \overset{h\upsilon}{\rightleftharpoons} MO^*(g)$$

$$M^\circ(g) + OH \rightleftharpoons MOH(g) \overset{h\upsilon}{\rightleftharpoons} MOH^*(g)$$

这些原子化过程中的副反应,不仅使基态原子数目减少,降低测定方法的灵敏度,还会产生各种干扰效应。

2. 石墨炉原子化器

火焰原子化器虽然操作简便,但雾化效率低,原子化效率低,基态气态原子在火焰吸收区中停留时间很短(约为 10^{-4} s),同时,原子蒸气在火焰中被大量气体稀释,所以火焰原子吸收法灵敏度的提高受到限制。非火焰原子化器是利用电热、阴极溅射、高频感应或激光等方法使试样中待测元素原子化,应用最广泛的是石墨炉原子化器(graphic furnace atomizer,GFA)。石墨炉原子吸收法(GFAAS)的优点是:试样用量少,液体几微升(μL),固体几毫克(mg);原子化效率几乎达到 100%;基态原子在吸收区停留时间长(约为 10^{-1} s),因此,其绝对灵敏度极高。但其精密度较差,操作也比较复杂。下面简要介绍石墨炉原子化器。

石墨炉原子化器主要由炉体、石墨管和供电、供水、供气系统组成。其结构示意图如图 5-11 所示。

石墨炉原子化器的工作原理是在大电流(300 A～600 A)供电下,石墨管产生焦耳热,使其温度达到 1 800 K～3 000 K,使试样中的待测物质原子化,因此,石墨炉原子化法也称为电热原子化法。

石墨管用致密石墨压制而成,标准型热解涂层石墨管长为 30 mm,内径为 4 mm,外径为 6 mm,管中央有进样孔。试液用微量注射器或蠕动泵自动进样。炉体包括电极、石墨锥、冷却水套管、载气气路、保护气气路及石英窗等。石墨锥具有固定石墨管和导电两方面的作用;通入冷却水是为了使炉体降温;载气(Ar)从石墨管两端流入,由进样孔流出,有效地除去干燥和灰化过程中产生的基体蒸气;而保护气(Ar)的作用是防止在高温下石

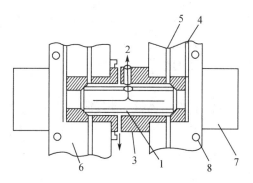

图 5-11 石墨炉原子化器的结构示意图

1. 石墨管；2. 进样孔；3. 石墨锥；4. 载气入口；
5. 保护气入口；6. 电极；7. 石英窗；8. 冷却水套管

墨管及石墨锥被氧化。

为了达到快速、准确、自动化的升温要求,石墨炉原子化升温程序目前大都采用斜坡(ramp)程序升温。斜坡升温是将试样干燥、灰化、原子化和除残四个过程分步进行。通过程序设置适当的电流强度(温度)和加热时间,达到逐步渐进升温、逐步原子化的目的,如图 5-12 所示。

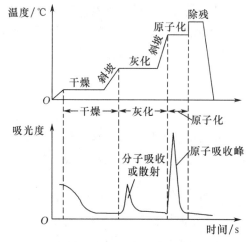

图 5-12 石墨炉斜坡程序升温示意图

（1）干燥

干燥是为了脱溶剂,避免在灰化、原子化时试样飞溅。石墨炉以小电流工作,温度通常控制在稍高于溶剂的沸点,如水溶液的干燥温度为 105 ℃～110 ℃,干燥时间为10 s～20 s。

（2）灰化

灰化的作用是除去易挥发的基体和有机物,以减少分子吸收。灰化温度为500 ℃～800 ℃,灰化时间为 10 s～20 s。

（3）原子化

石墨炉升温到待测元素的原子化温度,干气溶胶试样解离为基态原子蒸气。原子化温度一般在 1 800 ℃～3 000 ℃,原子化时间为 5 s～8 s。在实际工作中,通过实验绘制吸光度-原子化温度关系曲线,可以选择最佳原子化温度。绘制吸光度-原子化时间关系曲线,可以选择最佳原子化时间。在原子化过程中,应停止载气通过,以延长基态原子在石墨管中的停留时间,提高分析方法的灵敏度。

(4)除残

在高温下除去留在石墨管中的基体残留物,消除记忆效应,为下一次测定做准备。除残温度应高于原子化温度,即在 $2\,500\,℃\sim3\,200\,℃$,除残时间为 $3\,s\sim5\,s$。这一过程常被称为空烧或清残。

3. 氢化物发生原子化法

原子吸收光谱分析中,有一些元素如 As、Sb、Bi、Ge、Pb、Se、Te 等,如果采用液体进样原子化,无论用火焰原子化器或用石墨炉原子化器,均不能得到好的灵敏度。但这些元素在一定酸度下,可用 KBH_4 或 $NaBH_4$ 将其还原成极易挥发的氢化物,如 AsH_3、SbH_3、BiH_3、GeH_4、PbH_4、SeH_2、TeH_2 等,其化学反应为:

$$NaBH_4+HCl+3H_2O \longrightarrow H_3BO_3+NaCl+8H\cdot$$
$$X^{m+}+(n+2)H\cdot \longrightarrow XH_n+H_2\uparrow$$

上述反应中,X 是待测元素,H· 是新生态(活化)氢,XH_n 是生成的氢化物,n 可以等于或不等于 m,$n=2,3,4$。反应生成的挥发性氢化物的解离能降低,在以电加热或火焰加热的石英管原子化器中极易原子化,这种方法被称为氢化物发生(hydride generation,HG)原子吸收分析法。该方法的优点是原子化效率高,使原子吸收光谱分析的灵敏度提高 $1\sim3$ 个数量级,而且避免了基体干扰,分析方法的选择性极好。

(三)分光系统

原子吸收分光光度计的分光系统可分为外光路和内光路(单色器)两部分。

1. 外光路

它也被称为照明系统,由锐线光源和两个透镜组成。其作用是使锐线光源发射的共振线能聚焦于原子化区,并把透过光聚焦于单色器入射狭缝。

2. 单色器

单色器包括入射狭缝、光栅、凹面反射镜和出射狭缝。单色器的作用是将待测元素的吸收线与邻近谱线分开。由于采用锐线光源和峰值测量技术,并且原子吸收光谱本身比较简单,因此,对单色器的线色散率及分辨率要求不太高。为了便于测量,由单色器出射狭缝进入检测器的透过光必须有一定的出射强度。一般情况下单色器的入射狭缝和出射狭缝的宽度是相等的,在 $0.01\,mm\sim2\,mm$ 之间。在实际工作中,往往通过选择合适的光谱通带来选用狭缝宽度。光谱通带 W 与狭缝宽度 S 的关系可用式(5-16)表示:

$$W=D\cdot S \tag{5-16}$$

式中,W 是光谱通带(nm),D 是倒线色散率(nm·mm^{-1}),S 是出射狭缝宽度(mm)。可见单色器的光谱通带是指单色器出射光束波长区间的宽度。由于原子吸收分光光度计的倒线色散率是固定的,增大光谱通带即增大狭缝的宽度。出射狭缝的增大可以增大出射光强,但仪器的分辨率降低,反之亦然。对大多数元素,可选用 $0.5\,nm\sim4\,nm$ 的光谱通带;但对于谱线较复杂的元素,如 Fe、Co、Ni、稀土元素等,就应该选用小于 $0.2\,nm$ 的光谱通带,否则干扰谱线会进入检测器,导致吸光度值偏低,工作曲线弯曲。因此,应该根据共振吸收线的强度和仪器分辨率的要求,选择适当的光谱通带。在保证共振吸收线无邻近干扰线的前提下,尽可能选择较大的光谱通带,以增大信噪比,提高测定方法的灵敏度。

(四) 检测系统和记录显示系统

检测系统主要由检测器、放大器及对数变换器组成。检测器即光电倍增管,它将接收到的光信号转换为电信号,经放大、对数转换后由显示装置显示或由记录仪记录下来。放大器采用和空心阴极灯同频率的脉冲或方波调制电源,组成同步检波放大系统,仅放大调频信号,有效地避免了火焰发射产生的直流信号对测定的干扰。放大后电信号在记录显示系统上以吸光度的形式显示出来。在火焰原子吸收光谱分析中,采用峰值测量方法;在非火焰原子吸收光谱分析中,由于原子蒸气有一个产生和消失的过程,信号随时间而变化,即呈脉冲峰状,故常采用积分测量法测量其吸光度,提高了测量方法的准确度。积分测量法的原子吸收信号示意图如图 5-13 所示。

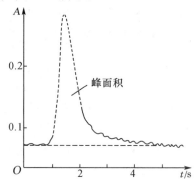

图 5-13　积分测量法的原子吸收信号示意图

二、原子吸收分光光度计的类型

原子吸收分光光度计按光束数分类,有单光束和双光束分光光度计;按调制电源方式分类,有直流调制和交流调制分光光度计;按波道数分类,有单道、双道、多道分光光度计。现仅简单介绍单道单光束和单道双光束原子吸收分光光度计。

(一) 单道单光束原子吸收分光光度计

单道单光束是指分光光度计只有一个单色器,外光路只有一束光,其光学系统工作原理如图 5-5 所示。这类仪器结构简单,光能集中,辐射损失少,灵敏度较高,能够满足一般分析要求。其缺点是不能消除光源波动引起的基线漂移。因此,空心阴极灯应充分预热,并在测量时经常校正空白溶液的零吸收。

(二) 单道双光束原子吸收分光光度计

单道双光束原子吸收分光光度计有一个单色器,光路是两束光,其工作原理示意图如图 5-14 所示。

光源空心阴极灯发射出的元素共振线光束被旋转切光器分解成强度相等的两束光,其中 S 为试样光束,通过原子化器,R 为参比光束,经反射镜 M_3 在半反射镜 M_2 处与 S 光束相遇,两光束交替进入单色器和检测器,检测器输出的信号是两光束的强度比的对数值,即 $\lg \dfrac{I_R}{I_S}$ 或吸光度之差。由于两光束由同一光源发出并且共用一种检测器,因此,单道双光束原子吸收分光光度计可以消除光源和检测器不稳定引起的基线漂移。但它仍

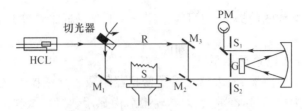

图 5-14　单道双光束原子吸收分光光度计工作原理示意图

不能消除原子化器系统不稳定和背景吸收产生的影响。

第四节　原子吸收光谱分析中的干扰

原子吸收光谱分析中其干扰虽然较少,并且较易克服,但在有些元素分析时,尤其是石墨炉原子化法中,干扰情况是不可避免的。原子吸收光谱分析的干扰一般可分为物理干扰、化学干扰、电离干扰、谱线干扰和背景干扰五种类型。

一、物理干扰

物理干扰是试液和标准溶液的物理性质的差异所引起进样速度、进样量、雾化效率、原子化效率的变化所产生的干扰。属于这类的干扰有溶液的黏度、表面张力、密度,溶剂的蒸气压和雾化气体的压力等。消除和抑制物理干扰常采用的方法有:

(1) 配制与待测试样溶液相似组成的标准溶液,并在相同条件下进行测定,如果试样组成不详,采用标准加入法可以消除物理干扰。

(2) 尽可能避免使用黏度大的硫酸、磷酸来处理试样。

(3) 当试液浓度较高时,适当稀释试液也可以抑制物理干扰。

二、化学干扰

化学干扰是原子吸收光谱分析中的主要干扰,是待测元素与共存组分发生了化学反应,生成了难挥发或难离解的化合物,使基态原子数目减少所产生的干扰。化学干扰主要是由被测定元素和共存元素的性质所决定的。另外,化学干扰还与火焰的类型、性质等有关系。例如,在火焰原子化器中容易生成难挥发或难离解氧化物的元素有 Al、B、Si、Ti 等;在石墨炉原子化器中,B、La、Mo、W 等元素易形成难离解的碳化物。这些都会使测定结果产生误差。

在火焰及石墨炉原子化过程中,消除或抑制化学干扰应该根据具体情况采取适当的方法。

(一) 提高火焰温度

适当提高火焰温度使难挥发、难离解的化合物较完全地原子化,如某些难挥发、难离解的金属盐类、氧化物和氢氧化物,采用 $N_2O\text{-}C_2H_2$ 火焰可提高原子化效率。

(二) 加入释放剂

加入释放剂与干扰元素生成更稳定或更难挥发的化合物,从而使被测定元素从含有干扰元素的化合物中释放出来。例如,火焰原子吸收法测定钙时,若有磷酸盐的存在,会生成难挥发的 $Ca_2P_2O_7$,当加入过量的释放剂 $LaCl_3$ 时,La^{3+} 与 PO_4^{3-} 生成对热更稳定的 $LaPO_4$,抑制了 PO_4^{3-} 对钙测定的化学干扰。常用的释放剂有 $LaCl_3$、$Sr(NO_3)_2$ 等。

（三）加入保护剂

保护剂多数是有机配合物，它与被测定元素或干扰元素形成稳定的配合物，避免待测定元素与干扰元素生成难挥发化合物。例如，在测定镁时，铝的存在干扰镁的测定，这是因为它们在火焰反应中会生成难挥发的 $MgO \cdot Al_2O_3$，当加入保护剂 8-羟基喹啉后，其与干扰元素铝作用生成对热稳定性较强的配合物 $Al(C_9H_6ON)_3$，抑制了铝对镁测定的干扰。常用的保护剂有 EDTA、8-羟基喹啉、乙二醇等。

（四）加入基体改进剂

石墨炉原子吸收光谱分析中，把某些化学试剂加入试液或石墨管中，改变基体或被测定元素化合物的热稳定性以避免化学干扰，这些化学试剂称为基体改进剂。例如，测定 NaCl 基体中痕量镉，可以加入基体改进剂 NH_4NO_3，使 NaCl 基体转变成易挥发的 NH_4Cl 和 $NaNO_3$，使基体在灰化阶段完全除去，从而消除干扰。

（五）化学分离法

应用化学方法将待测定元素与干扰元素分离，常用的化学分离方法有溶剂萃取法、离子交换法和沉淀与共沉淀分离法等。

三、电离干扰

某些易电离元素在火焰中产生电离，使基态原子数减少，降低了元素测定的灵敏度，这种干扰称为电离干扰。碱金属、碱土金属的电离电位低于 6 eV，电离干扰尤为显著。火焰温度越高，电离干扰越严重，采用低温火焰或在试液中加入过量的更易电离的元素化合物（消电离剂），能够有效地抑制待测元素的电离。例如，测定钙时存在电离干扰，可以加入一定量消电离剂 KCl。常用的消电离剂有 CsCl、KCl、NaCl 等。

四、谱线干扰

谱线干扰是指单色器光谱通带内除了元素吸收分析线外，还进入了发射线的邻近线或其他吸收线干扰测定。发射线的邻近线是指空心阴极灯的元素、杂质或载气元素的发射线与待测元素共振吸收线的重叠干扰；其他吸收线是指试样中共存元素吸收线与待测定元素共振线的重叠干扰。

抑制谱线干扰通常采用的方法是减小单色器的光谱通带宽度即减小狭缝宽度，提高仪器的分辨率，使元素的共振吸收线与干扰谱线分开。此外，还可以采用降低灯电流、选择无干扰的其他吸收线、选用高纯度单元素的空心阴极灯、分离共存的干扰元素等方法来抑制光谱干扰。

五、背景干扰

背景干扰主要是指原子化过程中产生的分子吸收和固体微粒产生的光散射的干扰。背景干扰往往使吸光度增大，产生正误差。在原子化过程中，分子吸收来源于生成的气体分子、单氧化物、单氢氧化物和盐类分子对元素共振线的吸收。分子吸收是一种宽带吸收，产生的背景干扰比较严重。例如，在空气-乙炔火焰中，钙形成CaOH，在 $530\,nm \sim 560\,nm$ 有一个分子吸收峰，就会干扰到 Ba 553.5 nm 的测定。

火焰燃烧中的分解产物的分子吸收也会构成宽带背景干扰，在火焰中固体微粒对共振线的散射会产生散射干扰。

在火焰原子化时，多采用改变火焰类型，调节燃助比和火焰观察高度来抑制分子吸收的背景干扰;在非火焰原子化时,可采用选择性挥发来抑制分子吸收的背景干扰。

背景干扰的校正方法有仪器调零校正背景法、干扰线校正背景法,还有采用仪器的氘灯校正背景法和塞曼效应校正背景法。目前,常用的原子吸收分光光度计都配有氘灯校正背景装置,采用双光束外光路,氘灯光束为参比光束,仪器原理示意图如图 5-15 所示。

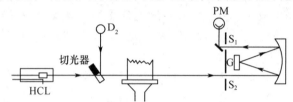

图 5-15　氘灯校正背景原理示意图

氘灯是一种高压氘气气体(D_2)放电灯,发射 190 nm～350 nm 的连续光谱。由空心阴极灯发射出的被测元素共振线通过原子化器时,总吸光度中包括原子吸收和背景吸收两部分。从连续光源氘灯发射辐射,由于原子吸收线是锐线,它对连续辐射的吸收可以忽略不计,因此,通过原子化器时连续辐射强度的减弱可看成背景吸收或分子散射造成的。由空心阴极灯测得的总吸光度(A_H)与用连续光源(D_2)测得的背景吸收的吸光度(A_b)之差,即是背景校正后的待测元素净吸收的吸光度值(A_a),这种方法叫氘灯校正背景法。

氘灯校正背景法装置简单,操作方便,解决了实际问题,应用广泛,但它校正背景能力较弱(可校正 0.5 吸光度以内的背景干扰),即便如此,在背景吸收不很大时,氘灯校正背景法是很实用的,它是校正背景干扰、提高原子吸收光谱法准确度的有效方法。

第五节　原子吸收定量分析方法和测量条件的选择

一、定量分析方法

(一) 标准曲线法

标准曲线法是原子吸收分析中最常用的一种方法,它与紫外-可见分光光度法一样,根据朗伯-比尔定律 $A=kc$,配制一系列标准溶液,在同样的测量条件下测定标准溶液和试样溶液的吸光度,绘制吸光度与浓度关系的标准曲线,并从标准曲线上查出待测元素的含量或浓度,这种方法称为标准曲线法,如图 5-16 所示。

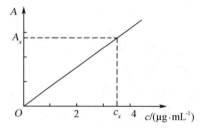

图 5-16　标准曲线法 A-c 曲线

标准曲线法对于大批量试样的测定十分方便,但是对于个别试样的测定因需配制标准溶液系列,操作比较麻烦,特别是对组成复杂的试样或低含量的试样,测定的准确度欠佳。

1. 直接比较法

取两份等体积试样溶液分别置于 A 和 B 两容量瓶中,在 B 瓶中加入等体积、浓度与试样溶液中未知元素浓度 c_x 相近的标准溶液 c_s,分别稀释定容,摇匀后,分别测定其吸光度 A_x 和 A。则由朗伯-比尔定律得

$$A_x = K c_x$$
$$A = K(c_x + c_s)$$

两式相比较得
$$c_x = \frac{A_x}{A - A_x} \cdot c_s \tag{5-17}$$

2. 一次加入法

先测定一定体积 V_x 的试样溶液的吸光度 A_x,然后在该试液中加入一定体积 V_s,浓度 c_s 与试样中未知元素浓度 c_x 相近的标准溶液,混匀后再测得吸光度 A,则由朗伯-比尔定律得

$$A_x = K c_x$$
$$A = K\left(\frac{c_x V_x + c_s V_s}{V_x + V_s}\right)$$

两式合并得
$$\frac{A}{A_x} = \frac{c_x V_x + c_s V_s}{c_x(V_x + V_s)} \tag{5-18}$$

或
$$c_x = \frac{A_x c_s V_s}{A(V_x + V_s) - A_x V_x} \tag{5-19}$$

若两次测量的吸光度 A_x 及 A 都很准确,就可以采用一次加入法。这一方法是快速简便的,不需要稀释,直接加入标准溶液即可进行测定。

【例题 5-1】 用原子吸收法测定某元素 M 时,测得未知溶液的吸光度为 0.218。取 1 mL 浓度为 $100\,mg \cdot L^{-1}$ 的 M 标准溶液加到 9 mL 未知溶液中,混匀后测得其吸光度为 0.418,求未知溶液中 M 元素的含量。

【解】 由公式 $c_x = \dfrac{A_x c_s V_s}{A(V_x + V_s) - A_x V_x}$ 得

$$c_x = \frac{0.218 \times 100\,mg \cdot L^{-1} \times 1 \times 10^{-3}\,L}{0.418 \times (9+1) \times 10^{-3}\,L - 0.218 \times 9 \times 10^{-3}\,L}$$

$$= \frac{21.8\,mg}{2.22\,L} = 9.82\,mg \cdot L^{-1}。$$

3. 连续标准加入法——直线外推法

在实际工作中,除了常用的标准曲线法外,有时由于试样的基体组成复杂,难以配制与试样组成相似的标准溶液,或为了消除某些化学干扰和电离干扰等,均可采用连续标准加入法。其操作方法是:取等体积试样溶液 4 份,从第二份开始加入不同量的被测元素标准溶液,然后分别稀释至一定体积,摇匀。此时 4 份溶液中加入标准溶液浓度分别为 $0, c_s, 2c_s, 3c_s$,然后在相同条件下测量其吸光度,分别得到 A_1, A_2, A_3, A_4,把这些吸光度对标准溶液的加入量作图,如图 5-17 所示。然后把所得直线直接反向延长与浓度轴相交,则原点与交点 F 的距离即为试样中待测元素的浓度 c_x。这是因为由朗伯-比尔定律

可知
$$A = K(c_x + c_s)$$

而在交点 F 处的 $A = 0$,又 $K \neq 0$,则
$$c_x + c_s = 0$$

得
$$c_x = |-c_s|$$

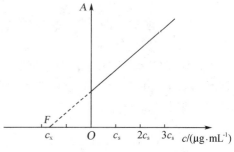

图 5-17 连续标准加入法 A-c_s 曲线

二、测量条件的选择

(一)吸收线波长的选择

选择无干扰的元素共振吸收线为元素的分析线。每种元素都有几条可供选择使用的吸收线,As、Hg、Se 等元素的共振吸收线波长在 200 nm 以下,火焰及空气有强烈的吸收干扰,应该选择其他吸收线;Pb、Sb、Te、Zn 等元素的共振吸收线在 220 nm 以下,也存在背景吸收干扰,应校正背景或选择其他波长的分析线。在测定高含量元素时,可以选择元素的次灵敏线做分析线。原子吸收光谱分析中常用的元素分析线如表 5-5 所示。

表 5-5 原子吸收光谱分析中常用的元素分析线

元素	λ/nm	元素	λ/nm	元素	λ/nm
Ag	328.07,338.29	Cu	324.75,327.40	Pt	265.95,306.47
Al	309.27,308.22	Fe	248.33,252.29	Sb	217.58,206.83
As	193.70,197.20	Hg	253.65	Se	196.03,203.99
Au	242.80,267.60	K	766.49,769.90	Sn	224.61,286.33
B	249.68,249.77	La	550.13,418.73	Sr	460.73,407.77
Ba	553.55,455.40	Li	670.78,323.26	Ta	271.47,277.59
Be	234.86	Mg	285.21,279.55	Ti	364.27,337.15
Bi	223.06,222.83	Mn	279.48,403.08	U	351.46,358.49
Ca	422.67,239.86	Mo	313.26,317.04	V	318.40,385.58
Cd	228.80,326.11	Na	589.00,330.30	W	255.14,294.74
Ce	520.00,369.70	Nb	334.37,358.03	Y	410.24,412.83
Co	240.71,242.49	Ni	232.00,341.48	Zn	213.86,307.59
Cr	357.87,359.35	Pb	216.70,283.31	Zr	360.12,301.18

(二)单色器光谱通带的选择

光谱通带的选择以排除光谱干扰和具有一定透光强度为原则。对于谱线简单的元素(如碱金属、碱土金属)通带可以大些,以便提高信噪比和测量精密度,降低检出限;对于富线元素(如过渡金属、稀土金属)要求用较小的通带,以便提高仪器的分辨率,扩大线性范围,提高灵敏度。

(三)灯电流的选择

灯电流的选择原则是,在保证空心阴极灯有稳定辐射和足够的入射光强条件下,尽量使用最低的灯电流。但灯电流过小时,光强不足,信噪比下降,测定的精密度差;灯电流过大时,发射线变宽,灵敏度下降,阴极溅射加剧,灯的寿命缩短。在实际工作中,通过绘制吸光度-灯电流曲线选择最佳灯电流。空心阴极灯上均标有允许使用的最大工作电

流,一般在 $1\,mA\sim6\,mA$ 范围内工作,工作前一般应该预热 $10\,min\sim30\,min$。

（四）原子化条件的选择

（1）在火焰原子吸收法中,调整雾化器至最佳雾化状态;改变燃助气体比,选择最佳火焰类型和状态;调节燃烧器的高度,使入射光束从基态原子密度最大区域通过,这样可以提高分析的灵敏度。

（2）在石墨炉原子吸收法中,原子化程序要经过干燥、灰化、原子化和除残四个阶段,各阶段的温度及持续时间要通过实验选择。低温干燥去溶剂时,应该防止试样飞溅。在保证待测定元素不损失的前提下,灰化温度尽可能高些;在保证完全原子化的条件下,原子化温度应该尽量低些。原子化阶段停止载气通过,可以降低基态原子逸出速度,提高基态原子在石墨管中的停留时间和密度,有利于提高分析方法的灵敏度和改善检出限。

第六节 灵敏度、特征浓度及检出限

一、灵敏度及特征浓度

（一）灵敏度(S)

国际纯粹与应用化学联合会(IUPAC)规定,某种分析方法在一定条件下的灵敏度是表示被测物质浓度或质量改变一个单位时所引起的测量信号的变化,可用标准曲线斜率表示。因此,原子吸收光谱分析中灵敏度(S)也应定义为标准曲线的斜率,其表达式为

$$S = \frac{\mathrm{d}A}{\mathrm{d}c} \tag{5-20}$$

或

$$S = \frac{\mathrm{d}A}{\mathrm{d}m} \tag{5-21}$$

即当待测元素的浓度 c 或质量 m 改变一个单位时,吸光度 A 的变化量称为灵敏度。S 值大,表明灵敏度高。

（二）特征浓度和特征质量

在原子吸收光谱分析中,用标准曲线斜率的倒数来表征测定某元素方法的灵敏度,引入特征浓度和特征质量。特征浓度和特征质量越小,灵敏度越高。

1. 特征浓度(S')

在火焰原子吸收中,把能产生 1％吸收或 0.0044 吸光度值时溶液中待测元素的浓度($\mu g \cdot mL^{-1}/1\%$)或质量分数($\mu g \cdot g^{-1}/1\%$)称为元素的特征浓度。1％的吸收相当于吸光度为 0.0044,即

$$A = \lg \frac{I_0}{I_t} = \lg \frac{100}{99} = 0.0044$$

由特征浓度的定义及比尔定律可得出特征浓度 S' 的计算公式

$$S' = \frac{c \times 0.0044}{A} (\mu g \cdot mL^{-1}/1\% \text{或} \mu g \cdot g^{-1}/1\%) \tag{5-22}$$

在式(5-22)中,c 为试样溶液的质量浓度($\mu g \cdot mL^{-1}$),A 为试样溶液的吸光度,其 S' 值越小,元素测定的灵敏度越高。

2. 特征质量(S')

在石墨炉原子吸收法中,用特征质量 S' 表征元素测定的绝对灵敏度。把能产生1％

吸收或产生 0.0044 吸光度值时所对应的被测元素的质量称为元素的特征质量,以 g/1% 表示。元素的特征质量计算公式为

$$S' = \frac{m \times 0.0044}{A} \qquad (5\text{-}23)$$

$$\text{或} \quad S' = \frac{c \cdot V \times 0.0044}{A} (g/1\%) \qquad (5\text{-}24)$$

式(5-24)中,c 为试液的质量浓度($\mu g \cdot mL^{-1}$),V 为试液的进样体积(mL),A 为试液的吸光度。同样,S' 越小,元素测定的灵敏度越高。

3. 特征浓度和特征质量的应用意义

由于 S' 是用标准曲线的斜率的倒数来表征元素的灵敏度,所以 S' 值越小,证明测定元素的灵敏度越高。我们从前面的学习中知道,吸光度在 0.2~0.7,测量误差 $\Delta c/c$ 较小,准确度较高。这时可参考特征浓度或特征质量来配制一定浓度范围的试液,通常是 S' 值的 25~120 倍的浓度范围。例如 Cu 的 S' 值为 $0.005\,\mu g \cdot mL^{-1}/1\%$ 时,则 Cu 的最适宜的测量浓度是 $0.125\,\mu g \cdot mL^{-1} \sim 0.600\,\mu g \cdot mL^{-1}$。

【例题 5-2】 进行原子吸收光谱分析时,已知 Cu 的灵敏度是 $0.005\,\mu g \cdot mL^{-1}/1\%$,若 1 g 某合金中 Cu 的含量约为 0.01%,其最适宜的测量浓度是多少? 应称取多少克试样,制成多少毫升溶液进行测量较合适?

【解】 Cu 的最适宜测量浓度是其灵敏度的 25~120 倍,即

$$0.005 \times (25 \sim 120) = 0.125 \sim 0.600 (\mu g \cdot mL^{-1})。$$

一般情况下,试样制备成 25 mL 溶液进行测量即可,设所需试样为 w g,于是:

$$w = \frac{(0.125 \sim 0.600) \times 25}{0.01 \times 10^6} \times 100 = 0.031 \sim 0.150 (g)。$$

因为用普通天平称取 0.031 g 试样时误差较大,所以称取 0.10 g~0.15 g 试样较合适,试样制备成 25 mL 溶液。

(三)灵敏度测试方法

配制一个适当浓度的某元素水溶液(吸光度为 0.3~0.4 为宜),在选定的实验条件下测定其吸光度,由上面得出的结论便可算出其灵敏度。

【例题 5-3】 用某仪器测定钙的灵敏度时,配制钙浓度为 $3\,\mu g \cdot mL^{-1}$ 的水溶液,测得其透光度为 48%,试计算钙的灵敏度(特征浓度)。

【解】 $$A = \lg \frac{1}{T} = \lg \frac{I_0}{I_t} = \lg \frac{100}{48} = 2 - 1.6812 = 0.3188。$$

将 A 的值代入式(5-22)中,求得钙的灵敏度为

$$S' = \frac{c \times 0.0044}{A} = \frac{3 \times 0.0044}{0.3188} = 0.041 (\mu g \cdot mL^{-1}/1\%)。$$

二、检出限

检出限是指仪器能以适当的置信度检出元素的最低浓度或最低质量。在原子吸收法中,检出限(D)表示被测定元素能产生的信号为空白值的标准偏差的 3 倍(3σ)时元素的质量浓度或质量,单位用 $\mu g \cdot mL^{-1}$ 或 g 表示。由朗伯-比尔定律和检出限的定义,得

$$A = Kc \qquad 3\sigma = K_D$$

因此,原子吸收法相对检出限为

$$D = \frac{c \times 3\sigma}{A} (\mu g \cdot mL^{-1}) \tag{5-25}$$

式中,c 为试液的质量浓度($\mu g \cdot mL^{-1}$),A 为试液的吸光度,σ 为至少十次连续测量空白溶液的吸光度的标准偏差,σ 由下式计算

$$\sigma = \sqrt{\frac{\sum (Ai - \overline{A})^2}{n-1}}$$

同理,原子吸收法的绝对检出限为

$$D = \frac{m \times 3\sigma}{A} (g) \tag{5-26}$$

或

$$D = \frac{cV \times 3\sigma}{A} (g) \tag{5-27}$$

在式(5-26)和式(5-27)中,m 为被测物质的质量(g),V 为进样体积(mL)。

由式(5-26)和式(5-27)可知,分析方法的检出限与灵敏度、空白值的标准偏差密切相关,灵敏度($S = dA/dc$ 或 $S = dA/dm$)越高,空白值及其波动越小,则方法的检出限越低。因此,检出限比特征浓度具有更明确的意义,它不仅表示不同元素的测定特性,也表示仪器噪声大小,是表征分析方法和仪器性能的重要技术指标。原子吸收法常用元素的灵敏度和检出限列于表 5-6 中。

表 5-6　原子吸收法常用元素的灵敏度和检出限

元素	分析线波长/nm	火焰吸收法		石墨炉吸收法	
		特征浓度 $\mu g \cdot mL^{-1}/1\%$	检出限 $\mu g \cdot mL^{-1}$	特征质量 $g/1\%$	绝对检出限 g
Ag	328.1	0.06	0.002	5.0×10^{-12}	1.0×10^{-13}
Al	309.3	1.0	0.03	5.0×10^{-11}	5.0×10^{-12}
As	193.7	2.0	0.05	2.5×10^{-11}	2.0×10^{-11}
Au	242.8	0.05	0.01	2.0×10^{-11}	1.0×10^{-11}
Ba	553.6	0.4	0.01	1.5×10^{-10}	5.0×10^{-11}
Be	234.9	0.03	0.02	2.0×10^{-12}	5.0×10^{-13}
Bi	223.1	0.7	0.025	4.0×10^{-11}	2.0×10^{-11}
Ca	422.7	0.07	0.005	4.0×10^{-12}	4.0×10^{-13}
Cd	228.8	0.025	0.002	8.0×10^{-14}	3.0×10^{-15}
Co	240.7	0.15	0.002	4.0×10^{-11}	5.0×10^{-12}
Cr	357.9	0.1	0.003	2.0×10^{-11}	1.0×10^{-11}
Cu	324.7	0.1	0.001	3.0×10^{-11}	2.0×10^{-12}
Fe	248.3	0.1	0.005	2.5×10^{-11}	5.0×10^{-12}
Mg	285.2	0.007	0.000 1	4.0×10^{-14}	4.0×10^{-14}
Mn	279.5	0.05	0.001	2.0×10^{-13}	3.0×10^{-14}
Ni	232.0	0.1	0.002	1.7×10^{-11}	9.0×10^{-12}
Pb	283.3	0.5	0.01	5.3×10^{-12}	2.0×10^{-12}
Zn	213.9	0.015	0.001	3.0×10^{-14}	1.0×10^{-13}

第七节　原子荧光光谱分析

原子荧光光谱分析(AFS)是 20 世纪 60 年代发展起来的一种新的痕量元素分析方法。这种方法是通过测量被测定元素的原子蒸气在辐射能激发下产生的荧光发射强度进行元素定量分析的方法。

原子荧光光谱分析的主要优点是：

(1) 方法的灵敏度高、检出限低。例如银、镉元素的检出限分别可达 $0.01\,ng \cdot mL^{-1}$ 和 $0.001\,ng \cdot mL^{-1}$。现已有 20 多种元素的检出限优于原子吸收光谱分析。

(2) 线性范围宽。在低浓度范围内，标准曲线的线性范围可达 3～5 个数量级。

(3) 谱线比较简单。可以采用无色散的原子荧光仪器，这种仪器结构较简单，价格便宜。

一、原子荧光光谱分析的基本原理

(一) 原子荧光的产生

当气态基态原子吸收了特征辐射后被激发到高能态，大约在 10^{-8} s 内又跃迁回到低能态或基态，同时发射出与入射光波长相同或不同的光，这种原子发射的光称为原子荧光。这是一种光致原子发光现象。各种元素都有特定的原子荧光光谱，根据原子荧光的特征波长可以进行元素的定性分析，根据原子荧光的强度可以进行定量分析。

(二) 原子荧光的类型

原子荧光主要分为两大类：共振原子荧光和非共振原子荧光。原子荧光产生的机理如图 5-18 所示。

1. 共振原子发光

气态基态原子吸收的辐射和发射的荧光波长相同时，即产生共振原子荧光，如图 5-18(a)所示。由于共振原子荧光的跃迁概率比其他跃迁方式大得多，所以共振原子荧光线的强度大，它是原子荧光分析中最常用的一种荧光。例如，Cd 228.8 nm、Ni 233.0 nm、Pb 283.3 nm 和 Zn 213.9 nm 都是共振原子荧光。

2. 非共振原子荧光

气态基态原子吸收的辐射和发射的荧光波长不相同时，即产生非共振原子荧光。非共振原子荧光包括直跃线荧光、阶跃线原子荧光及反斯托克斯荧光，如图 5-18(b)、(c)、(d)所示。

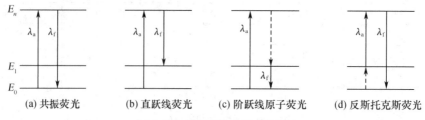

图 5-18　原子荧光产生的机理

(1) 直跃线原子荧光

气态基态原子吸收辐射被激发至高能态，再由高能态直接跃迁至高于基态的较低能态时所发射的荧光。产生的荧光波长大于吸收的辐射波长。例如，基态铅原子吸收283.3nm 的辐射后，产生 Pb405.8nm 和 Pb722.9nm 的直跃线原子荧光。在某些情况下，直跃线荧光的强度比共振荧光还强。

（2）阶跃线原子荧光

气态基态原子吸收辐射被激发至高能态，由于与其他粒子发生碰撞作用，以无辐射去激发跃迁至较低能态，再辐射跃迁至基态时所发射的荧光。产生的荧光波长大于所吸收的辐射波长。例如，基态钠原子吸收 330.3nm 的辐射后，激发到高能级，先以无辐射方式跃迁到较低激发态，然后再跃迁至基态，产生 Na589.0nm 的阶跃线原子荧光。

（3）反斯托克斯（anti-Stokes）荧光

气态基态原子激发跃迁到高能级时，其激发能一部分是吸收了辐射能，另一部分是吸收了热能，然后跃迁至低能级时所发射的荧光。产生的荧光波长小于吸收的辐射波长，这种荧光称为反斯托克斯荧光。由于原子激发时吸收了一部分热能，所以这种荧光也称为热助反斯托克斯荧光。例如，基态铟原子首先吸收了一部分热能，然后吸收了451.1nm 光能，产生 In 410.2nm 的反斯托克斯荧光。

（三）原子荧光强度

在原子荧光发射中，受激发原子发射的荧光强度 I_f 与基态原子吸收特征辐射的强度 I_a 成正比，即

$$I_f = \varphi I_a \tag{5-28}$$

式中，φ 为荧光效率，它表示发射荧光光子数与吸收激发光光子数之比，通常 $\varphi < 1$。

根据原子吸收理论，气态基态原子密度近似等于原子总密度，这样，基态原子吸收特征辐射而受激发时，被基态原子吸收的辐射强度 I_a 可由光的吸收定律表示：

$$I_a = I_0 A[1 - e^{-klN}] \tag{5-29}$$

式中，I_0 为单位面积上入射光的强度；A 为入射光照射光检测系统中观察到的有效面积；l 为吸收光程长度；N 为吸收辐射的基态原子密度；k 为式(5-15)中的比例系数。将式(5-29)代入式(5-28)，得

$$I_f = \varphi A I_0 [1 - e^{-klN}] \tag{5-30}$$

将式(5-30)括号内的项展开，得

$$I_f = \varphi A I_0 \left[klN - \frac{(klN)^2}{2!} + \frac{(klN)^3}{3!} - \cdots \right]$$

$$I_f = \varphi A I_0 klN \left[1 - \frac{klN}{2} + \frac{(klN)^2}{6} - \cdots \right]$$

当原子密度很低时，因 $\frac{klN}{2}$ 项及以后各项可以忽略不计，得

$$I_f = \varphi A I_0 klN \tag{5-31}$$

当仪器和工作条件一定时，式(5-31)中除 N 外皆为常数，N 又与试样中被测定元素浓度 c 成正比，得

$$I_f = Kc \tag{5-32}$$

式(5-31)和式(5-32)是原子荧光定量分析的基本关系式，即原子荧光强度与被测定元素浓度或原子密度成正比。

二、原子荧光光谱仪

原子荧光分光光度计的主要部件有激发光源、原子化系统、分光系统、检测系统、记录显示系统五部分。仪器的基本结构与原子吸收分光光度计相似,如图5-19所示。

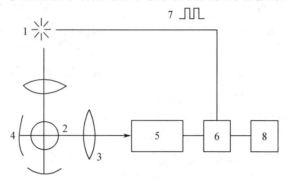

图5-19　原子荧光分光光度计示意图

1. 激发光源；2. 原子化器；3. 聚光镜；

4. 凹面反射镜；5. 分光系统；

6. 检测器；7. 电源调制系统；8. 记录显示系统

(一)激发光源

原子荧光分光光度计必需使用强的激发光源,原子荧光的激发光源可以使用锐线光源,如高强度空心阴极灯、无极放电灯、激光等;也可以使用连续光源,如高压氙弧灯。要求激发光源具有高发射强度和高度稳定性。它应该与信号检波放大器进行电源同步调制,以便消除原子化器中的原子发射干扰。

(二)原子化系统

使试样原子化的方法有火焰原子化法和石墨炉原子化法。火焰原子化器有预混合型和萦流型两种。目前最常用的是预混合型火焰原子化器。

(三)分光系统

原子荧光光谱简单,谱线干扰很少,对单色器的分辨率要求不高。可采用小型光栅单色器、干涉滤光片或宽带的光学滤光片。非色散原子荧光光度计若不用滤光片,使用日盲光电倍增管(R166)对160 nm～280 nm的荧光辐射有很高的灵敏度。为了消除透射光对荧光测量的干扰,将激发光源置于与分光系统(或与检测系统)相互垂直的位置。

(四)检测系统和记录显示系统

原子荧光分光光度计的检测系统和原子吸收是一样的,包括检测器、放大器等。有直流和交流两种检测方式,前者已很少采用,目前普遍采用的是交流检测方式。交流检测装置可与光源同步检波放大器配合使用,这种检测系统具有信噪比高、放大倍数高、稳定性好的特点。荧光信号经检测器转换为电信号,由放大器放大后,电信号在记录显示系统上以荧光强度 I_f 的形式显示出来。

三、原子荧光定量分析方法及应用

(一)定量分析方法

根据式(5-32)荧光强度与待测元素的浓度成正比例关系,可采用标准曲线法进行定量分析,即作 I_f-c 标准曲线,用内插法求算出元素的含量。在某些情况下,也可采用标准加入法进行定量分析。在原子荧光分析中也存在干扰问题,概括起来主要有如下三种干扰:

(1)当受激原子与其他粒子碰撞以无辐射跃迁损失能量时,导致荧光效率降低,使荧光发射强度降低,这种现象称为荧光猝灭。荧光猝灭与火焰成分(如 CO、CO_2、OH、N_2、H_2O 等)和试样基体有关。抑制荧光猝灭的方法主要是选择最佳工作条件,提高原子化效率,减少未原子化的分子或其他微粒的密度。

(2)当试样中被测元素浓度过高时,基态原子密度太大,产生自吸现象,使 I_f 与 c 不成线性关系。

(3)固体微粒会引起光散射干扰,有时这种干扰相当严重。

(二)应用

原子荧光光谱分析作为一种新的痕量分析方法,已广泛应用于冶金、地质、石化、环保、农业、医学等各个领域。近些年来,随着激光技术的发展,各种激光光源应用于原子荧光光谱分析中,进一步提高了原子荧光分析法的灵敏度,降低了元素的检出限。部分元素原子荧光光谱分析的检出限如表5-7所示。

表 5-7　部分元素原子荧光光谱分析的检出限

元素	波长/nm	火焰法检出限/($\mu g \cdot mL^{-1}$)		非火焰法检出限/ng
		线光源 (空心阴极灯、无极放电灯)	连续光源 (氙灯)	线光源 (空心阴极灯、无极放电灯)
Ag	328.1	0.000 1	0.001	0.000 8
Al	396.2	0.07	0.2	
As	193.7	0.07	2.0	
Au	267.6	0.000 5	0.15	0.5
Ba	533.6	0.2		
Be	342.8	0.01	0.015	
Bi	302.5	0.01	0.5	0.01
Ca	422.7	0.003	0.02	
Cd	228.8	0.000 001	0.006	0.000 001
Co	240.7	0.005	0.015	0.02
Cr	357.9	0.000 3	0.001 5	
Cu	324.7	0.000 3	0.001 5	0.001
Fe	248.3	0.000 6	0.01	3.0
Ga	417.2	0.01	0.1	0.05
Ge	265.1	0.1	2.0	
Hg	253.7	0.08		0.05
In	451.1	0.1	0.025	
Mg	285.2	0.000 1	0.000 3	0.005
Mn	279.5	0.000 5	0.002	0.005
Mo	313.3	0.06	0.1	
Na	589.6	100	0.008	
Ni	232.0	0.001	0.025	0.005

仪器分析

元素	波长/nm	火焰法检出限/($\mu g \cdot mL^{-1}$)		非火焰法检出限/ng
		线光源 (空心阴极灯、无极放电灯)	连续光源 (氙灯)	线光源 (空心阴极灯、无极放电灯)
Pb	405.8	0.01	0.05	0.000 2
Pt	340.4	1.0	10	
Pd	265.9	50	0.7	
Ru	369.2	3.0	10	
Sb	231.1	0.05	300	0.2
Se	196.0	0.04	3.0	
Si	251.6	0.6		
Sn	303.4	0.01	0.15	0.1
Sr	460.7	0.000 8	0.000 9	
Ti	399.8		0.2	
Tl	377.6	0.008	0.006	0.02
V	318.4	0.07	0.03	
Zn	213.9	0.000 02	0.006	0.000 02

习 题

1. 试比较原子吸收光谱分析法与紫外-可见分光光度法的异同点。

2. 原子吸收光谱是怎样产生的?

3. 原子吸收光谱分析法有什么特点?

4. 解释下列名词:

(1) 谱线半宽度;(2) 共振吸收线;(3) 积分吸收;

(4) 峰值吸收;(5) 锐线光源;(6) 共振荧光。

5. 简述谱线变宽的主要因素及其对原子吸收测量的影响。

6. 简述空心阴极灯的工作原理及特点。

7. 原子吸收分光光度计主要由哪几部分组成? 各部分的作用是什么?

8. 简述原子化器的类型及特点。

9. 火焰原子化器由哪几部分组成? 各部分有什么作用?

10. 原子吸收光谱分析法有哪几种干扰? 如何抑制或消除这些干扰?

11. 简述石墨炉原子化器的结构及其工作原理,为什么它比火焰原子化器的绝对灵敏度高?

12. 用原子吸收光谱分析法测定某生物试样中钙的含量时,测得未知溶液的吸光度是 0.218,取 2 mL 50 mg · L^{-1} 的钙标准溶液加到 9 mL 未知溶液中,测得其吸光度为 0.418,求未知溶液中钙的含量。

$(8.26 \text{ mg} \cdot L^{-1})$

13. 用原子吸收光谱法测定铜的灵敏度(或特征浓度 S')时,采用浓度为 $0.50\,\mu g \cdot mL^{-1}$ 的铜溶液,在选定最佳条件下测得其吸收为 60%。

  (1) 计算铜的特征浓度;

  (2) 用此法测定某一生物试样中的铜含量(约 0.005%)时,应称多少试样,制备多少体积进行测定较适宜?

$$(0.0022\,\mu g \cdot mL^{-1}; 0.13\,g, 25\,mL)$$

14. 用原子吸收光谱法分析尿液中铜的含量时,移取 $25\,mL$ 尿液以水稀释至 $50\,mL$ 为试样,共制备 5 份,以分析线为 $324.8\,nm$ 测得数据如下表所示,求出尿液中铜的浓度。

加入 Cu 的质量浓度/$(\mu g \cdot mL^{-1})$	0.0(试样)	2.0	4.0	6.0	8.0
吸光度(A)	0.28	0.44	0.60	0.76	0.91

$$(7.12\,\mu g \cdot mL)$$

15. 用原子吸收光谱法测定血浆中的铅(试样经处理)时,用空气-乙炔火焰测得铅 $283.3\,nm$ 处的吸收为 72.5%,计算其吸光度和透光度。

$$(0.56; 27.5\%)$$

16. 原子荧光是如何产生的?

17. 原子荧光有哪几种类型?

18. 原子荧光分光光度计与原子吸收分光光度计结构有何不同?

第六章　旋光分析和折光分析

第一节　旋光分析

一、概述

当平面偏振光通过一些物质时,有的物质能使偏振光的偏振面发生旋转,如葡萄糖、乳酸、石英晶体等,这种能使偏振光振动平面旋转的性质称为物质的旋光性或光学活性。具有旋光性的物质称为旋光性物质或称为光学活性物质,使偏振光振动平面向右旋转(顺时针方向)的物质称为右旋物质,以"＋"或 D 表示;能使偏振光向左旋转(逆时针方向)的物质称为左旋物质,以"－"或 L 表示。旋光物质使偏振光振动平面旋转的角度称为旋光度,通常用 α 表示。

具有旋光性的物质较多,主要是一些分子中含有不对称碳原子的有机化合物,如葡萄糖、乳酸、酒石酸等;有些化合物虽然分子结构中无不对称碳原子,但整个分子不对称或有不对称 S、N 等原子存在,也有旋光性;有些固体,如石英、方解石、溴化钾、氯化钾亦具有旋光性,但将溴化钾和氯化钾溶于水就没有旋光性了。

利用测定物质的旋光度进行含量测定、杂质检查和药物鉴别的分析方法称为旋光分析法。旋光分析法具有快速、操作简便等优点。

二、旋光分析基本原理

旋光度只能说明偏振光平面旋转的角度的大小,不能作为定量的基础,要对物质定量分析,还需测定物质的比旋度。

偏振光透过长 1dm 且每 1mL 中含有旋光性物质 1g 的溶液,在一定波长与温度下测得的旋光度称为比旋度,用 $[\alpha]_D^t$(D 为钠光谱的 D 线,t 为测定时的温度)表示。在一定条件下,比旋度是物质的物理常数,测定物质的比旋度($[\alpha]_D^t$)可以鉴别或检查某些药品的纯度,亦可以用于测定物质的含量,凡是具有光学异构体的药品,应当尽可能对其比旋度进行明确的规定。旋光度测定的原理见图 6-1。

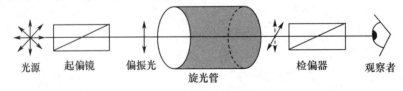

图 6-1　旋光度测定原理

《中华人民共和国药典》(2015 版)中测定旋光度,采用钠光谱的 D 线(589.3 nm),测定管长度为 1dm(如使用其他管长,应进行换算),测定温度为 20℃,使用度数至 0.01°。

测定旋光度时,将测定管用供试液体或溶液冲洗数次,缓缓注入供试液体或溶液适量(注意勿使其产生气泡),置于旋光计内检测读数,即得供试液的旋光度。使偏振光向右旋转(顺时针方向)为右旋,以"＋"表示;使偏振光向左旋转(逆时针方向)为左旋,以"－"表示。旋光度可采用自动旋光仪和目视旋光仪进行测定。用同法读取旋光度3次,取3次的平均数,按如下公式计算,即得供试品的比旋度。

对液体供试品: $$[\alpha]_D^t = \frac{\alpha}{ld} \tag{6-1}$$

对固体供试品: $$[\alpha]_D^t = \frac{100\alpha}{lc} \tag{6-2}$$

式中,l——测定用旋光管的长度,dm;

α——实验测得的旋光度;

d——液体的相对密度;

c——待测样品溶液的浓度,$g \cdot 100\,mL^{-1}$。

三、旋光仪及其使用方法

常见的旋光仪主要有圆盘旋光仪、可变波长旋光仪、自动旋光仪等。这里以 WZZ-2B 自动旋光仪为例进行介绍。

WZZ-2B 自动旋光仪的结构主要有:光源、起偏镜、测定管、检偏镜和检测器等五部分。仪器采用钠灯做光源,钠灯发出波长为 589.44 nm 的单色光,由小孔光阑和场镜组成一个简单的点光源平行光管,平行光经起偏器变成平面偏振光。仪器所用测定管的规格有 1 dm 及 2 dm 两种。

(一) WZZ-2B 自动旋光仪的使用方法

将随机所附电源线一端插入 220 V,50 Hz 电源,另一端插入仪器背后的电源插座。

接通电源后,打开电源开关,此时钠灯在交流工作状态下启动,等待 5 min,使钠光灯发光稳定。

仪器预热 20 min(若光源开关扳上后,钠光灯熄灭,则再将光源开关上下重复扳动 1～2 次,使钠光灯在直流下点亮,为正常)。

按"测量"键,这时液晶显示屏应有数字显示,注意:开机后"测量"键只需按一次,如果误按该键,则仪器停止测量,液晶屏无显示。用户可再次按"测量"键,液晶重新显示,此时需重新校零。若液晶屏已有数字显示,则不需按"测量"键。

将装有溶剂的旋光管放入样品室,盖上箱盖,待示数稳定后,按"清零"键。旋光管中若有气泡,应先让气泡浮在凸颈处;两端的雾状水滴,应用软布擦干;旋光管螺母不宜旋得过紧,以免产生应力,影响读数。旋光管安放时应注意标记的位置和方向。

取出旋光管,将待测样品注入旋光管,按相同的位置和方向放入样品室内,盖好箱盖,仪器将显示出该样品的旋光度,此时指示灯"1"点亮。注意:旋光管内腔应用少量被测试液冲洗 3～5 次。

按"复测"键一次,指示灯"2"点亮,表示仪器显示第二次测量结果,再次按"复测"键,指示灯"3"点亮,表示仪器显示第三次测量结果。按"平均"键,显示平均值,指示灯"AV"点亮。

如样品超过测量范围,仪器则在 ±45° 处来回振荡。此时,取出旋光管,仪器即自动旋回零位。此时可将试液稀释后再测。

仪器使用完毕后,应依次关闭光源、电源开关。

（二）测定旋光度的注意事项

(1)测定旋光度时,应严格按照药典或文献记载的条件进行,方可获得准确的结果。

(2)配置溶液及测定时,应调节温度为 20℃±0.5℃(或各药品项下规定的温度)。

(3)供试溶液应不显浑浊或不含有混悬的小颗粒,如有上述现象,应预先过滤,并弃去初滤液。

(4)每次测定前应以溶剂做空白校正,测定后,再校正 1 次,以确定在测定时零点有无变动,如第 2 次校正时发现零点有变动,则应重新测定旋光度。

(5)物质的旋光度与测定光源、测定波长、溶剂、浓度和温度等因素有关,因此表示物质的旋光度时应注明测定条件。

(6)有些物质的旋光性具有变异现象,即在被测物溶解之后,需经过一定时间其旋光度才能稳定。因此在测定某种溶液时,必须观察其是否有变异现象,然后再确定其测定方法。

(7)溶液中含有几种不同的旋光物质时,其测得的旋光度为所有旋光性物质旋光度的代数和。

四、旋光分析技术应用

（一）在食品分析中的应用

某些食品的比旋度在一定的范围内,如谷氨酸钠的比旋度在＋24.8°～＋25.3°,通过测定它的旋光度,可以控制产品质量。蔗糖的糖度、味精的纯度、淀粉和某些氨基酸的含量与其旋光度成正比,故通过测定旋光度,便可测定它们的含量。

（二）在药物分析中的应用

1. 定性鉴别

比旋度是物质的物理常数,可以用来鉴别某些药物的光学活性和药物的纯度。通常在规定条件下测定供试品的旋光度,再计算供试品的比旋度,比较测定的结果与《中华人民共和国药典》(2015 版)中旋光性物质的比旋度是否一致,以判断是否符合规定。如硫酸奎宁、肾上腺素、葡萄糖、丁溴酸东莨菪碱、头孢噻吩钠等均规定了比旋度。

2. 药品纯度的检测

某些药物本身无旋光性,而所含杂质具有旋光性,所以可通过控制供试品的旋光度大小来控制杂质的限量。《中华人民共和国药典》(2015 版)对硫酸阿托品中莨菪碱杂质的检测采用旋光法。取药品,按干燥品计算,加水溶解制成每 100 mL 含 50 mg 药品的溶液,依法测定,旋光度不得超过－0.40°。

3. 药物的含量测定

具有旋光性的药物,在一定浓度范围内药物的浓度与旋光度成正比,因此可用旋光度测定法对具有旋光性的药物进行含量测定。《中华人民共和国药典》(2015 版)中对葡萄糖注射液、葡萄糖氯化钠注射液、右旋糖酐葡萄糖注射液的含量测定采用旋光度测定法。

第二节　折光分析

一、概述

折射率是有机化合物最重要的物理常数之一,通过测定物质的折射率来鉴别物质的组成,确定物质的纯度、浓度及判断物质的品质的分析方法称为折光分析法。

折光法的优点是操作简便、快速、消耗供试品少。但是其折射率范围较窄(折射率1.300 0~1.700 0),测定误差较大,易挥发的供试品不易测得准确结果。

二、折光分析基本原理

光在不同介质中的传播速度是不同的,光线从一种介质进入另一种介质,当它的传播方向与两个介质的界面不垂直时,则传播方向在界面处发生改变,这种现象称为光的折射现象。常用的折射率系指光线在空气中行进的速度与在供试品中行进速度的比值。根据折射定律,折射率是光线入射角的正弦值与折射角的正弦值之比,即:

$$n = \frac{\sin\alpha}{\sin\beta}$$

式中,n 为折射率;$\sin\alpha$ 为光线入射角的正弦;$\sin\beta$ 为光线折射角的正弦。

每一种均一物质都有其固有的折射率,对于同一物质的溶液来说,其折射率随溶液浓度增加而增加,因此,测定物质的折射率就可以判断物质的纯度及其浓度。

如各种油脂具有其一定的脂肪酸构成,每种脂肪酸均有其特征折射率,故不同的油脂其折射率不同,当油脂酸度增高时,其折射率将降低;相对密度大的油脂其折射率也高。故折射率的测定可鉴别油脂的组成及品质。

同一物质的折射率因温度或入射光波长的不同而改变,透光物质的温度升高,折射率变小;入射光的波长越短,折射率越大。因此,通常测定物质的折射率时,是以黄色的钠光(用 D 表示,波长 589.3 nm)为标准光源,以 20 ℃ 为标准温度,这样所得物质折射率就用符号 n_D^{20} 来表示。例如,在这种标准情况下测得的薄荷油折射率是 $n_D^{20} = 1.467\,5$。

三、折光仪及其使用方法

折光仪是用于测定折射率的仪器,常用的有阿贝折光仪、手持折光计、数显折射仪、全自动折射仪及在线折射仪等多种类型,在食品、制药、石油等领域有着广泛的应用,在此以阿贝折光仪为例进行介绍。

(一)阿贝折光仪操作方法

(1)使用前先要对折光仪进行校准。对于阿贝折光仪低刻度值部分,可在一定温度下用纯水校准。对于高刻度值部分,通常用特制的具有一定折射率的标准玻璃块来校准。校准时把进光棱镜打开,在标准玻璃抛光面上滴加一滴溴化萘,将其粘在折射棱镜表面上,使标准玻璃块抛光的一端向下,以接受光线。测得的折射率应与标准玻璃块的折射率一致,校准时若有偏差,可先使读数指示于标准玻璃块的折射率值,再调节分界线调节螺丝,使明暗分界线恰好通过十字线交叉点。

(2)将棱镜表面擦干,用滴管滴样液 1~2 滴于进光棱镜的磨砂面上,迅速将两块棱

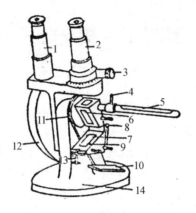

图 6-2 阿贝折光仪外形图

1.读数放大镜 2.目镜 3.消色散手柄 4.恒温水入口 5.温度计

6.测量棱镜 7.辅助棱镜(开启状态) 8.铰链 9.加液槽 10.反射镜

11.转轴 12.刻度盘罩 13.锁钮 14.底座

镜闭合,调整反射镜,使镜筒内视野最亮。

(3)旋转棱镜旋钮,使视野形成明暗两部分。

(4)旋转色散补偿旋钮,使视野中只有黑白两色。

(5)旋转棱镜旋钮,使明暗分界线在十字线交叉点上,由读数镜筒内读取读数。

(6)打开棱镜,用水、乙醇或乙醚擦净棱镜表面及其他机件。

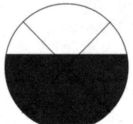

未调节色散棱镜前,在目镜中看到的图像此时颜色是散的

调节色散棱镜,直到出现明显的分界线为止

转动棱镜手轮,使分界线经过交叉点,并在目镜中读数

图 6-3 折射率的测定

(二) 使用注意事项

(1)使用时要注意保护棱镜,清洗时只能用擦镜纸而不能用滤纸等。加样时不能将滴管口触及镜面。不得使用酸、碱等腐蚀性液体作用于阿贝折光仪。

(2)每次测定时,试样不可加得太多,一般只需加2~3滴即可。

(3)要注意保持仪器清洁,保护刻度盘。每次实验完毕,要在镜面上加几滴丙酮,并用擦镜纸擦干。最后将两层擦镜纸夹在两棱镜面之间,以免镜面损坏。

(4)仪器无论使用与否,均不应暴露于日光下,不用时装入木箱或用黑布罩住。

(5)阿贝折光仪的量程从 1.3000~1.7000,精密度为±0.0001,若待测试样折射率不在此范围内,则阿贝折光仪不能测定,也不能看到明暗分界线。

四、折光分析技术的应用

(一) 定性鉴别及纯度试验

如同物质的相对密度、沸点、比旋度等一样,折射率作为一种物理常数,也经常用于一些液体药物、食品、试剂、化工原料及中间体的定性鉴别及纯度试验。例如,折射率是不同品种食用油脂的特征指标,药典中的挥发油、油脂、液体药物等鉴别项中就列有折射率一项。化学试剂标准也常以折射率作为一个项目列入技术条件项下。

(二) 溶液浓度的测定

一些溶液的折射率随其浓度而变化,溶液的浓度越高,折射率越大,因此可以借测定溶液的折射率,根据折射率与溶液浓度之间的关系,求出溶液的浓度。如蔗糖水溶液的折射率随浓度增加而显著增高,且接近线性关系,在制糖工业中早已应用折光法控制糖液浓度,阿贝折光仪的刻度盘上也常直接标刻蔗糖的百分含量数值。

习　　题

1. 名词解释:旋光度、比旋度、折射率。

2. 旋光分析法的理论依据是什么?

3. 影响旋光度测定的因素有哪些?

4. 旋光仪的主要部件有哪几部分?

5. 举例说明旋光分析法的测定步骤。

6. 旋光分析法在药物的质量控制中,有哪些应用?

7. 在进行化合物的旋光度测定时,需要注意什么?

8. 简述折光分析法的基本原理。

9. 简述阿贝折光仪使用的一般步骤。

10. 简述折光分析法的应用。

11. 用旋光分析法检查硫酸阿托品中莨菪碱的方法如下:配制硫酸阿托品溶液 $(50 \, mg \cdot mL^{-1})$,按规定方法测定其旋光度,不得超过 $-0.40°$,试计算莨菪碱的限量。已知莨菪碱的比旋度为 $-32.5°$。

(24.6%)

12. 称取葡萄糖 10.00 g,加水溶解并稀释至 100.0 mL,于 20 ℃用 2 dm 测定管,测得溶液的旋光度为 $+10.5°$,求其比旋度。

($+52.5°$)

13. 测定盐酸土霉素的比旋度,称取供试品 0.505 0 g,置 50 mL 容量瓶中,加盐酸溶液 (9→1000) 稀释至刻度,采用 2 dm 长的旋光管,要求比旋度为 $-188° \sim -200°$,则测得旋光度的范围是多少?

($-3.8° \sim -4.04°$)

第七章　电位分析

第一节　电化学分析概述

一、电化学分析的分类及特点

依据物质在溶液中的电学和电化学性质及其变化而建立起来的分析方法,统称为电化学分析法(electrochemical analysis),亦称为电分析。这类方法通常是以试液作为电解质溶液,选配适当的电极,构成一个化学电池,通过测量化学电池的某些电参数(如电位、电导、电量、电流)或者测量这些电参数在某个过程中的变化来确定物质的含量。

(一)电化学分析分类

根据所测量电参数的不同,电化学分析法可分为如下四大类:

1. 电导分析(conductometry)

电导分析是测量溶液电导及其变化来确定溶液的成分含量的分析方法。根据电导(或电阻)与溶液待测离子浓度之间的关系进行分析的方法称为电导分析;利用电导变化指示反应终点的容量分析技术称为电导滴定分析。

2. 电位分析(potentiometry)

电位分析是测量在溶液中的指示电极的电位变化,以此确定溶液浓度的分析方法。与电导分析法相似,电位分析也有直接电位分析和电位滴定分析之分,直接电位分析是依据指示电极的电位与待测物质的浓度关系来进行分析的方法;利用指示电极的电位变化指示反应终点的容量分析技术称为电位滴定分析。

3. 电解分析(electrolytic analysis)与库仑分析法(coulometry)

将被测物在电极上析出以确定待测物质含量的方法称为电解分析,又称为电重量分析。

直接根据电解过程中所消耗的电量来确定待测物质含量的方法称为库仑分析。

4. 伏安法(voltammetry)和极谱分析(polarography)

在电解过程中,依据电流电压变化曲线与物质浓度之间的关系进行分析的方法称为伏安分析。以滴汞电极为极化电极的伏安法又称为极谱分析。

(二)电化学分析的特点

电化学分析应用极为普遍,周期表上几乎所有的元素,以及所有能在界面上进行氧化还原、吸附脱附或导致离子转移、传输的无机、有机和生物物质等,均可采用电化学分析法进行研究。测定可以在液相(水及非水溶剂)、熔盐、固相、气相、流动体系乃至生物活体中进行,并且测定范围很广,既可检测含量高达99.999%的高纯物质,也可检测含量低达10^{-10}数量级的物质,具体归纳起来有如下特点:

1. 准确度高

例如精密库仑滴定分析法,其理论相对误差仅为 0.000 1‰(即测定法拉第常数的误差),此法不需要标准参考物质,唯一参考标准是法拉第常数。

2. 灵敏度高

在提高灵敏度方面,伏安分析法有其独到之处。例如用脉冲伏安法测量水中的痕量砷,其最低含量可达 10^{-9}‰(或质量分数为 10^{-11} 数量级);用极谱催化波检测矿石、金属中的稀有元素,其最低含量可达 10^{-9} mol·L^{-1}~10^{-11} mol·L^{-1} 甚至 10^{-12} mol·L^{-1}。这些方法的灵敏度足以和发射光谱、非火焰原子吸收光谱甚至中子活化分析法相媲美。

3. 选择性好

电化学分析法都具有较好的选择性。某些离子选择性电极,如 F^- 离子选择性电极、K^+ 离子中性载体电极、酶电极等都具有较好的专属性和抗干扰能力。

4. 适应于各级含量组分的测定

例如电重量分析法、库仑滴定、电位滴定、电导滴定等分析方法可用于常量组分的测定;极谱分析、离子选择性电极分析、微库仑分析等分析方法可用于微量组分的测定;极谱催化波、脉冲极谱和溶出伏安法等分析方法可用于微量、超微量组分的测定。

5. 仪器设备简单,易于实现自动化

与许多现代化仪器分析方法相比较,电化学分析法一般无需大型昂贵的仪器设备,所用的仪器都比较简单。由于各类电化学分析法都是通过化学电池直接给出电信号,因此,便于自动化和计算机控制。

二、化学电池

电化学分析是通过化学电池内的电化学反应来实现的。如果化学电池自发地将本身的化学能变成电能,这种化学电池称为原电池。如果实现电化学反应的能量是由外电源供给,则这种化学电池称为电解池。这两种化学电池在电化学分析中都有应用。

(一) 原电池

将锌棒插入 $ZnSO_4$ 溶液中,作为负极,铜棒插入 $CuSO_4$ 溶液中,作为正极。两溶液间用盐桥相连,两电极用导线接通,这样就构成了铜-锌原电池,如图 7-1 所示。

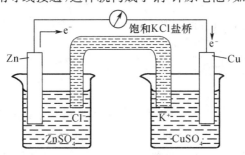

图 7-1 铜-锌原电池

原电池中,Zn 电极失去电子转变成 Zn^{2+} 进入溶液,电子从 Zn 电极通过外电路流至 Cu 电极上,Cu^{2+} 得到电子而变为 Cu 沉积在 Cu 电极上。Zn 电极上发生的是氧化反应,Zn 电极为阳极:

$$Zn \longrightarrow Zn^{2+} + 2e^-$$

Cu 电极上发生的是还原反应,Cu 电极为阴极:

$$Cu^{2+}+2e^-\longrightarrow Cu$$

原电池的总反应方程式为

$$Zn+Cu^{2+}=Zn^{2+}+Cu$$

外电路电子流动的方向是由 Zn 电极流向 Cu 电极。依据电学的规则,电流的方向与电子流的方向是相反的。此时,电流由 Cu 电极流向 Zn 电极,所以 Cu 电极是正极,Zn 电极是负极。

原电池的电化学反应可以自发地进行,随着反应不断进行,在 Zn 半电池中,由于溶液中 Zn^{2+} 增加,正电荷过剩;在 Cu 半电池中,由于溶液中 Cu^{2+} 减少,SO_4^{2-} 相对增加,负电荷过剩。由于盐桥沟通了两个半电池,盐桥中的 Cl^- 向 Zn 半电池迁移,K^+ 向 Cu 半电池迁移,从而使两个半电池保持电中性,使电化学反应得以继续进行。

(二)电解池

当外加电源正极接到铜-锌原电池的铜电极上,负极接到锌电极上时,如果外加电压大于原电池的电动势,则两电极上的电极反应与原电池的电极反应相反,如图 7-2 所示。

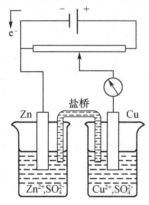

图 7-2　电解池

此时,Zn 电极发生还原反应,Zn 电极称为阴极:

$$Zn^{2+}+2e^-\longrightarrow Zn$$

Cu 电极发生氧化反应,Cu 电极称为阳极:

$$Cu\longrightarrow Cu^{2+}+2e^-$$

电解池的总反应方程式为

$$Zn^{2+}+Cu=Zn+Cu^{2+}$$

这时化学电池中所进行的电化学反应的实质是将外电源所供给的电能转化成化学能,显然,上述反应是不能自发进行的。

由以上的讨论可以看出,原电池和电解池之间,在一定条件下是可以相互转化的。每一个化学电池都是由两个电极同时浸入适当的电解质溶液中所组成的。

原电池和电解池之间电极的性质和名称是有差别的。正、负极是物理学上的分类,正极是电位(电势)高的电极,即电子少的电极;负极是电位(电势)低的电极,即电子多的电极。阳、阴极是化学上常用的称呼,发生氧化反应的电极都称阳极,发生还原反应的电极都称阴极。因此,在原电池和电解池中这两类名称有如下的对应关系:

	原电池	电解池
Zn 极	负极,阳极	负极,阴极
Cu 极	正极,阴极	正极,阳极

(三) 电池的表示方法

国际纯粹与应用化学联合会(IUPAC)规定电池用图解表示式来表示。如铜-锌原电池的图解表示式为

$$Zn \mid ZnSO_4(a_1) \parallel CuSO_4(a_2) \mid Cu$$

并规定如下:

(1) 发生氧化反应的一极(阳极)写在左边,发生还原反应的一极(阴极)写在右边。

(2) 电池组成的每一个接界面用单竖线"∣"将其隔开。两种溶液通过盐桥连接时,用双竖线"∥"表示。

(3) 电解质溶液位于两电极之间,并应注明浓(活)度。如有气体,则应注明压力、温度,若不注明,则是指 25℃及 1.0133×10^5 Pa 条件下的气体。

电池的电动势 $E_{电池}$ 定义为

$$E_{电池} = \varphi_右 - \varphi_左$$

根据上式计算出的电池电动势若为正值,表示电池反应能自发进行,该电池为原电池;若为负值,表示电池反应不能自发进行,该电池为电解池。

三、相界电位和电池的电动势

(一) 电极和溶液的相界电位

电极和溶液之间的相界电位是电池电动势 $E_{电池}$ 的主要来源。一般的电极都是由金属构成的,金属晶体中含有金属离子和自由电子,在不发生电极反应时,金属呈电中性。电解质溶液中含阳离子和阴离子,溶液也是呈电中性。当金属和电解质溶液相接触时,金属离子可以从金属晶体上移入溶液中,电子留在金属电极上使其带负电,由于静电的吸引,与溶液中的阳离子形成双电层。相反,如果溶液存在有易接受电子的金属离子,则金属离子也可以从金属电极上获得电子,金属离子便从溶液进入金属晶格中,形成金属电极带正电,与溶液中阴离子形成双电层。由于双电层的建立,在电极和溶液界面上形成了稳定的相界电位,如图 7-3 所示。

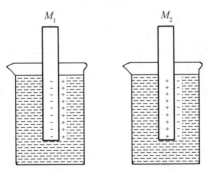

图 7-3　双电层结构示意图

(二) 电极与导线的相界电位

不同金属的电子离开金属本身的难易程度不同,在两种不同金属相互接触时,由于

相互转移的电子数不相等,在接触的相界面上也形成双电层,产生相界电位,通常称之为接触电位。对于一个电极来讲,接触电位是一个常数,并且数值很小,可忽略不计。

(三) 液体与液体的相界电位

液体与液体的相界电位称液接电位,液接电位也称液体接界电位。它产生于具有不同电解质或浓度不同的同种电解质溶液界面之间,由于离子扩散通过界面的速率不同,有微小的电位差产生,这种电位差称为液体接界电位。

例如,在 $0.1\,mol \cdot L^{-1}$ HCl 溶液和 $0.01\,mol \cdot L^{-1}$ HCl 溶液的接触界面上,H^+ 和 Cl^- 均由较高浓度一方向较低浓度一方扩散,如图 7-4 所示。

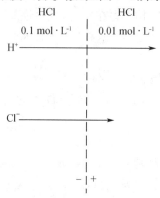

图 7-4 液体接界电位的产生

由于 H^+ 在溶液中的扩散速度比 Cl^- 快得多,因此,H^+ 越过界面的数量比 Cl^- 多,这样界面右侧出现过量的 H^+ 而带正电荷,左侧出现过量的 Cl^- 而带负电荷,因而,在液体界面处产生电位差。这一电位差对 H^+ 的扩散产生阻碍作用,但对 Cl^- 的扩散起促进作用,当两种离子的扩散速率相等时,在溶液的界面处形成了一个稳定的电位差,这个电位差就是液接电位。

计算证明,正负离子的扩散速率差异较大的溶液中的液接电位要比扩散速率相近的溶液中的液接电位大得多。在上例中,由于 H^+ 的扩散速率比 Cl^- 的大,其液接电位可达 $40\,mV$。而对于 $0.1\,mol \cdot L^{-1}$ KCl 溶液和 $0.01\,mol \cdot L^{-1}$ KCl 溶液,由于 K^+ 和 Cl^- 的扩散速率相近,因而液接电位很小,仅为 $1.2\,mV$。

在电化学分析中,由于经常使用有液接界面的参比电极,所以液接电位是一个普遍存在的现象。实际的液接电位往往是难以准确测量的,为了减小液接电位的影响,在实际工作中通常是在两个溶液之间用盐桥连接,使液接电位降低或接近消除。

盐桥是一个盛满饱和 KCl 溶液和 3% 琼脂的 U 形管,用盐桥将两溶液连接,由于饱和 KCl 溶液的浓度很高(一般为 $3.5\,mol \cdot L^{-1} \sim 4.2\,mol \cdot L^{-1}$),因此,$K^+$ 和 Cl^- 向外扩散成为这两个液接界面上离子扩散的主要部分。由于 K^+ 和 Cl^- 的扩散速率几乎相等,所以在两个液接界面上只会产生两个数值很小或几乎相等、方向相反的液接电位。因此使用盐桥就能在很大程度上减小液接电位,使之接近于完全消除。

综上所述,原电池的电动势 $E_{电池}$ 在数值上等于组成电池的各相界电位代数和,其中接触电位、液接电位可以忽略不计,所以,$E_{电池}$ 主要是电极和溶液之间的相界电位。当流过电池的电流为零或接近于零时的两电极间的电位差称为电池的电动势 $E_{电池}$。而单个电极的电极电位值目前尚无法测定，但可以用标准氢电极（SHE）与给定电极组成如下原电池：

$$\text{Pt},\text{H}_2(1.0133\times10^5\,\text{Pa})\,|\,\text{H}^+(a=1)\,\|\,\text{给定电极}$$

并且规定标准氢电极的电极电位为零，测得的电动势即为给定电极的电极电位。因此，目前采用的标准电极电位值都是相对值。

第二节　电位分析基本原理

电位分析法简称电位法，它是利用化学电池的电动势或电极电位与溶液中某种组分浓度的对应关系，实现定量测定的一种电化学分析法。电位分析分为直接电位分析和电位滴定分析两类。直接电位分析是通过测量原电池电动势来确定待测物质浓度的方法；电位滴定分析是通过测量滴定过程中电池电动势的变化来确定滴定终点的滴定分析。

一、电位分析的基本原理

在直接电位分析中，电极电位是在零电流下（即通过电池的电流为零）测得的平衡电位，此时，电极上的电极过程处于平衡状态。在此状态下，电极电位与溶液中参与电极过程的物质的活度之间的关系服从能斯特（Nernst）方程式，这是电位分析法的理论基础。

对于氧化还原体系，规定半反应写成还原过程：

$$\text{Ox} + ne^- \rightleftharpoons \text{Red}$$

Nernst 方程式表示电极的电极电位 φ 与电极表面溶液的活度 a 之间的关系，也可以表示电池电动势与电极表面溶液的活度之间的关系。Nernst 方程式为

$$\varphi = \varphi^{\ominus}_{\text{Ox/Red}} + \frac{RT}{nF}\ln\frac{a_{\text{Ox}}}{a_{\text{Red}}} \tag{7-1}$$

式中，$\varphi^{\ominus}_{\text{Ox/Red}}$ 为 $a_{\text{Ox}} = a_{\text{Red}} = 1\,\text{mol}\cdot\text{L}^{-1}$ 时的标准电极电位（V）；R 为气体常数（$8.314\,\text{J}\cdot\text{mol}^{-1}\cdot\text{K}^{-1}$）；$T$ 为热力学温度（K）；n 为电极反应中转移的电子数；F 为法拉第常数（$96\,486\,\text{C}\cdot\text{mol}^{-1}$）；$a_{\text{Ox}}$ 和 a_{Red} 分别为氧化态 Ox 和还原态 Red 的活度。

式（7-1）也可写作

$$\varphi = \varphi^{\ominus}_{\text{Ox/Red}} + \frac{2.303RT}{nF}\lg\frac{a_{\text{Ox}}}{a_{\text{Red}}} \tag{7-2}$$

因为活度 a 和浓度 c 之间有 $a = fc$ 的关系，f 为活度系数，对于稀溶液（$c < 10^{-4}\,\text{mol}\cdot\text{L}^{-1}$）时，$f \approx 1$，活度可用浓度代替，得

$$\varphi = \varphi^{\ominus}_{\text{Ox/Red}} + \frac{2.303RT}{nF}\lg\frac{c_{\text{Ox}}}{c_{\text{Red}}} \tag{7-3}$$

将式（7-2）、式（7-3）代入各常数，在 25℃（298 K）时，得

$$\varphi = \varphi^{\ominus}_{\text{Ox/Red}} + \frac{0.0592}{n}\lg\frac{a_{\text{Ox}}}{a_{\text{Red}}} \tag{7-4}$$

$$\varphi = \varphi^{\ominus}_{\text{Ox/Red}} + \frac{0.0592}{n}\lg\frac{c_{\text{Ox}}}{c_{\text{Red}}} \tag{7-5}$$

电位分析法具有如下特点：选择性好，在多数情况下，共存离子干扰很小，对组成复杂的试样往往不需经过分离处理就可直接测定；灵敏度高，直接电位法的相对检出限一

般为 10^{-5} mol·L^{-1}~10^{-6} mol·L^{-1},特别适用于微量组分的测定。而电位滴定法则适用于常量分析;仪器设备简单,操作方便,分析速度快,易于实现分析的自动化。因此,电位分析法应用范围很广。尤其是离子选择性电极分析法,目前已广泛地应用于制药工程、轻工、化工、环境保护、食品科学、材料科学、石油、地质、冶金、海洋探测等各个领域中,并已成为重要的测试手段。

二、参比电极和指示电极

(一) 参比电极

参比电极是测量电池电动势、计算电极电位的基准。在一定温度下,参比电极为具有恒定电位的电极,电位不受待测溶液中离子浓度变化的影响。对参比电极的主要要求是:①电位值已知,稳定;②重现性好;③装置简单,使用方便,寿命长。

常用的参比电极有标准氢电极、甘汞电极、银-氯化银电极等,现介绍如下。

1. 标准氢电极(standard hydrogen electrode,SHE)

将镀上一层铂黑的铂片,插入氢离子活度为 1 mol·L^{-1} 的溶液里,不断通入氢气,使其压力为 $1.0133×10^5$ Pa,铂黑吸附氢气形成标准氢电极。在上述条件下,规定氢电极的电位为零,作为标准电位。

电极反应:

$$2H^+ + 2e^- \rightleftharpoons H_2$$

电极电位

$$\varphi_{H^+/H_2}^{\ominus} = 0.0000(V)$$

设温度为 25℃,当氢离子浓度及氢气压力发生变化时,氢电极的电极电位的计算公式为

$$\varphi = \frac{0.0592}{2} \lg \frac{a_{H^+}^2}{p_{H_2}} \tag{7-6}$$

氢电极装配麻烦,使用不便,一般不常应用,只是作为校核电极电位的标准。

2. 甘汞电极(Hg-Hg_2Cl_2)

甘汞电极属于金属-金属难溶盐电极,其构造如图 7-5 所示。

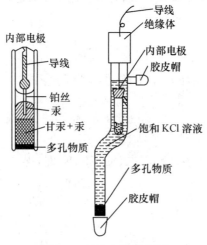

图 7-5　甘汞电极结构图

甘汞电极有两个玻璃套管,内套管封接一根铂丝,铂丝插入厚度为 0.5 cm~1.0 cm

的纯汞中,汞下装有甘汞(Hg_2Cl_2)和汞的糊状物;外套管装入饱和 KCl 溶液。电极下端与待测溶液接触处熔接玻璃砂芯或陶瓷芯等多孔物质。

甘汞电极半电池可以写成:

$$Hg,Hg_2Cl_2(固)\,|\,KCl(液)$$

电极反应:

$$Hg_2Cl_2+2e^- \rightleftharpoons 2Hg+2Cl^-$$

25℃时的电极电位:

$$\varphi_{Hg_2Cl_2/Hg}=\varphi^{\ominus}_{Hg_2Cl_2/Hg}-0.0592\lg a_{Cl^-} \tag{7-7}$$

式(7-7)表明,当温度一定时,甘汞电极的电极电位取决于氯离子的活度,氯离子活度一定时,其电极电位是个定值。不同浓度的 KCl 溶液可使甘汞电极的电位具有不同的恒定值。在 25℃时,当 KCl 溶液的浓度分别为 $0.1\,mol\cdot L^{-1}$、$1.0\,mol\cdot L^{-1}$ 及饱和溶液时,甘汞电极的电极电位分别为 $0.3356\,V$、$0.2830\,V$、$0.2445\,V$。KCl 溶液浓度为 $1\,mol\cdot L^{-1}$ 时,称为标准甘汞电极(NCE);KCl 溶液为饱和溶液时,称为饱和甘汞电极(SCE),饱和甘汞电极是最常用的一种参比电极。

在使用饱和甘汞电极时需要注意以下几个问题:KCl 溶液必须是饱和的,在甘汞电极的下部一定要有固体 KCl 存在,否则要补加 KCl;内部电极必须浸泡在 KCl 饱和溶液中,且无气泡;使用时将橡皮帽去掉,不用时戴上。

3. 银-氯化银电极(Ag-AgCl)

银-氯化银电极属于金属-金属难溶盐电极。将表面镀有氯化银层的金属银丝浸入一定浓度的 KCl 溶液中,即构成银-氯化银电极。

银-氯化银电极可以写成:

$$Ag,AgCl(固)\,|\,KCl(液)$$

电极反应:

$$AgCl+e^- \rightleftharpoons Ag+Cl^-$$

25℃时的电极电位:

$$\varphi_{AgCl/Ag}=\varphi^{\ominus}_{AgCl/Ag}-0.0592\lg a_{Cl^-} \tag{7-8}$$

在 25℃时,当银-氯化银电极中的 KCl 溶液的浓度分别为 $0.1\,mol\cdot L^{-1}$、$1.0\,mol\cdot L^{-1}$ 及饱和溶液时,该电极的电极电位分别为 $0.2880\,V$、$0.2223\,V$、$0.2000\,V$。

(二)指示电极

在电位分析中,电极的电位随被测离子活度的变化而变化的电极称为指示电极。常用的指示电极主要是一些金属电极及各种离子选择性电极。对指示电极的要求是:①电极电位与有关离子活度或浓度的关系应符合 Nernst 方程式;②响应快,重现性好;③结构简单,使用方便。

1. 金属基电极

这一类电极是以金属为基体,其共同的特点是电极上有电子交换反应(即氧化还原反应)发生。它可以分成下述三类:

(1)金属电极(第一类电极) 它是由金属与该金属离子溶液组成。例如铜电极、锌电极、银电极等。

电极反应:

$$M^{n+} + ne^- \rightleftharpoons M$$

在 25℃时的电极电位：

$$\varphi_{M^{n+}/M} = \varphi^{\ominus}_{M^{n+}/M} + \frac{0.0592}{n} \lg a_{M^{n+}} \tag{7-9}$$

（2）金属-金属难溶盐电极（第二类电极）　这类电极由金属、该金属的难溶盐和该难溶盐的阴离子溶液组成。如前述甘汞电极、银-氯化银电极等，其电极电位随溶液中难溶盐的阴离子活度变化而变化。

这类电极电位数值稳定，重现性好，在电位分析中可用作指示电极，更常用作参比电极。Ag-AgCl 电极由于结构简单，还可做离子选择性电极的内参比电极。

（3）零类电极　由惰性金属与含有氧化还原电对的溶液组成的电极，称为零类电极。例如 $Pt|Fe^{2+}, Fe^{3+}$ 电极。其电极反应：

$$Fe^{3+} + e^- \rightleftharpoons Fe^{2+}$$

电极电位：

$$\varphi_{Fe^{3+}/Fe^{2+}} = \varphi^{\ominus}_{Fe^{3+}/Fe^{2+}} + 0.0592 \lg \frac{a_{Fe^{3+}}}{a_{Fe^{2+}}} \tag{7-10}$$

惰性电极本身不参与电极反应，仅作为氧化态和还原态物质传递电子的场所，这类电极可以用于测定溶液中电对的氧化态和还原态活度的比值。

2. 膜电极

具有敏感膜并能产生膜电位的电极被称为膜电极。各种离子选择性电极基本上都是膜电极。这类电极不同于金属基电极，它以固体膜或液体膜为探头，其膜电位是由于离子的交换或扩散而产生的，没有电子转移，其膜电位与特定的离子活度的关系符合 Nernst 方程式，因此，膜电极又称离子选择性电极。

三、离子选择性电极的工作机理

离子选择性电极（ion selective electrode，ISE）也称离子敏感电极。它是一种特殊的电化学传感器，根据敏感膜的性质和材料的不同，离子选择性电极分为不同种类。1975 年 IUPAC 建议将 ISE 做如下分类。

$$离子选择性电极 \begin{cases} 基本电极 \begin{cases} 晶体膜电极 \begin{cases} 均相膜电极 \begin{cases} 单晶膜电极 \\ 多晶膜电极 \end{cases} \\ 非均相膜电极 \end{cases} \\ 非晶体膜电极 \begin{cases} 刚性基质电极 \\ 流动载体电极 \begin{cases} 带正电荷的载体电极 \\ 带负电荷的载体电极 \\ 中性载体电极 \end{cases} \end{cases} \end{cases} \\ 敏化电极 \begin{cases} 气敏电极 \\ 酶电极 \end{cases} \end{cases}$$

（一）非晶体膜电极——玻璃电极

玻璃电极的敏感膜是由玻璃材料烧熔吹制而成的，属刚性基质电极。常见的玻璃电极结构如图 7-6 所示。

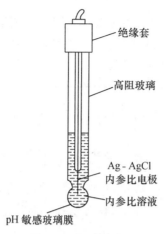

绝缘套

高阻玻璃

Ag - AgCl
内参比电极

内参比溶液

pH 敏感玻璃膜

图 7-6 pH 玻璃电极

它的核心部分是玻璃膜,这种膜是在 SiO_2 基质中加入 Na_2O 和少量 CaO 烧制而成的,膜厚 $0.05\,mm \sim 0.1\,mm$,呈球泡形。球泡内充注 $0.10\,mol \cdot L^{-1}$ 的盐酸作为内参比溶液,再插入一根 Ag-AgCl 电极作内参比电极。由于玻璃电极的内阻一般都很高($50\,M\Omega \sim 500\,M\Omega$),导线及电极引出线应带有屏蔽层及良好的绝缘性,以避免漏电和静电干扰。在支持杆引出线一端用胶木帽及胶黏剂封闭牢固,即成为一支玻璃电极。

大量的实践证明,玻璃膜的化学组成对电极的性能影响很大,纯 SiO_2 制成的石英玻璃就不具有响应氢离子的能力,这是因为石英玻璃中的硅和氧以共价键结合,即

$$
\begin{array}{c}
O \qquad O \\
| \qquad\ | \\
-O-Si-O-Si-O- \\
| \qquad\ | \\
O \qquad O
\end{array}
$$

没有可供离子交换用的电荷质点(即点位),不能完成传导电荷的任务,因此,石英玻璃对氢离子没有响应。然而,如果在石英玻璃中加入碱金属的氧化物(如 Na_2O),将引起硅氧键断裂形成荷电的硅氧交换点位,即

$$
\begin{array}{c}
O \\
| \\
-O-Si-O^- \ Na^+ \\
| \\
O
\end{array}
$$

当玻璃电极浸泡在水中时,溶液中氢离子可进入玻璃膜与钠离子交换而占据钠离子的点位,交换反应为:

$$H^+ + Na^+Gl^- \rightleftharpoons Na^+ + H^+Gl^-$$

溶液 玻璃膜 溶液 水化胶层

此交换反应的平衡常数很大,这主要是因为硅氧结构与氢离子的键合强度远大于与钠离子的键合强度(约为 10^{14})的缘故。由于氢离子取代了钠离子的点位,玻璃膜表面形成了一个类似硅酸结构(H^+Gl^-)的水化胶层。在水化胶层最表面,钠离子点位全部被氢离子占

有,从水化胶层表面到水化胶层内部,氢离子占有的点位逐渐减少,而钠离子占据的点位逐渐增多,到玻璃膜的中部即是干玻璃层,全部点位被钠离子占有。玻璃电极浸泡后,玻璃膜表面与内部离子的分布情况如图 7-7 所示。

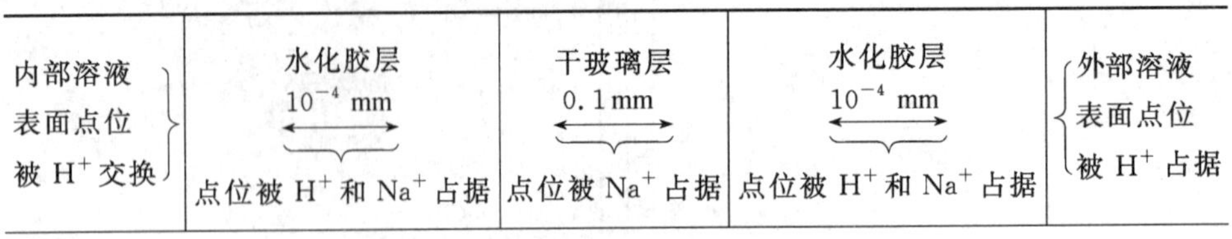

内部溶液 表面点位 被 H$^+$ 交换	水化胶层 10^{-4} mm 点位被 H$^+$ 和 Na$^+$ 占据	干玻璃层 0.1 mm 点位被 Na$^+$ 占据	水化胶层 10^{-4} mm 点位被 H$^+$ 和 Na$^+$ 占据	外部溶液 表面点位 被 H$^+$ 占据

图 7-7　浸泡后的玻璃膜中离子分布情况

当被氢离子全部占有交换点位的水化胶层与试液接触时,由于它们的氢离子活(浓)度不同就会发生扩散,即

$$H^+_{水化胶层} \rightleftharpoons H^+_{溶液}$$

当溶液中氢离子活(浓)度大于水化胶层中的氢离子活(浓)度时,则氢离子由溶液进入水化胶层,反之,则氢离子由水化胶层进入溶液,氢离子的扩散破坏了膜外表面与试液间两相界面的电荷分布,从而产生电位差,形成相界电位($\varphi_{外}$)。同理,膜内表面与内参比溶液两相界面也产生相界电位($\varphi_{内}$),显然,相界电位的大小与两相间的氢离子活(浓)度有关,在 25℃时,其关系为:

$$\varphi_{外} = K_{外} + 0.0592 \lg \frac{a_{H^+_{外}}}{a'_{H^+_{外}}} \tag{7-11}$$

$$\varphi_{内} = K_{内} + 0.0592 \lg \frac{a_{H^+_{内}}}{a'_{H^+_{内}}} \tag{7-12}$$

式中,$a_{H^+_{外}}$、$a_{H^+_{内}}$ 为膜外溶液和膜内溶液的氢离子活度;$a'_{H^+_{外}}$、$a'_{H^+_{内}}$ 为膜外水化胶层和膜内水化胶层中的氢离子活度;$K_{外}$、$K_{内}$ 为玻璃外、内膜性质决定的常数。

对于同一支玻璃电极,膜内、外表面的性质可以看成是相同的,所以常数项 $K_{外}$ 和 $K_{内}$ 是相等的,又因为膜内、外水化胶层中可被氢离子交换的点位数相同,所以 $a'_{H^+_{外}} = a'_{H^+_{内}}$,因此,玻璃膜内、外侧之间的电位差即为膜电位,玻璃电极的膜电位 $\varphi_{膜}$ 或 φ_M 为

$$\varphi_{膜} = \varphi_{外} - \varphi_{内} = 0.0592 \lg \frac{a_{H^+_{外}}}{a_{H^+_{内}}} \tag{7-13}$$

作为玻璃电极的整体,玻璃电极的电位应包含有内参比电极的电位,即

$$\varphi_{玻} = \varphi_{内参} + \varphi_{膜}$$

因为内参比电极为 Ag-AgCl,其电位为

$$\varphi_{AgCl/Ag} = \varphi^{\ominus}_{AgCl/Ag} - 0.0592 \lg a_{Cl^-} \tag{7-14}$$

于是,

$$\varphi_{玻} = \varphi^{\ominus}_{AgCl/Ag} - 0.0592 \lg a_{Cl^-} + 0.0592 \lg \frac{a_{H^+_{外}}}{a_{H^+_{内}}} \tag{7-15}$$

在式(7-15)中,$a_{H^+_{内}}$ 和 a_{Cl^-} 皆为常数,所以式(7-15)简化为

$$\varphi_{玻} = K_{玻} + 0.0592 \lg a_{H^+_{外}} \tag{7-16}$$

或

$$\varphi_{玻} = K_{玻} - 0.0592 \, pH \tag{7-17}$$

式(7-17)表明,试液的 pH 每改变 1 个单位,电位变化 59.2 mV。式(7-16)和式(7-17)是玻璃电极对氢离子选择性响应的定量依据。

(二)晶体膜电极——氟离子选择性电极

这类电极的敏感膜一般都是由难溶盐经过加压或拉制成单晶、多晶或混晶制成的。例如用 LaF_3 单晶制成的膜电极就是一种典型的晶体膜电极。常在 LaF_3 单晶中添加微量氟化铕(EuF_2),以增加晶体的导电性。把 LaF_3 单晶经切片抛光后将其封在塑料管的一端,管内封有 Ag-AgCl 作为内参比电极,$0.1 \, mol \cdot L^{-1}$ NaCl 溶液和 $0.01 \, mol \cdot L^{-1}$ NaF 溶液作为内参比溶液,即构成氟电极,如图 7-8 所示。

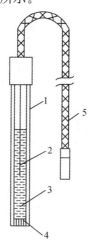

图 7-8 氟离子选择性电极

1. 塑料管;2. 内参比电极;3. 内参比溶液;
4. LaF_3 单晶膜;5. 引线

晶体膜中,由于存在晶体缺陷空穴,靠近缺陷空穴的氟离子可移入空穴,氟离子的移动便能传递电荷,而 La^{3+} 固定在膜相中,不参与电荷的传递。由于晶格中缺陷空穴的大小、形状和电荷的分布只能允许特定的离子进入空穴,其他离子不能进入空穴,因而氟电极对氟离子有选择性响应。

当把氟电极浸入被测试液中时,试液中的氟离子向氟电极表面扩散进入膜相,而膜相中的氟离子也可以进入溶液,形成双电层产生膜电位,其膜电位与膜两侧氟离子活度的关系符合 Nernst 方程式:

$$\varphi_{膜} = 0.0592 \lg \frac{a_{F^-_{内}}}{a_{F^-_{外}}} \tag{7-18}$$

氟电极的电位为

$$\varphi_{F^-} = \varphi_{内参} + \varphi_{膜}$$

当 $\varphi_{内参}$ 和 $a_{F^-_{内}}$ 为一定值时,

$$\varphi_{F^-} = K_{F^-} - 0.0592 \lg a_{F^-_{外}} \tag{7-19}$$

氟离子选择性电极有较好的选择性,当 F^- 的浓度在 10^{-6} mol $\cdot L^{-1}$ ~ 10^{-1} mol $\cdot L^{-1}$ 范围内时,φ_{F^-} 符合 Nernst 方程,φ_{F^-} 与 c_{F^-} 有良好的线性关系。式(7-19)是氟离子选择性电极对氟离子响应的定量依据。在测定时需要控制试液的 pH 在 5~6

之间,在碱性或 pH 较小的酸溶液中,会产生干扰。干扰反应如下:

$$LaF_3 + 3OH^- \Longrightarrow La(OH)_3 + 3F^- \quad (正干扰)$$

$$3F^- + 2H^+ \Longrightarrow HF + HF_2^- \quad (负干扰)$$

部分晶体膜电极的膜组成和性能参数列于表 7-1 中。

表 7-1　晶体膜电极

电极名称	膜组成	试液 pH 范围	线性范围/$(mol \cdot L^{-1})$	主要干扰离子
氟电极	$LaF_3 + Eu^{2+}$	5～6	$5 \times 10^{-7} \sim 1 \times 10^{-1}$	OH^-,H^+
氯电极	$AgCl + Ag_2S$	2～11	$5 \times 10^{-5} \sim 1 \times 10^{-1}$	Br^-,I^-,S^{2-},CN^-
溴电极	$AgBr + Ag_2S$	2～12	$5 \times 10^{-6} \sim 1 \times 10^{-1}$	I^-,CN^-,$S_2O_3^{2-}$
碘电极	$AgI + Ag_2S$	2～11	$1 \times 10^{-6} \sim 1 \times 10^{-2}$	S^{2-},CN^-
硫电极	Ag_2S	2～12	$1 \times 10^{-7} \sim 1 \times 10^{-1}$	Hg^{2+}
铜电极	$CuS + Ag_2S$	2～10	$5 \times 10^{-7} \sim 1 \times 10^{-1}$	Hg^{2+},Ag^+,S^{2-}
铅电极	$PbS + Ag_2S$	3～6	$5 \times 10^{-7} \sim 1 \times 10^{-1}$	Hg^{2+},Ag^+,Cu^{2+}
镉电极	$CdS + Ag_2S$	3～10	$5 \times 10^{-7} \sim 1 \times 10^{-1}$	Pb^{2+},Hg^{2+},Ag^+

(三) 敏化电极

敏化电极包括气敏电极和酶电极。它是由离子选择性电极与另一种特殊的膜组成的复合电极,这种复合电极实际上是一个化学电池。敏化电极实际上由气体渗透膜、中介溶液、指示电极及参比电极等部分组成。

1. 气敏电极

气敏电极是一种气体传感器,用于分析溶解于水溶液中的气体。其工作原理是利用待测气体与电解质溶液发生反应,生成一种对离子选择性电极有响应的离子,这种离子的活度(浓度)与溶解的气体量成正比,因此,电极响应与试样中气体的活度(浓度)有关。CO_2 溶于水时,发生如下化学反应:

$$CO_2 + H_2O \Longrightarrow HCO_3^- + H^+$$

生成的 H^+ 可用特效离子电极(pH 电极)检测。

气敏电极如图 7-9 所示。

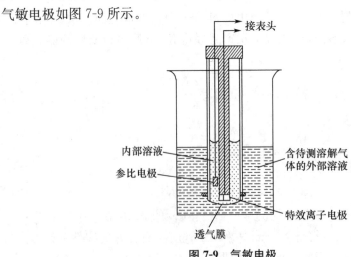

图 7-9　气敏电极

气敏电极的透气膜由憎水性的聚四氟乙烯、聚丙烯或硅橡胶等材料制成,有透气性,能把内电解质溶液和待测试液分开。

几种气敏电极及其性能列于表 7-2 中。

表 7-2　几种气敏电极及其性能

电极	指示电极	化学平衡反应式	检测限/$(mol \cdot L^{-1})$	试液 pH
CO_2	pH 电极	$CO_2 + H_2O \rightleftharpoons HCO_3^- + H^+$	10^{-5}	<4
NH_3	pH 电极	$NH_3 + H_2O \rightleftharpoons NH_4^+ + OH^-$	10^{-6}	>11
NO_2	pH 电极	$2NO_2 + H_2O \rightleftharpoons NO_3^- + NO_2^- + 2H^+$	5×10^{-7}	柠檬酸缓冲液
SO_2	pH 电极	$SO_2 + H_2O \rightleftharpoons HSO_3^- + H^+$	10^{-6}	HSO_3^- 缓冲溶液
H_2S	硫电极	$H_2S + H_2O \rightleftharpoons HS^- + H_3O^+$	10^{-8}	<5
HF	氟电极	$HF \rightleftharpoons H^+ + F^-$	10^{-3}	<2
HAc	pH 电极	$HAc \rightleftharpoons Ac^- + H^+$	10^{-3}	<2
Cl_2	氯电极	$Cl_2 + H_2O \rightleftharpoons ClO^- + Cl^- + 2H^+$	5×10^{-3}	<2

2. 酶电极

将生物酶涂布在离子选择性电极(指示电极)的敏感膜上,试液中的待测物质受酶的催化作用发生生物化学反应,产生能为指示电极敏感膜所响应的离子,由此可以间接测定试液中某种物质的含量。酶电极如图 7-10 所示。

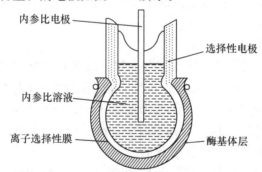

图 7-10　酶电极

例如,氨基酸的测定用氨基酸脱羧酶催化,定量生成 CO_2 气体,用 CO_2 气敏电极测定 CO_2 气体,间接测定试液中氨基酸的含量。催化反应如下:

$$HOC_6H_4CH_2CHNH_2COOH \xrightarrow{\text{氨基酸脱羧酶}} HOC_6H_4CH_2CH_2NH_2 + CO_2$$

又如,试样中脲的测定用脲酶催化,定量生成 NH_3 或 NH_4^+,用氨气敏电极或铵离子选择性电极检测生成的 NH_3 或 NH_4^+ 浓度,间接测定试液中脲的含量。催化反应如下:

$$CO(NH_2)_2 + H_2O \xrightarrow{\text{脲酶}} 2NH_3 + CO_2$$

或

$$CO(NH_2)_2 + 2H_2O \xrightarrow{\text{脲酶}} 2NH_4^+ + CO_3^{2-}$$

几种酶电极及其性能列于表 7-3 中。

表 7-3　几种酶电极及其性能

指示电极	测定物	酶	催化反应	被检物	检测的线性范围/$(mol \cdot L^{-1})$
铵电极 气敏电极	脲	脲酶	$CO(NH_2)_2 + 2H_2O \longrightarrow 2NH_4^+ + CO_3^{2-}$ $CO(NH_2)_2 + H_2O \longrightarrow 2NH_3 + CO_2$	NH_4^+ NH_3	$5 \times 10^{-5} \sim 1 \times 10^{-2}$
pH 电极	青霉素	青霉素酶	青霉素 + H_2O ⟶ 青霉素酸	H^+	$10^{-4} \sim 10^{-2}$
铂电极	葡萄糖	葡萄糖氧化酶	葡萄糖 + O_2 + H_2O ⟶ 葡萄糖酸 + H_2O_2	H_2O_2	$10^{-4} \sim 2 \times 10^{-2}$
气敏电极 铂电极	尿酸	尿酸酶	尿酸 + O_2 + H_2O ⟶ 尿酸素 + H_2O_2 + CO_2	CO_2 H_2O_2	$10^{-4} \sim 10^{-2}$
pH 电极	乳酸	乳酸脱氢酶	乳酸 + NAD^+ ⟶ 丙酮酸 + $NADH$ + H^+	H^+	$10^{-4} \sim 2 \times 10^{-2}$

四、离子选择性电极的性能

离子选择性电极的基本特性均以各种参数加以表征。在实际使用中,要根据具体情况选择和使用电极,以便获得可靠的测定结果。因此,要对表征电极性能的有关参数的物理意义有所了解。离子选择性电极的主要参数有电极选择性系数、电极的斜率、线性范围、检测限和响应时间。

(一) 电极选择性系数 $K_{i,j}$

选择性系数是离子选择性电极的重要参数。根据 IUPAC 的建议,以 $K_{i,j}$ 为表示符号,称为选择性系数(selectivity coefficient),它表示被测离子 i 与共存干扰离子 j 的选择性系数,$K_{i,j}$ 值越小,则电极对 i 离子的选择性越好。$K_{i,j}$ 实际是表示 j 离子在测定 i 离子时对电极电位的贡献或者干扰程度,其数值小即表示 j 的干扰小。$K_{i,j}$ 值越大,说明电极对 i 离子的响应能力越差,即其选择性越低。

离子选择性电极的 $K_{i,j}$ 受各种实验条件的影响,所以,它不是理论计算值而是在一定条件下的实测值。它的测定方法 IUPAC 推荐采用混合溶液法,即在被测离子与干扰离子共存的混合溶液中进行测定。这种测定又可采用固定干扰法和固定主离子法。

固定干扰法是固定干扰离子 a_j,逐渐改变被测离子 a_i,而测定该电池的电动势,并将所取得的各组对应数据绘制成 E-lga_i 曲线,如图 7-11 所示。

此时,曲线 DC 段为电极完全表现对 a_i 的响应;EF 段则完全反映对 a_j 的响应;而 CF 段则为两种响应的混合区域;DC 和 EF 的延长线的交点 A,为 a_i 与 a_j 两者对电极电位的贡献相等时所对应的 lga_i。于是可利用等电位的关系求得

$$K_{i,j} = \frac{a_i}{(a_j)^{n/m}} \qquad (7-20)$$

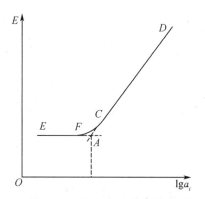

图 7-11　固定干扰法测定选择性系数

式中，a_j 为已知，是实验所选定的固定值；n、m 分别表示 i 和 j 两种离子所带电荷数，也是已知的，由 $E\text{-}\lg a_i$ 曲线图的 A 点的 $\lg a_i$ 求得 a_i 值，于是即可得出 $K_{i,j}$ 值。

设 $K_{H^+,Na^+}=10^{-7}$，已知 $n_{H^+}=m_{Na^+}=1$，这意味着 10^7 倍于 a_{H^+} 的 Na^+ 对 $\varphi_{膜}$ 的贡献才等于 H^+ 对 $\varphi_{膜}$ 的贡献。因此，可用 $K_{i,j}$ 估计测量误差，即

$$相对测量误差（\%）=K_{i,j}\times\frac{(a_j)^{n/m}}{a_i}\times100\%$$

选择性系数只能作为考虑电极使用范围的参考，而不能作为理论计算的校正值。它随实验条件、实验方法和共存离子种类的不同而有差异。在实验使用离子选择性电极进行测定中，常需加入一定的掩蔽剂以消除共存离子的干扰。必要时在测定前也需进行与共存离子的分离处理。

（二）电极的斜率、线性范围和检测限

当离子选择性电极对被测离子能产生 Nernst 响应时，才能保证电极电位与被测离子的活度间有定量关系，即此时离子选择性电极和外参比电极同待测液所组成的化学电池的电动势与被测离子的活度间有定量关系：

$$E=K\pm\frac{2.303RT}{nF}\lg a_i \tag{7-21}$$

式中，当被测离子为阳离子时取"＋"号，是阴离子时取"－"号。按照 IUPAC 的推荐，在选定的适宜条件下，以不同活度（浓度）的 i 离子标准溶液测定其相应的 E 值，并绘制 $E\text{-}\lg a_i$ 曲线，称为标准曲线，如图 7-12 所示。

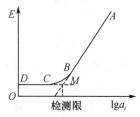

图 7-12　标准曲线和检测限

当标准曲线的斜率 $s=\dfrac{2.303RT}{nF}\times10^3$（mV）时称为符合 Nernst 响应，$s$ 为电极斜率。在 25℃ 时，对于 1 价离子，s 的值应为 $59\,mV$。由于实际测定有误差或电极性能

不一定十分完满,故一般规定其数值在 $57\,mV\sim61\,mV$ 范围内即可使用。在标准曲线符合 Nernst 响应的直线区间即为可应用的线性范围,通常为 $10^{-6}\,mol\cdot L^{-1}\sim10^{-1}\,mol\cdot L^{-1}$。对于 2 价离子,斜率 s 值为 $30\,mV$。

电极的检测限是指可进行有效测量的最低活度(浓度)。按 IUPAC 的定义,标准曲线如图 7-12 所示。图中两条线段延长线的交点 M 所对应的 a_i 值即为检测限。

应当指出的是,离子选择性电极 Nernst 响应的线性范围和检测限会受到实验条件的影响,特别是试液的 pH 和共存离子干扰的影响。例如,F⁻选择性电极的 Nernst 线性响应范围所要求的适宜 pH 条件是 pH5~6,否则其检测限会改变,线性范围将缩小。任何一种选择性电极都有它所要求的适宜 pH 条件,因此,在测定时要应用适宜的缓冲溶液。

(三) 响应时间

根据 IUPAC 的建议,电极响应时间指从参比电极与离子选择性电极同时接触试液时算起,直到电极电位值达到与稳定值相差 $1\,mV$ 所需的时间。影响电位达到平衡的因素有溶液的搅拌速度、参比电极的稳定性和被测离子的浓度等。很明显,被测离子的浓度高,达到平衡快,响应时间短;静态测定时响应时间长,动态测定时响应时间短。因此,在实际工作中,通常采用搅拌试液的方法来加快响应速度。

第三节　离子活(浓)度的测定方法

通过测量电池电动势直接求出待测物质的活度或浓度,称为直接电位分析,其基本装置如图 7-13 所示。

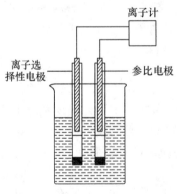

图 7-13　直接电位法的基本装置

从理论上讲,由待测溶液和电极组成工作电池,测得电池电动势,根据 Nernst 公式可直接算出溶液的离子活度。但实际上电动势的测定受到诸如液接电位、溶液离子活度系数难以计算等因素的影响,使利用 Nernst 公式直接进行计算遇到困难。因此直接电位法是用标准溶液与待测溶液在相同条件下测定电位值,经与标准溶液比较求得待测溶液的浓度。

一、浓度与活度

利用离子选择性电极进行电位分析时,根据 Nernst 公式,离子选择性电极所响应的是离子活度,而通常在分析时要求测定的是浓度。如果能控制标准溶液和试液的总离子强度相一致,那么标准溶液和试液中的被测离子的活度系数就相同,根据 Nernst 公式得

$$E = K \pm \frac{RT}{nF}\ln a_i = K \pm \frac{RT}{nF}\ln f_i c_i \tag{7-22}$$

当总离子强度保持相同时,离子活度系数 f_i 保持不变,则 $\frac{RT}{nF}\ln f_i$ 视为恒定,与常数项 K 合并后,则得如下关系:

$$E = K' \pm \frac{RT}{nF}\ln c_i \tag{7-23}$$

上式说明被测离子的浓度与电位的关系符合 Nernst 公式。

在电位分析中,通常采用加入总离子强度调节缓冲溶液(total ionic strength adjustment buffer,TISAB)的方法来控制溶液的总离子强度。

总离子强度缓冲溶液一般由高浓度惰性或中性电解质、掩蔽剂和缓冲溶液组成。例如,测定试样溶液中的氟离子所用的 TISAB 由氯化钠、柠檬酸钠及HAc-NaAc缓冲溶液组成。氯化钠用以保持溶液的离子强度恒定,柠檬酸钠用以掩蔽 Fe^{3+}、Al^{3+} 等干扰离子,HAc-NaAc缓冲溶液则使被测溶液的 pH 控制在 5.0~6.0。

二、标准比较法

标准比较法是选择一个与待测溶液浓度相近的标准溶液,用同一支离子选择性电极在相同测定条件下,测定两溶液的电动势。由式(7-22)和式(7-23)

可得

$$E_x = K \pm \frac{2.303RT}{nF}\lg a_x \tag{7-24}$$

$$E_s = K \pm \frac{2.303RT}{nF}\lg a_s \tag{7-25}$$

或者

$$E_x = K' \pm \frac{2.303RT}{nF}\lg c_x \tag{7-26}$$

$$E_s = K' \pm \frac{2.303RT}{nF}\lg c_s \tag{7-27}$$

将式(7-26)和式(7-27)相减,整理后得

$$\lg c_x = \lg c_s \pm \frac{E_x - E_s}{2.303RT/nF} \tag{7-28}$$

【例题 7-1】 用钙离子电极测定试液中钙离子浓度,将此电极与参比电极同时浸入 25℃ 的 $0.0100\,\text{mol·L}^{-1}$ Ca^{2+} 标准溶液中,测得电池电动势为 $0.250\,\text{V}$;在相同条件下,用相同的电极对未知浓度 Ca^{2+} 溶液测得电池电动势为 $0.271\,\text{V}$,计算未知溶液中钙离子的浓度。

【解】 将有关数据代入式(7-28)中,得

$$\lg c_x = \lg 0.0100 + \frac{0.271 - 0.250}{0.0592/2} = -2 + 0.71 = -1.29,$$

$$c_x = 5.13 \times 10^{-2}(\text{mol·L}^{-1})$$

在测定溶液的 pH 时,采用标准比较法。用玻璃电极为指示电极,饱和甘汞电极

（SCE）为参比电极，浸入试液中组成工作电池，如图 7-14 所示。

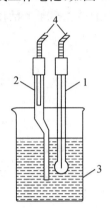

图 7-14　测量溶液 pH 的装置

1. 玻璃电极；2. SCE；3. 待测溶液；4. 接 pH 计

此原电池表示如下：

$$Ag|AgCl, 0.1 \, mol \cdot L^{-1} \, HCl|玻璃膜| \genfrac{}{}{0pt}{}{试液或}{标准溶液} \parallel KCl(饱和), Hg_2Cl_2|Hg$$

在 25℃时，电池的电动势

$$E_{电池} = \varphi_{SCE} - \varphi_{玻}$$

$$E_{电池} = \varphi_{SCE} - K_{玻} + 0.0592 pH$$

$$E_{电池} = K + 0.0592 pH$$

首先测量标准缓冲溶液（pH_s）和电极组成的原电池的电动势 E_s，即

$$E_s = K_s + 0.0592 pH_s$$

采用补偿电位通过定位旋钮调节使 $K_s = 0$，从仪器上直接得到 pH_s 的值。当测量试液时，测量条件不变，则

$$E_x = K_x + 0.0592 pH_x$$

由于 $K_x = K_s = 0$，同样从仪器上直接得到 pH_x 的值。将以上两式相减，合并整理后得

$$pH_x = pH_s + \frac{E_x - E_s}{0.0592} \tag{7-29}$$

由式（7-29）求得的 pH_x 是以标准缓冲溶液为标准的相对 pH。测量时先用标准缓冲溶液的 pH_s 定位，然后直接在 pH 计上读出试液的 pH_x 值。注意控制温度一定，选择的标准缓冲溶液的 pH_s 应尽量与未知试液的 pH_x 相近，以减少测量误差。

【例题 7-2】　用 pH 电极和 Hg_2Cl_2-Hg 电极在 25℃时测得 pH_s 为 5.00 的标准缓冲溶液的 E_s 为 0.218 V，若在同样工作条件下，测得未知 pH_x 试液的 E_x 为 0.328 V，试计算未知试液的 pH_x 为多少？

【解】　$pH_x = pH_s + \dfrac{E_x - E_s}{0.0592} = 5.00 + \dfrac{0.328 - 0.218}{0.0592} = 5.00 + 1.86 = 6.86$。

三、标准曲线法

标准曲线法是最常用的定量方法之一。首先配制一系列标准溶液，并加入与试液相同量的 TISAB 溶液，分别测定其电动势，绘制 E-$\lg c_i$ 标准曲线，如图 7-15 所示。再在同样

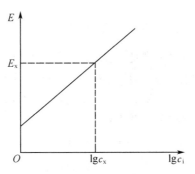

图 7-15　E-$\lg c_i$ 标准曲线法

的条件下,测出待测液的 E_x,从标准曲线上求出待测离子的浓度 c_x。

四、标准加入法

(一) 一次标准加入法

如果试样的组成比较复杂,用标准曲线法有困难,此时可采用一次标准加入法。该法通常是将小体积的标准溶液加到已知体积的未知试液中。根据加标样前后电池电动势的变化计算试液中被测离子的浓度。基本原理由式(7-23)得

$$E = K' \pm \frac{2.303RT}{nF} \lg c_i \tag{7-30}$$

或

$$E = K' \pm s \lg c_i \tag{7-31}$$

式中,s 为电极的斜率。

设待测试液的体积为 V_x,离子浓度为 c_x,加入 TISAB 溶液后,测得工作电池的电动势 E_x,根据式(7-31)得

$$E_x = K' \pm s \lg c_x \tag{7-32}$$

若在待测试液中准确加入一个体积为 V_s,浓度为 c_s 的标准溶液($c_s \gg c_x$,$V_s \ll V_x$)。然后加入相同体积的 TISAB 溶液,搅拌均匀后,在相同条件下测得工作电池的电动势 E,则

$$E = K' \pm s \lg \left(\frac{c_x V_x + c_s V_s}{V_x + V_s} \right) \tag{7-33}$$

将式(7-33)和式(7-32)相减,整理后得

$$\Delta E = |E - E_x| = s \lg \frac{c_x V_x + c_s V_s}{(V_x + V_s) \cdot c_x} \tag{7-34}$$

或

$$\Delta E / s = \lg \frac{c_x V_x + c_s V_s}{(V_x + V_s) \cdot c_x} \tag{7-35}$$

将上式取反对数,得

$$10^{\frac{\Delta E}{s}} = \frac{c_x V_x + c_s V_s}{(V_x + V_s) \cdot c_x} \tag{7-36}$$

整理后得

$$c_x = \frac{c_s V_s}{V_x + V_s} \left(10^{\frac{\Delta E}{s}} - \frac{V_x}{V_x + V_s} \right)^{-1} \tag{7-37}$$

当 $V_x \gg V_s$ 时,$V_x + V_s \approx V_x$,从式(7-37)可得如下近似公式:

$$c_x = \frac{c_s V_s}{V_x}(10^{\frac{\Delta E}{s}} - 1)^{-1} \qquad (7\text{-}38)$$

式(7-37)和式(7-38)是一次标准加入法的依据。根据电池电动势的变化 ΔE 和电极的斜率 s，即可由公式计算试样溶液中被测离子的浓度 c_x，操作简便。但每次测量仅测两次电动势(E 和 E_x)，故误差较大，不宜同时测定大批试样，因此，常采用连续标准加入法。

(二) 连续标准加入法(格氏作图法)

连续标准加入法是在测量过程中连续多次加入标准溶液，根据一系列的 E 值对相应的 V_s 值作图求得被测离子的浓度 c_x。方法的准确度较一次标准加入法高，方法的原理如下。

将一次标准加入法的公式(7-33)改写为

$$(V_x + V_s)10^{\pm\frac{E}{s}} = 10^{\pm\frac{K'}{s}}(c_x V_x + c_s V_s) \qquad (7\text{-}39)$$

由于 K' 和 s 均为常数，令 $10^{\pm\frac{K'}{s}} = K$，得

$$(V_x + V_s)10^{\pm\frac{E}{s}} = K(c_x V_x + c_s V_s) \qquad (7\text{-}40)$$

通常在试液中加入 3～5 次标准溶液，根据式(7-40)，以 $(V_x+V_s)10^{\pm\frac{E}{s}}$ 对 V_s 作图，可得一直线，延长直线使其与 V_s 轴相交于 V_0，如图 7-16 所示。此时

$$(V_x + V_s)10^{\pm\frac{E}{s}} = 0$$

由式(7-40)可知

$$K(c_x V_x + c_s V_s) = 0$$

由 $V_s = V_0$，得

$$c_x = -\frac{c_s V_0}{V_x} \qquad (7\text{-}41)$$

从图 7-16 求得 V_0 后，即可按式(7-41)计算出被测离子浓度 c_x。

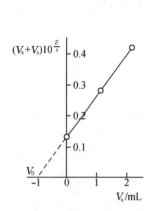

图 7-16　连续标准加入法

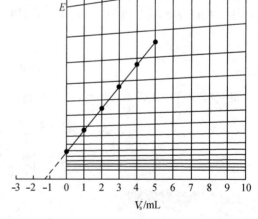

图 7-17　格氏作图法

为了避免计算 $(V_x + V_s)10^{\pm\frac{E}{s}}$ 的麻烦，使用一种专用的半反对数格氏作图纸，如图 7-17 所示。以 E 为纵坐标，加入标准溶液的体积 V_s 为横坐标，固定 $s=58\,mV$，试液的体积为 $100\,mL$，并且校正了由于加入标准溶液而使试液的体积增大对电位产生的影响，这样把式(7-40)的 $(V_x+V_s)10^{\pm\frac{E}{s}}$ 与 V_s 的线性关系简化为 E 与 V_s 的线性关系。将 V_0 代

入式(7-41)计算结果,使用起来非常简便。

第四节　电位滴定分析

一、电位滴定分析基本原理

电位滴定分析是一种用电位法确定滴定终点的滴定分析法。进行电位滴定时,在被滴定的试液中插入指示电极和参比电极,组成一个工作电池。随着滴定剂的加入,由于发生滴定反应,使待测离子的浓度不断变化,指示电极的电位相应地发生变化。在计量点附近产生滴定突跃,指示电极的电位也相应地发生突变。因此,测量电池电动势的变化就能确定滴定终点。由此可见,电位滴定分析与直接电位分析不同,它是以测量电位的变化为基础的方法,不是以某一确定的电位值为计量的依据。在一定测定条件下,许多因素对电位测量结果的影响可以相互抵消,因此,电位滴定法比直接电位法准确度更高。电位滴定法的基本仪器装置如图 7-18 所示。

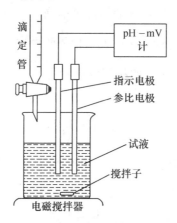

图 7-18　电位滴定法的基本装置

二、确定滴定终点的方法

电位滴定分析在滴定过程中,用工作电池电动势的变化来确定滴定终点。与一般滴定分析方法相似,在滴定开始时可每加 5.00 mL 的滴定剂记录一次数据,在滴定过程中,可逐渐减少加入滴定剂的量,使测定数据逐渐增多。在计量点附近,每次加入滴定剂的量应减少至 0.10 mL 或 0.20 mL,以便更准确地确定终点。

在滴定过程中,随着滴定剂的不断加入,电极电位将相应地不断发生变化。这种变化规律可以用电极电位 E 对标准溶液的加入体积 V 作图来描述,所得图形称为电位滴定曲线。由于作图方法的不同,电位滴定曲线分为三种,即如图 7-19 所示的 $E\text{-}V$ 曲线、$\dfrac{\Delta E}{\Delta V}\text{-}V$ 曲线和 $\dfrac{\Delta^2 E}{\Delta V^2}\text{-}V$ 曲线,通过电位滴定曲线可确定滴定终点。

(一) $E\text{-}V$ 曲线法

图 7-19(a)所示为 $E\text{-}V$ 曲线法的电位滴定曲线。曲线中的拐点即为滴定反应的化学计量点,其相应的体积 V_e 为滴定到达终点时所需标准溶液的体积(mL),相应的电位 E_e 为化学计量点电位。

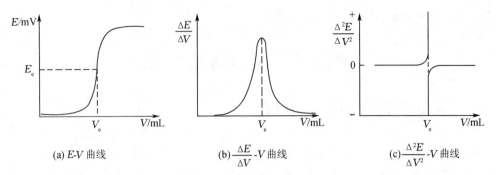

(a) E-V 曲线　　　　　(b) $\dfrac{\Delta E}{\Delta V}$-$V$ 曲线　　　　　(c) $\dfrac{\Delta^2 E}{\Delta V^2}$-$V$ 曲线

图 7-19　电位滴定法滴定曲线

（二）一次微商曲线法

一次微商曲线也称一阶导数曲线，即以 $\dfrac{\Delta E}{\Delta V}$ 对 V 作图得到的如图 7-19（b）所示曲线。$\dfrac{\Delta E}{\Delta V}$-$V$ 曲线的突起峰的最高点为终点，其所对应的体积 V_e 为终点时所消耗标准溶液的体积。与 E-V 曲线法比较，该方法所得到的终点更准确。作一次微商曲线时，首先要根据实验所得数据求得 ΔE、ΔV、$\dfrac{\Delta E}{\Delta V}$ 以及 V。ΔV 表示相邻两次加入标准溶液的体积 V_2 和 V_1 之差，即 $\Delta V = V_2 - V_1$。ΔE 表示相应的相邻两次测得的电极电位 E_2 和 E_1 之差，即 $\Delta E = E_2 - E_1$。所以，

$$\frac{\Delta E}{\Delta V} = \frac{E_2 - E_1}{V_2 - V_1} \tag{7-42}$$

与 $\dfrac{\Delta E}{\Delta V}$ 相应的标准溶液的加入体积 V 是相邻两次加入标准溶液的体积 V_2 和 V_1 的算术平均值，即，

$$V = \frac{V_1 + V_2}{2}$$

（三）二次微商曲线法

二次微商曲线也称二阶导数曲线，如图 7-19（c）所示。即以 $\dfrac{\Delta^2 E}{\Delta V^2}$ 对 V 作图得到的 $\dfrac{\Delta^2 E}{\Delta V^2}$-$V$ 曲线。曲线中 $\dfrac{\Delta^2 E}{\Delta V^2} = 0$ 时为终点，相应的体积 V_e 为终点时所消耗的标准溶液的体积。其中的 $\dfrac{\Delta^2 E}{\Delta V^2}$ 为相邻两次 $\dfrac{\Delta E}{\Delta V}$ 值之差除以相应两次加入的标准溶液的体积之差；V 为相邻两 $\dfrac{\Delta E}{\Delta V}$ 值相对应标准溶液的体积的算术平均值，即，

$$\frac{\Delta^2 E}{\Delta V^2} = \frac{\left(\dfrac{\Delta E}{\Delta V}\right)_2 - \left(\dfrac{\Delta E}{\Delta V}\right)_1}{V_2 - V_1} \tag{7-43}$$

$$V = \frac{V_1 + V_2}{2}$$

还应说明，国家标准（GB 9725-88）除规定采用上述以一阶导数和二阶导数进行作图

的方法确定电位滴定的终点外,还注明:当其滴定曲线为对称的情况时,还可以作两条与横坐标成 45°角的滴定曲线的切线,并在两切线间作一与两切线距离相等的平行线,该平行线与滴定曲线的交点即为滴定终点,如图 7-20 所示。

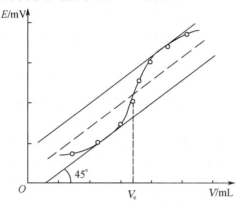

图 7-20　E-V 滴定曲线终点的确定

应该指出,上述确定终点的方法比较费时,随着电子技术的发展,人们提出了"滴定终点自动控制"的方法。即先用计算方法或手动滴定求得滴定体系的终点电位,然后把自动电位滴定仪的终点调到所需的电位,让其自动滴定。当到达终点电位时,自动关闭滴定装置,并显示滴定剂的体积。图 7-21 是 ZD-2 型自动电位滴定计装置示意图。

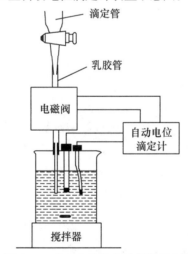

图 7-21　自动电位滴定计装置示意图

三、电位滴定分析的应用

在电位滴定中确定终点的方法,较之用指示剂指示终点的方法更客观,不存在终点的观测误差。同时,不受滴定液有色或浑浊的影响。当某些滴定反应没有适当的指示剂可选用时,都可用电位滴定来完成,所以它的应用范围较广,可用于各种滴定分析。电位滴定法根据不同的滴定反应选择合适的指示电极。

(一)酸碱滴定

在酸碱滴定中是滴定液的 pH 发生变化,所以常用 pH 玻璃电极作指示电极,以饱和甘汞电极为参比电极。在终点附近产生 pH 突跃,相应地使指示电极的电位发生突跃而指示滴定终点。

溶剂的介电常数的大小与电动势读数的稳定性有一定关系。介电常数大的溶剂电动势较稳定,但有时因突跃不明显,又不宜使用。改用介电常数小的溶剂,可能使反应易于进行,滴定完成时突跃较大,但其电动势又不够稳定。因此,在非水溶液中进行电位滴定时,有时使用介电常数大小不同的混合溶剂,以求获得较好的滴定效果。

(二) 氧化还原滴定

一般均选用铂电极为指示电极,以饱和甘汞电极为参比电极。氧化还原反应由于有电子的得失,所以氧化还原滴定都可应用电位滴定法确定滴定终点。

(三) 沉淀滴定

在沉淀滴定中,应根据不同的滴定反应选择适宜的指示电极。例如,以硝酸银标准溶液滴定 Cl^-、Br^-、I^- 时,选用 Ag 电极为指示电极,直接插入饱和甘汞电极作参比电极是不合适的,因为从甘汞电极漏出的 Cl^- 对测定有干扰。因此,需要用 KNO_3 盐桥将试液与甘汞电极隔开,或选用双盐桥 SCE 作参比电极。

(四) 络合滴定

以 EDTA 滴定法为代表的络合滴定是广泛应用的滴定分析方法。它的缺点是经常遇到指示剂变色不敏锐难以准确判断滴定终点,有时还缺乏适当的金属指示剂,所以电位滴定法对络合滴定是个很有价值的补充。在进行络合滴定时,可根据被滴定金属离子的不同而选择不同的指示电极。

习　题

1. 电位分析法的理论依据是什么?
2. 何谓电位分析中的指示电极和参比电极?
3. 什么是离子选择性电极? 离子选择性电极的响应机理是什么?
4. 何谓电极响应斜率 s 和电极选择性系数 $K_{i,j}$?
5. 试以 pH 玻璃电极为例简述膜电极 $\varphi_{膜}$ 形成的机理。
6. 在电位分析法中,使用总离子强度调节缓冲溶液(TISAB)有何作用? 它是由哪几种物质配制的?
7. 离子选择性电极主要分哪几类? 每类请举一例。
8. 什么是直接电位分析法? 什么是电位滴定法?
9. 在用离子选择性电极进行电位分析时,通常要用到磁力搅拌器搅拌溶液,这是为什么?
10. 当用 F^- 选择性电极电位法测定某有 Fe^{3+}、Al^{3+} 共存的待测液中 F^- 的含量时,所使用的 TISAB 溶液中含有 $1.0\ mol \cdot L^{-1}$ NaCl、$0.25\ mol \cdot L^{-1}$ HAc、$0.75\ mol \cdot L^{-1}$ NaAc 和 $0.001\ mol \cdot L^{-1}$ 柠檬酸钠。根据 F^- 选择性电极的特性,说明使用 TISAB 溶液的作用。
11. 用 pH 玻璃电极测定 pH＝5.0 的溶液,其电极电位为 43.5 mV,测定另一未知溶液时,其电极电位为 14.5 mV,若该电极的响应斜率 s 为 58.0 mV/pH,求未知溶液的 pH。

(5.5)

12. 以玻璃电极和饱和甘汞电极(负极)组成电池,测定 pH=6.86 的标准缓冲溶液时,电池的电动势为 $-0.0524\,V$。测定试样溶液时,电池的电动势为 $0.0201\,V$,已知电极的响应斜率为 $0.0582\,V/pH$,计算试样溶液的 pH。

(8.11)

13. 用钙离子选择性电极与饱和甘汞电极(负极)组成电池,在 25℃ 时测定地下水中的钙离子浓度,测得电池电动势为 $0.236\,V$,已知对浓度为 $1.0\times10^{-2}\,mol\cdot L^{-1}$ 的标准钙溶液测得电池电动势为 $0.220\,V$,计算地下水中钙离子的浓度。

($3.48\times10^{-2}\,mol\cdot L^{-1}$)

14. 用氯离子选择性电极测定某湖水中的氯离子浓度,取水样 25.00 mL,用 TISAB 定容为 50.00 mL,摇匀后测得电池的电动势为 $0.1521\,V$。然后在该溶液中加入 1.00 mL 浓度为 $1.00\times10^{-3}\,mol\cdot L^{-1}$ 的氯离子标准溶液,测得电池的电动势为 $0.1321\,V$;已知氯电极的响应斜率为 58.0 mV/pCl,计算湖水中氯离子的浓度。

($3.3\times10^{-5}\,mol\cdot L^{-1}$ 或 $3.18\times10^{-5}\,mol\cdot L^{-1}$)

15. 用银电极为指示电极、饱和甘汞电极为参比电极,用 $AgNO_3$ 溶液滴定氯离子(Cl^-),计算化学计量点时银电极的电极电位。已知 $\varphi_{Ag^+/Ag}=0.800\,V$,$K_{sp,AgCl}=1.8\times10^{-10}$。

(0.512 V)

第八章　气相色谱分析

第一节　色谱分析简介

一、色谱分析

色谱法(chromatography)也称层析法或色层法,它是一种物理化学分离技术。这种方法与适当的分析检测手段相结合,就成为色谱分析法。1906 年俄国植物学家茨维特(Tswett)将植物叶色素提取液加到装有碳酸钙颗粒的玻璃柱上端,然后用石油醚淋洗柱子,结果色素中各组分互相分离,形成各种不同颜色的谱带,如图 8-1 所示。于是,茨维特就将这种分离方法形象地称为"色谱法",但现在色谱法已不仅仅限于有色物质的分离。

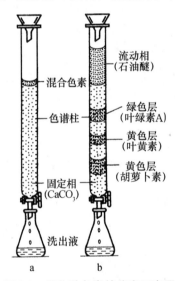

图 8-1　植物叶色素的分离示意图

在色谱分析中,将装入管内固定不动的物质如碳酸钙等称为固定相,将在管内连续流动的物质如石油醚等称为流动相,将装有固定相的管子或柱子(玻璃或不锈钢材料)称为色谱柱。

色谱法的实质是分离,它是根据物质中各组分在结构、性质上的差异,在流动相和固定相中作用力大小不同(吸附、脱附、极性、溶解、渗透性和亲和力等),在同一推动力作用下(重力、压力等),经过一定时间,不同组分因迁移速度不同,按一定顺序在柱中形成谱带或从柱中流出,因此,色谱法也称色谱分离分析法。

色谱分析法已经广泛运用于工农业生产、石油化工、环境保护、医药卫生、生命科学等各个领域。近 20 年来,色谱分析技术迅速发展,已成为分离和分析复杂微量、痕量组分的最有效的方法之一。目前已有许多类型的色谱分析方法,适应各种类型物质的分离分析。

二、色谱分析的分类

（一）按两相状态分类

从流动相存在的状态来分类，用气体作为流动相称为气相色谱分析（gas chromatography，GC）；用液体作为流动相称为液相色谱分析（liquid chromatography，LC）；若以超临界流体为流动相则称为超临界流体色谱分析（supercritial fluid chromatography，SFC）。

若从固定相存在的状态来分类，气相色谱分析和液相色谱分析又进一步可分为以下几种：

1. 气相色谱分析

（1）气-固色谱法（gas-solid chromatography，GSC）　固定相为固体吸附剂。

（2）气-液色谱法（gas-liquid chromatography，GLC）　固定相为液体。

2. 液相色谱分析

（1）液-固色谱法（liquid-solid chromatography，LSC）　固定相为固体吸附剂。

（2）液-液色谱法（liquid-liquid chromatography，LLC）　固定相为液体。

（二）按固定相的使用方法分类

1. 柱色谱法（column chromatography，CC）

将固定相装入管子中，流动相依靠重力或外压力沿管子(柱)的一个方向移动通过固定相。因其固定相装填方法不同，柱色谱柱法又分为填充色谱法和毛细管色谱法。

2. 平面色谱法（plane chromatography）

固定相呈平面状态叫平面色谱法，其又可分为纸色谱法和薄层色谱法。

（1）纸色谱法（paper chromatography，PC）　以滤纸为固定相，点样后，用适当的溶剂为流动相展开，以达到分离鉴定的目的。

（2）薄层色谱法（thin layer chromatography，TLC）　将作为固定相的固体粉末涂布在薄玻璃板上，经风干、活化处理，点样后用展开剂展开，再用显色剂显色，以达到分离鉴定的目的。

（三）按分离原理分类

（1）吸附色谱法（adsorption chromatography）　它是利用固体吸附剂（固定相）表面对各组分吸附能力大小不同进行分离的色谱法。

（2）分配色谱法（distribution chromatography）　它是利用固定液对各组分的溶解能力不同进行分离的色谱法。

（3）离子交换色谱法（ion exchange chromatography，IEC）　它是利用离子交换剂（固定相）对各组分的亲和力不同进行分离的色谱法。

（4）空间排阻色谱法（steric exclusion chromatography，SEC）　它是利用某些凝胶（固定相）对分子大小、形状不同的各组分所产生的阻滞作用不同而进行分离的色谱法。

（5）亲和色谱法（affinity chromatography，AC）　它是利用不同组分与固定相专属的亲和力不同进行分离的色谱法。

（6）超临界流体色谱法　超临界流体是一种处在临界温度和临界压力时既非气体又非液体的流体，以超临界流体为流动相（如 CO_2、NH_3、CH_3OH、CH_3CH_2OH 等）进行分离的色谱法称超临界色谱法。

三、色谱分析的发展

色谱分析作为分析化学中发展最快、应用最广的方法之一,多年来一直是分析化学研究的重点。20 世纪初相继出现的纸色谱法和薄层色谱法都是以液体为流动相,统称为经典液相色谱法。这类色谱分析法速度慢,分离效率低,重复性差,定量困难。50 年代气相色谱法兴起,把色谱分析法提高到分离与在线分析的水平,奠定了现代色谱法的基础。70 年代,高效液相色谱法得到发展,极大地扩大了色谱法的应用范围,把色谱法推进到新的阶段。80 年代初出现了超临界流体色谱法,超临界流体具有气态流动相传质快、黏度小的性能,又具有液态流动相溶剂化效应强的特点,兼有气相色谱和高效液相色谱的一些优点。80 年代末发展起来的毛细管电泳法(capillary electrophoresis)成为分离效果最佳的分离分析方法,主要用于生物大分子的分离分析,它是生命科学研究的重要分析手段。

色谱分析发展迅速,总的发展趋势可以归纳为以下三个方面:

(1)智能化色谱

随着气相色谱和高效液相色谱专业软件的出现,新型仪器具有推荐工作条件、实验方法,优化实验条件,解析并给出实验结果的功能。智能化色谱仍然是研究和发展的方向。

(2)色谱-质谱联用技术和色谱-光谱联用技术

联用技术充分发挥了色谱分离技术和谱学高灵敏检测技术的功能,成为分析复杂混合物的有效手段。例如,气相色谱和质谱联用(GC-MS)、液相色谱和质谱联用(LC-MS)、气相色谱和傅立叶变换红外光谱联用(GC-FTIR)、液相色谱与紫外光谱联用(LC-UV)等,都已有商品化仪器,可以同时获得定性和定量信息。

(3)二维色谱法

将两种色谱法联用称为二维色谱法。两种色谱法联用可以分离一些难以分离的物质。常见的有 GC-GC(如 GLC-GSC)、LLC-SFC、LLC-IEC 等二维色谱法,可以获得二维色谱图谱及更多的色谱信息。

四、色谱流出曲线和术语

在色谱法中,当加入样品后,样品中的各组分在流动相的推动下不断向前移动,在流动相和固定相的反复作用下,由于各组分的结构、性质不同,作用力大小不同,不同组分迁移速度不同,滞留在固定相中的时间则不同。分离后的各组分经检测器转换成电信号而被记录下来,得到信号(mV)随时间变化的曲线,称为色谱流出曲线或色谱图。图 8-2 为色谱流出曲线示意图。曲线中有 4 个色谱峰,它表明样品中有 4 种不同组分。色谱图反映了某一时间流出色谱柱的组分和强度。

在一定的进样量范围内,色谱峰应该是正态分布曲线。它是进行色谱定性、定量分析及评价色谱分离情况的依据。色谱流出曲线如图 8-3 所示。

(一)基线

基线是柱中仅有流动相通过时,检测器响应讯号的记录值。稳定的基线应该是一条水平直线。

(二)保留值

保留值是各组分在色谱中的滞留或保留的量度,也是各组分与固定相作用力大小的量度。在一定的固定相和操作条件下,任何物质都有确定的保留值。保留值一般用保留

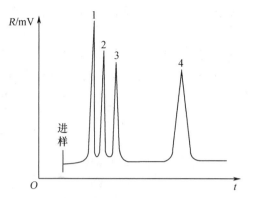

图 8-2　色谱流出曲线(色谱图)

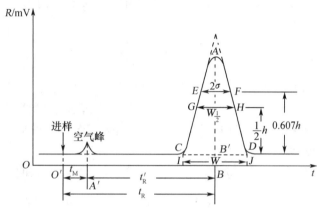

图 8-3　色谱流出曲线

时间和保留体积来表示。

1. 保留时间(t_R)

指试样从进样开始到柱后出现色谱峰最大值时所需的时间,如图 8-3 中的 $O'B$ 段时间。

2. 死时间(t_M)

指不被固定相吸附或溶解的物质(如空气、甲烷等)进入色谱柱后,从进样到出现色谱峰最大值所需的时间,如图 8-3 中的 $O'A'$ 段时间。

3. 调整保留时间(t'_R)

指某组分的保留时间扣除死时间后的保留时间,如图 8-3 中的 $A'B$ 段时间,即

$$t'_R = t_R - t_M \tag{8-1}$$

由于组分在色谱柱中的保留时间 t_R 包含了组分随流动相通过柱子所需的时间和组分在固定相中滞留所需的时间,所以 t'_R 实际上是组分在固定相中停留的时间。保留时间可用时间单位(如 s)或距离单位(如 cm)表示。

4. 保留体积(V_R)

指从进样开始到被测组分在柱后出现峰值最大时所通过的流动相体积。保留体积与保留时间 t_R 的关系如下:

$$V_R = t_R \cdot F_c \tag{8-2}$$

其中 F_c 是指流动相体积流速（mL·min^{-1}或 mL·s^{-1}）。

5. 死体积(V_M)

指色谱柱在填充后，柱管内固定相颗粒间所剩留的空间、色谱仪中管路和连接头间的空间以及检测器的空间的总和。当后两项很小而可忽略不计时，死体积可由死时间与流动相体积流速 F_c 相乘得到：

$$V_M = t_M \cdot F_c \tag{8-3}$$

6. 调整保留体积(V_R')

指某组分的保留体积扣除死体积后的保留体积，即

$$V_R' = V_R - V_M \tag{8-4}$$

7. 相对保留值($r_{2,1}$)

它实际上是相对调整保留值，某组分 2 的调整保留值与组分 1 的调整保留值之比，即

$$r_{2,1} = \frac{t_{R(2)}'}{t_{R(1)}'} = \frac{V_{R(2)}'}{V_{R(1)}'} \tag{8-5}$$

由于相对保留值只与柱温及固定相的性质有关，而与柱径、柱长、填充情况及流动相流速无关，因此，它是色谱法中，特别是气相色谱法中广泛使用的定性数据。$r_{2,1}$ 可表示色谱柱的选择性，也称选择因子。$r_{2,1}$ 可能大于 1，也可能小于 1。$r_{2,1}$ 等于 1 时，两组分不能分离。

在多元混合物分析中，通常选择一对最难分离的物质，将它们的相对保留值作为重要参数，称为选择因子。在这种特殊情况下，可用符号 $a_{2,1}$ 表示，即 $a_{2,1} = \frac{t_{R(2)}'}{t_{R(1)}'}$，或 $a_{i,s} = \frac{t_{R(i)}'}{t_{R(s)}'}$，此时，选择因子 $a_{2,1}$ 总是大于 1 的。$r_{2,1}$ 或 $a_{2,1}$ 往往作为衡量固定相的选择性的指标。

（三）区域宽度

色谱峰的区域宽度是组分在色谱柱中谱带扩张或展宽的量度。一般区域宽度越窄越好，度量色谱峰区域宽度通常有三种方法：

1. 标准偏差 σ

色谱峰是高斯曲线，可用标准偏差 σ 表示峰的区域宽度。即 0.607 倍峰高处色谱峰宽的一半，如图 8-3 中 EF 间距离的一半。

2. 半峰宽 $W_{\frac{1}{2}}$

即峰高一半处对应的峰宽，如图 8-3 中 GH 间的距离，它与标准偏差 σ 的关系是：

$$W_{\frac{1}{2}} = 2.354\sigma$$

3. 峰底宽 W

即色谱峰两侧拐点上的切线在基线上的截距，如图 8-3 中 IJ 间的距离，它与标准偏差 σ 的关系是：

$$W = 4\sigma$$

从色谱流出曲线上，可以得到许多有关组分的重要信息：

（1）根据色谱峰的个数，可以判断样品中所含组分的最少个数；

（2）根据色谱峰的保留值（或位置），可以进行定性分析；

（3）根据色谱峰的面积或峰高，可以进行定量分析；

（4）色谱峰的保留值及其区域宽度，是评价色谱柱分离效能的依据；

（5）色谱峰两峰间的距离，是评价固定相（和流动相）选择是否合适的依据。

第二节 气相色谱分析基本理论

气相色谱分析是采用气体作为流动相的一种色谱分析方法，作为流动相的气体称为载气。载气一般是不与固定相发生作用的惰性气体，如氢气或氮气等。载气的黏度小，在色谱柱中的流动阻力小，因此，气相色谱操作简单，分析速度快。气相色谱法灵敏度高、选择性好，广泛应用于沸点在 350℃ 以下，相对摩尔分子质量在 400 以下物质的分析。气相色谱分析不仅可以分析气体，也可以分析液体或固体；不仅可以分析有机物，也可以分析部分无机物。

一、气相色谱分离过程

根据气相色谱固定相不同可分为气-固色谱（GSC）和气-液色谱（GLC）。

气-固色谱中的固定相是一种具有多孔性及较大表面积的吸附剂。当载气携带试样流过固定相时，试样就被固定相所吸附。载气不断流过固定相，被吸附着的试样又被解吸下来，这一过程称为脱附。然后试样组分随着流动相往前流动，又被前面的固定相吸附。随着载气的流动，试样组分在两相间反复进行吸附和脱附。正如前面所述，由于试样中各组分与固定相的相互作用不同，也就是固定相吸附各组分的能力不同，较难被吸附的组分就较容易被流动相带走，较快地向前移动。容易被吸附的组分就较不容易被流动相带走，因此向前移动得慢些。每一次的吸附与脱附过程使各组分之间在保留时间上产生了微小差异，经过一定时间后，吸附和脱附的过程反复进行，这些微小差异就会累积，使得各组分在固定相上的保留时间产生很大的差别，从而使各组分彼此分离，按先后不同的顺序流出色谱柱。因此，把组分在固定相和流动相之间发生的吸附、脱附过程称为分配过程。

气-液色谱的固定相是由化学惰性多孔固体表面涂敷一层高沸点有机化合物液膜（固定液）构成。试样在气液色谱中的分离过程与在气-固色谱中类似。只不过组分在其中经历的是在固定液中的溶解与挥发反复进行的过程。同样，由于各组分与固定液的相互作用大小不同，表现出来就是各组分在固定液中的溶解能力不同，溶解度大的组分较难挥发，停留在固定液中的时间就长些，向前移动就慢。而溶解度小的组分向前移动快，在固定液中停留的时间短。经过一定时间后，各组分在柱中停留的时间就出现差异，从而各组分就分离开来。同样，把组分在两相之间发生的溶解、挥发过程也称为分配过程。

二、分配平衡

色谱分析中，在一定温度和压力下，组分在流动相和固定相之间所达到的平衡状态称为分配平衡，为了描述这一分配行为，常采用分配系数 K 和分配比 k 来表示。

（一）分配系数 K

组分在两相之间达到分配平衡时，该组分在固定相中的浓度与在流动相中的浓度之比是一个常数,这一常数称为分配系数,用 K 表示。

$$K = \frac{c_s}{c_m} \qquad (8\text{-}6)$$

式中,c_s 为组分在固定相中的浓度,c_m 为组分在流动相中的浓度。

气相色谱的分离过程如图 8-4 所示。

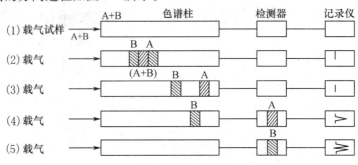

图 8-4　气相色谱分离过程示意图

试样是由 A、B 两组分组成的混合物,被载气携带进入色谱柱中,两组分随载气沿柱向出口方向不断移动时,A、B 两组分在两相之间不断处于分配平衡过程中。由于 $K_B >$ K_A,它们在柱中差速迁移而逐渐分离。其中分配系数小的 A 组分先被载气带出柱进入检测器,记录仪先绘出 A 组分的色谱峰。此时,分配系数较大的 B 组分仍滞留在柱内,最后 B 组分也流出色谱柱被检测出峰。

(二) 分配比 k

组分在两相之间达到分配平衡时,该组分在固定相中的质量与在流动相中的质量之比称为分配比,也称为容量因子,用 k 表示。

$$k = \frac{m_s}{m_m} \qquad (8\text{-}7)$$

分配比 k 与分配系数 K 有如下关系:

$$k = \frac{m_s}{m_m} = \frac{c_s V_s}{c_m V_m} = K \frac{V_s}{V_m} = \frac{K}{\beta} \qquad (8\text{-}8)$$

式(8-7)和式(8-8)中,V_s 为色谱柱中固定相的体积;V_m 为柱中流动相的体积。V_m 与 V_s 之比称为相比,用 β 表示,β 反映了各种色谱柱柱型及其结构的特性,填充柱的 β 值约为 $6 \sim 35$,毛细管柱的 β 值约为 $50 \sim 1500$。

从分配系数及分配比的定义及它们间的关系可以看出:

(1) 分配比和分配系数都是反映组分与固定相相互作用的重要参数,无论固定相对组分是吸附作用还是溶解作用,都与温度和压力有关,所以分配系数和分配比是随柱温、柱压变化而变化的热力学参数。

(2) 分配系数只取决于组分和两相性质,与两相体积无关;而分配比不仅与组分和两相性质有关,还与相比有关。

(3) 对于一定的色谱体系,组分的分离最终取决于组分在每相中的相对质量,而不是相对浓度,因此,分配比 k 是衡量色谱柱对组分保留能力的重要参数。在实际色谱分析中,某组分的分配比 k 值可由色谱流出曲线测得,k 等于该组分的调整保留时间与死时间的比值,即

$$k = \frac{t_R - t_M}{t_M} = \frac{t_R'}{t_M} = \frac{V_R'}{V_M} \qquad (8\text{-}9)$$

由于 k 值可以很方便地由实验测得,故分配比 k 比分配系数 K 更常用。由式(8-8)和式(8-9)可知,k 值越大,保留时间越长,组分分配在固定相中的量越多,相当于柱的容量越大,因此,分配比又称容量因子。k 值为零的组分,其保留时间 t_R 即为死时间 t_M,即组分不被柱保留。k 不仅和热力学因素(T、P 等)有关,也和柱的形状、结构有关。

(4)由式(8-5)、式(8-8)和式(8-9)可知,柱的选择性不但可以用 $r_{2,1}$ 表示,还可以用相邻两组分在柱中的分配系数或分配比来表示。

$$r_{2,1} = \frac{t_{R(2)}'}{t_{R(1)}'} = \frac{K_{(2)}}{K_{(1)}} = \frac{k_{(2)}}{k_{(1)}} \qquad (8\text{-}10)$$

式(8-10)说明 $r_{2,1}$ 越大,则两组分的 K 或 k 值差异越大,峰间距越大,柱的选择性越好。所以,$r_{2,1}$ 可作为色谱柱选择性指标。

三、色谱分离的基本理论

色谱分析的首要问题是试样中各组分的分离。组分分离的必要条件,一是相邻两组分的峰间距离即保留时间之差 Δt_R 应足够大,它由热力学因素决定,如分配系数 K、分配比 k 或柱的选择性 $r_{2,1}$;二是组分峰的半峰宽 $W_{\frac{1}{2}}$ 应足够小,它由组分在色谱柱中的动力学因素决定。在讨论色谱柱的分离效能时,必须全面考虑这两个因素。下面讨论塔板理论和速率理论。

(一)塔板理论

塔板理论是 1941 年马丁(Martin)提出的半经验理论。它把色谱柱比拟为精馏塔,把色谱分离过程比拟为分馏过程。假设色谱柱是由一系列连续的、相等的水平塔板组成。每一块塔板高度用 H 表示,称为塔板高度,简称板高。在每一块塔板上,组分很快地达到分配平衡,然后随着流动相一个一个塔板地向前移动(忽略塔板间的纵向分子扩散)。对一根长为 L 的色谱柱,组分在柱中分配平衡的次数,即色谱柱的理论塔板数 n 为

$$n = \frac{L}{H} \qquad (8\text{-}11)$$

由式(8-11)可知,在色谱柱长度 L 固定后,塔板高度 H 越小,柱的理论塔板数 n 越大,组分在柱中的分配次数就越多,柱效能就越高,分离情况就越好,同一组分在出峰时就越集中,峰形就越窄。根据塔板理论,可以得出如下结论:

(1)当色谱柱的理论塔板数 n 大于 50 时,就可以得到基本对称的色谱流出曲线(色谱峰)。如在气相色谱中,n 约为 $10^3 \sim 10^6$,因此,色谱流出曲线可趋近于正态分布,如图8-3所示。

(2)当试样进入色谱柱后,只要各组分在两相间的分配系数或分配比有微小差异,经过反复多次的分配平衡,即 n 次分配平衡后,各组分仍然可以得到很好的分离。

(3)根据塔板理论可以导出理论塔板数 n 的半经验计算公式:

$$n = 5.54 \left(\frac{t_R}{W_{\frac{1}{2}}} \right)^2 = 16 \left(\frac{t_R}{W} \right)^2 \qquad (8\text{-}12)$$

在式(8-12)中,t_R 与 $W_{\frac{1}{2}}$、W 应采用同一单位(时间或距离)。由式(8-12)可知,当 t_R 一

定时,色谱峰越窄,即 $W_{\frac{1}{2}}$、W 越小时,理论塔板数 n 越大,则理论塔板高度 H 就越小,此时,色谱柱的柱效能就越高。因此,n 和 H 是描述色谱柱效能的指标。

在实际工作中,由式(8-11)、式(8-12)计算出来的 n 和 H 值有时不能真实地反映色谱柱的分离效能。因为采用 t_R 计算时,没有扣除死时间 t_M。因此,提出了将 t_M 扣除的有效塔板数 $n_{有效}(n_{eff})$ 和有效塔板高度 $H_{有效}(H_{eff})$ 作为有效的柱效能指标。

$$n_{有效} = 5.54\left(\frac{t'_R}{W_{\frac{1}{2}}}\right)^2 = 16\left(\frac{t'_R}{W}\right)^2 \tag{8-13}$$

$$H_{有效} = \frac{L}{n_{有效}} \tag{8-14}$$

应该指出,同一色谱柱对不同物质的柱效能是不一样的,因为在相同条件下,不同物质的保留值不同。因此,在说明柱效能时,除注明色谱条件外,还应指出是用什么物质来进行测量的。

【例题 8-1】 已知某组分峰底宽 $40\,s$,保留时间为 $400\,s$,计算此色谱柱的理论塔板数 n。

【解】 $n = 16\left(\frac{t_R}{W}\right)^2 = 16\times\left(\frac{400}{40}\right)^2 = 1600$(块)。

【例题 8-2】 已知一根 $2\,m$ 长的色谱柱,其有效塔板数为 1600 块,组分 A 在该柱上的调整保留时间为 $100\,s$,求 A 组分色谱峰的半峰宽及有效塔板高度。

【解】 由 $n_{有效} = 5.54\left(\frac{t'_R}{W_{\frac{1}{2}}}\right)^2$ 得

$$W_{\frac{1}{2}} = \sqrt{\frac{5.54}{n_{有效}}}\times t'_R = \sqrt{\frac{5.54}{1600}}\times 100 = 5.9(s)。$$

$$H_{有效} = \frac{L}{n_{有效}} = \frac{2\,000}{1\,600} = 1.25(mm)。$$

【例题 8-3】 在长 $2\,m$ 的 5% 阿皮松柱,$100℃$ 柱温,记录仪纸速 $2.0\,cm \cdot min^{-1}$ 的实验条件下,测得苯的保留时间为 $1.50\,min$,半峰宽为 $0.20\,cm$,求该柱的理论塔板数和塔板高度。

【解】 $n_{苯} = 5.54\left(\frac{t_R}{W_{\frac{1}{2}}}\right)^2 = 5.54\times\left(\frac{1.50}{0.20/2.0}\right)^2 = 1247$(块)。

$$H_{苯} = \frac{L}{n} = \frac{2\,000}{1\,247} = 1.6(mm)。$$

塔板理论初步阐述了物质在色谱柱中的分配情况。它用热力学的观点说明了组分在色谱柱中的分配平衡,解释了色谱流出曲线的形状,提出了计算和评价柱效能的参数 n 和 H。但是塔板理论某些假设不严格,例如,柱中分配平衡假设很快达到,流动相一个一个塔板地向前移动,塔板间的纵向分子扩散被忽略等等。因此,塔板理论不能解释流动相在不同流速时塔板数不同这一实验现象,也不能说明色谱峰为什么会展宽,更不能解释色谱操作如何影响分离效果,因而塔板理论不能解决如何提高柱效能等问题。

(二) 速率理论——范第姆特方程

1956 年荷兰科学家范第姆特(Van Deemter)等人吸收了塔板理论中的一些概念,并把影响塔板高度(H)的动力学因素结合起来,建立了色谱过程的动力学理论,即速率理论。速率理论认为:组分在柱中两相间达到分配平衡的实际速率,除了热力学因素外,还应包括动力学因素,即组分在两相间的扩散和传质过程。根据色谱柱内组分的运动速率,可以说明影响塔板高度 H 和色谱峰展宽的各种因素。

从动力学理论导出塔板高度(H)与流动相线速度(u)以及影响 H 的三项主要因素之间的关系,称为范第姆特方程或板高方程,即

$$H=A+\frac{B}{u}+Cu \tag{8-15}$$

式中,H 为塔板高度(cm 或 mm);u 为流动相的线速度(cm·s^{-1});A 为涡流扩散项(cm);B 为分子扩散系数(cm^2·s^{-1});$\frac{B}{u}$为分子扩散项(cm);C 为传质阻力系数(s),它包括气相传质阻力系数(C_g)和液相传质阻力系数(C_1);Cu 为传质阻力项(cm)。

式(8-15)中,A、B、C 为常数。式中三项分别代表涡流扩散、分子扩散和传质阻力对塔板高度(H)的贡献。下面分别讨论动力学三个常数及流动相线速度 u 对塔板高度(H)的影响效应。

1. 涡流扩散项 A

当组分随流动相流向色谱柱出口时,组分和流动相受到填料颗粒的阻力,不断改变流动方向,使同一组分的不同分子在通过填料的过程中所走的路径不一样。所取路径最长和最短的组分分子流出色谱柱的时间相差越大,则峰的展宽越大。组分分子在前进过程中形成的这种紊乱类似于"涡流"的流动,所以 A 项称为涡流扩散项。如图 8-5 所示。

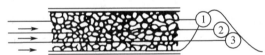

图 8-5 涡流扩散对峰的展宽

显然,涡流扩散项 A 与填充物的平均颗粒直径 d_p 和填充的不均匀(不规则)因子 λ 成正比,涡流扩散项 A 为

$$A=2\lambda d_p(\text{cm}) \tag{8-16}$$

由式(8-16)可知,使用适当细颗粒,均匀填充,可以减小 A 值,使峰展宽程度减小,塔板高度减小,提高柱效能。对于空心毛细管柱,$A=0$。

2. 分子扩散项 $\frac{B}{u}$

分子扩散项又称纵向分子扩散项。在气相色谱中,组分被流动相载气带入色谱柱后,以"塞子"形式存在于柱中一小段空间,在"塞子"前后存在着浓度差,自发地引起组分分子由高浓度向低浓度纵向扩散,使色谱峰展宽,如图 8-6 所示。

纵向扩散引起的峰展宽的大小由下式决定。

$$B=2\gamma D_g(\text{cm}^2·\text{s}^{-1}) \tag{8-17}$$

则
$$\frac{B}{u}=\frac{2\gamma D_g}{u}(\text{cm}) \tag{8-18}$$

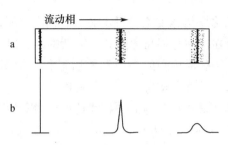

流动相 ⟶

a

b

图 8-6　分子扩散对峰的展宽

a. 柱内谱带浓度分布梯度；b. 相应的响应信号

式(8-17、8-18)中，B 为分子扩散系数(cm^2·s^{-1})；γ 为弯曲因子，它反映了填充柱固定相颗粒使组分分子自由扩散降低的程度，无填充物时，扩散程度最大，$\gamma=1$；D_g 为组分在气相中的扩散系数(cm^2·s^{-1})，D_g 与许多因素有关系，其中 D_g 与流动相的相对分子质量(M)有关，$D_g \propto \dfrac{1}{M^{\frac{1}{2}}}$，若载气的 M 大，D_g 就小。为了减小分子扩散项 $\dfrac{B}{u}$，常采用相对分子质量大的载气如氮气为载气，选用较高的载气线速度 u，同时还可以降低柱温和柱压，使 $\dfrac{B}{u}$ 项减小，从而使 H 减小，提高柱效能。

3. 传质阻力项 Cu

在气液填充柱中，组分在气相、液相中溶解、扩散、分配的过程叫传质过程。影响传质过程的阻力叫传质阻力。在传质阻力项 Cu 中，C 为传质阻力系数，它包括气相传质阻力系数 C_g 和液相传质阻力系数 C_l，即

$$C=C_g+C_l \tag{8-19}$$

气相传质过程是指组分从气相移动到固定相表面的过程。这一过程中，组分将在气液两相间进行质量交换，即进行浓度或质量分配。若这个过程进行的速度较缓慢，就会引起色谱峰的展宽。影响气相传质阻力系数 C_g(s)的因素如式(8-20)所示。

$$C_g=\frac{0.01k^2}{(k+1)^2} \cdot \frac{d_p^2}{D_g}(s) \tag{8-20}$$

式(8-20)中，k 为分配比(容量因子)，$k=\dfrac{t_R'}{t_M}$ 或 $k=\dfrac{K}{\beta}$；d_p 为填充物的平均直径(cm)；D_g 为组分在气相中的扩散系数(cm^2·s^{-1})。

由式(8-21)可知，C_g 与组分在气相中的扩散系数 D_g 成反比。在实际操作中，应采用细颗粒的固定相和相对分子质量小的气体(如 H_2、He)为载气，降低气相传质阻力，从而减小 H，提高柱效能。

液相传质过程是指组分从固定相的气液界面移动到液相内部，并发生质量交换，达到分配平衡，然后又返回到气液界面的传质过程。若传质过程时间长，表示液相传质阻力大，将会使峰展宽。影响液相传质阻力系数 C_l 的因素如式(8-21)所示。

$$C_l=\frac{2}{3}\frac{k}{(k+1)^2} \cdot \frac{d_f^2}{D_l}(s) \tag{8-21}$$

式(8-21)中，k 为分配比；d_f 为固定相的液膜厚度(cm)；D_l 为组分在液相中的扩散系数(cm^2·s^{-1})。

由式(8-21)可知,减小液膜厚度、使液膜薄而均匀、提高柱温能使组分在液相中的扩散系数 D_1 增大,都可以减小液相传质阻力,提高柱效能。

将式(8-16)、式(8-18)、式(8-20)、式(8-21)代入范第姆特方程式(8-15)中得

$$H = A + \frac{B}{u} + (C_g + C_l)u$$

$$H = 2\lambda d_p + \frac{2\gamma D_g}{u} + \left[\frac{0.01k^2}{(k+1)^2} \cdot \frac{d_p^2}{D_g} + \frac{2}{3} \frac{k}{(k+1)^2} \cdot \frac{d_f^2}{D_1} \right]u \qquad (8-22)$$

由式(8-22)可知,当流动相的线速度 u 一定时,只有在 A、B、C 三常数较小时,塔板高度才能较小,柱效能才高;反之,柱效能低,色谱峰将展宽。该公式对色谱分离条件的选择提供了理论依据。

4. 流动相的流速 u 对塔板高度的影响

根据式(8-22),测定不同流动相线速度 u 时的对应塔板高度 H,可作气相色谱的 H-u 关系曲线,如图 8-7 所示。由此图可以看出,A 项(直线 3)与流动相的线速度和性质无关,表现为一等高的平行线。在低流速时,由于纵向分子扩散作用明显,$\frac{B}{u}$ 项对塔板高度 H 的影响更大。此时,增大流速可以降低 H,但随着流速增大,传质阻力开始增大。在高流速区,Cu 项对 H 的影响更大,随着 u 的增大,H 也增大。

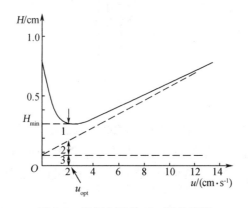

图 8-7　气相色谱的 *H-u* 双曲线图

1. $\frac{B}{u}$；2. Cu；3. A

在气相色谱的 H-u 双曲线图上有一个最低点,它对应的 u 值和 H 值分别称为最佳线速度(u_{opt})和最小塔板高度(H_{min})。u_{opt} 和 H_{min} 值可以通过对范第姆特方程求极值得到,即将 $H = A + \frac{B}{u} + Cu$ 对 u 微分,即

$$\frac{dH}{du} = -\frac{B}{u^2} + C$$

令　$\frac{dH}{du} = 0$,

得 $$u_{opt} = \sqrt{\frac{B}{C}} \qquad (8-23)$$

将 u_{opt} 代入 $H = A + \frac{B}{u} + Cu$ 中,

得 $$H_{min}=A+2\sqrt{BC} \qquad (8\text{-}24)$$

由式(8-23)和式(8-24)可知,在 GC 中,当 $u<u_{opt}$ 时,H 由 $\dfrac{B}{u}$ 项控制;当 $u>u_{opt}$ 时,H 由 Cu 控制;当 $u=u_{opt}$ 时,A、B 和 C 三个常数最小,塔板高度最小,即有 H_{min},这种色谱操作条件下,色谱柱的效能最高。

四、色谱分离效能

(一) 分离度

在色谱分析中,衡量色谱柱对组分的分离效果常从以下两方面来评价:一是应具有较高的柱效能,即理论塔板数 n 应该足够大或塔板高度很小,色谱峰要窄;二是柱的选择性应该好,相对保留值应该大于 1。然而这两个指标并不能说明各组分的真实分离效果。色谱峰的分离效果可直观地表现在色谱峰的峰间距离,即两组分的保留值之差(Δt_R 或 $\Delta t'_R$)以及峰宽($W_{\frac{1}{2}}$)两方面。只有当相邻两个色谱峰距离较大,峰宽较窄时,两组分才能得到良好的分离效果。图 8-8 反映了柱效能和选择性对分离的影响。

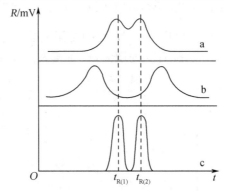

图 8-8 柱效能和选择性对两峰分离的影响

图中(a)两色谱峰峰形宽且严重相叠,表明柱效能和选择性都差;(b)两峰间距足够大,但峰形宽,说明柱的选择性好,但柱效能低;(c)分离最理想,说明选择性好,柱效能也高。

由此可见,单独用柱效能或选择性都不能真实地反映组分在色谱柱中的分离情况,现用分离度(R)作为色谱柱的总分离效能指标来定量地判断两色谱峰分离的程度。分离度定义为相邻两组分色谱峰保留值之差与两组分色谱峰峰底宽平均值之比,即

$$R=\frac{t_{R(2)}-t_{R(1)}}{\frac{1}{2}(W_{(2)}+W_{(1)})}=\frac{2(t_{R(2)}-t_{R(1)})}{W_{(2)}+W_{(1)}} \qquad (8\text{-}25)$$

或

$$R=\frac{t'_{R(2)}-t'_{R(1)}}{\frac{1}{2}(W_{(2)}+W_{(1)})}=\frac{2(t'_{R(2)}-t'_{R(1)})}{W_{(2)}+W_{(1)}} \qquad (8\text{-}26)$$

若两峰峰底宽相等,则

$$R=\frac{t_{R(2)}-t_{R(1)}}{W_{(2)}} \text{ 或 } R=\frac{t'_{R(2)}-t'_{R(1)}}{W_{(2)}} \qquad (8\text{-}27)$$

理论证明,若两峰皆为高斯曲线并且对称,则 $R\geqslant1$ 时,两峰分离程度可达 98% 以上;$R\geqslant1.5$ 时,两峰分离程度可达 99.7%。因此,以 $R=1.5$ 为相邻两色谱峰完全分离的

标志。

（二）分离度与柱效能、选择性的关系公式

将 R 与柱效能（n、H、W）、选择性（$r_{2,1}$）联系起来，可以推算并得到色谱分离的一系列基本方程式。

由式(8-12) $n=16\left(\dfrac{t_R}{W}\right)^2$ 或 $n=16\left(\dfrac{t_{R(2)}}{W_{(2)}}\right)^2$ 得

$$\frac{1}{W}=\frac{\sqrt{n}}{4}\frac{1}{t_R}$$

代入式(8-27)得

$$R=\frac{t'_{R(2)}-t'_{R(1)}}{W_{(2)}}=\frac{\sqrt{n}}{4}\left(\frac{t'_{R(2)}-t'_{R(1)}}{t_{R(2)}}\right)$$

$$R=\frac{\sqrt{n}}{4}\left(\frac{t'_{R(2)}-t'_{R(1)}}{t'_{R(2)}+t_M}\right) \tag{8-28}$$

整理后可得

$$R=\frac{\sqrt{n}}{4}\left(\frac{\dfrac{t'_{R(2)}}{t'_{R(1)}}-1}{\dfrac{t'_{R(2)}}{t'_{R(1)}}}\right)\cdot\left(\frac{\dfrac{t'_{R(2)}}{t_M}}{\dfrac{t'_{R(2)}}{t_M}+1}\right)$$

因为 $\dfrac{t'_{R(2)}}{t'_{R(1)}}=r_{2,1}$，$\dfrac{t'_{R(2)}}{t_M}=k_{(2)}$，代入上式后得

$$R=\frac{\sqrt{n}}{4}\left(\frac{r_{2,1}-1}{r_{2,1}}\right)\cdot\left(\frac{k_{(2)}}{k_{(2)}+1}\right) \tag{8-29}$$

由式(8-29)讨论结果如下：

1. 柱效能项 $\left(\dfrac{\sqrt{n}}{4}\right)$

分离度 R 与 $\sqrt{n}$ 成正比。柱效能 n 越大，分离效果越好。

2. 柱选择性项 $\left(\dfrac{r_{2,1}-1}{r_{2,1}}\right)$

$\dfrac{r_{2,1}-1}{r_{2,1}}$ 为柱选择性项，它主要取决于色谱柱的固定相的性质。当 $r_{2,1}>1$ 时才有分离的可能。$r_{2,1}$ 越大，分离度 R 越大，柱的选择性越好。当 $r_{2,1}=1$ 时，则 $R=0$，无论怎样提高柱效能也不能使相邻两组分分离开来。

3. 柱容量因子项 $\left(\dfrac{k_{(2)}}{k_{(2)}+1}\right)$

$\dfrac{k_{(2)}}{k_{(2)}+1}$ 为柱容量因子项，k_2 为相邻两组分中后流出组分的容量因子（分配比）。增大 $k_{(2)}$ 可以提高分离度 R，但是当 $k_{(2)}>5$ 时，$k_{(2)}$ 对 R 的影响越来越小，而且增大 k 还会延长分离时间，引起色谱峰展宽。因此，k 值一般在 $1\sim5$ 之间为宜。

根据式(8-12)和(8-13)，即

$$\begin{cases} n = 16\left(\dfrac{t_R}{W}\right)^2 \\[2mm] n_{eff} = 16\left(\dfrac{t_R'}{W}\right)^2 \end{cases}$$

两式相除得

$$\frac{n}{n_{eff}} = \left(\frac{t_R}{t_R'}\right)^2$$

又知 $k = t_R'/t_M$，即 $t_R' = kt_M$，则 $t_R = t_M(1+k)$，代入上式得

$$\frac{n}{n_{eff}} = \left[\frac{t_M(1+k)}{kt_M}\right]^2 = \left(\frac{1+k}{k}\right)^2$$

$$n = \left(\frac{1+k}{k}\right)^2 \cdot n_{eff}$$

将上式代入式(8-29)得

$$R = \frac{\sqrt{n_{eff}}}{4}\left(\frac{r_{2,1}-1}{r_{2,1}}\right) \tag{8-30}$$

由式(8-30)得

$$n_{eff} = 16R^2\left(\frac{r_{2,1}}{r_{2,1}-1}\right)^2 \tag{8-31}$$

由 $H_{eff} = \dfrac{L}{n_{eff}}$ 得

$$L = n_{eff} \cdot H_{eff} = 16R^2\left(\frac{r_{2,1}}{r_{2,1}-1}\right)^2 \cdot H_{eff} \tag{8-32}$$

以上式(8-29)、式(8-30)、式(8-31)都是色谱分离的基本公式。由此得出通过提高塔板数 n、增加选择性 $r_{2,1}$、控制容量因子 $k=1\sim5$ 来改善色谱柱的分离度 R。在实际工作中，增加柱长 L，制备性能优良的色谱柱可以提高 n 值；改变固定相使各组分的分配系数或分配比有较大差别，可使 $r_{2,1}$ 增加；改变柱温可以改善 k。色谱分离基本公式为色谱分离条件的选择提供了理论依据。

【例题 8-4】 在一根长度为 1 m 的填充柱上，空气的保留时间为 5 s，苯和环己烷的保留时间分别为 45 s 和 49 s，环己烷色谱峰峰底宽度为 5 s，柱的分离度为多少？欲得到 $R=1.2$ 的分离度，有效理论塔板数应为多少？需要的柱长为多少？

【解】 首先求出环己烷对苯的相对保留值 $r_{2,1}$，即

$$r_{2,1} = \frac{t_{R(2)}'}{t_{R(1)}'} = \frac{49s-5s}{45s-5s} = 1.1。$$

(1) 由式(8-27)求得分离度

$$R = \frac{t_{R(2)}' - t_{R(1)}'}{W_{(2)}} = \frac{44s-40s}{5s} = 0.8。$$

(2) 由式(8-13)可知该柱的 n_{eff} 为

$$n_{eff} = 16\left(\frac{t_R'}{W}\right)^2 = 16\left(\frac{49s-5s}{5s}\right)^2 \approx 1\,239（块）。$$

(3) 若使 $R=1.2$，所需的塔板数 n_{eff} 可由式(8-31)计算，即

$$n_{\text{eff}} = 16R^2 \left(\frac{r_{2,1}}{r_{2,1}-1} \right)^2 = 16 \times (1.2)^2 \times \left(\frac{1.1}{0.1} \right)^2 \approx 2\,788\,(\text{块})\,,$$

则
$$L = \frac{1\text{m}}{1\,239} \times 2\,788 = 2.25\,\text{m}_\circ$$

第三节　气相色谱仪

一、气相色谱仪的主要部件及其功能

气相色谱仪的型号和种类较多,但它们主要包括以下六大系统:气路系统、进样系统、分离系统(色谱柱)、温控系统、检测系统和记录系统。气相色谱仪的基本结构如图 8-9 所示。

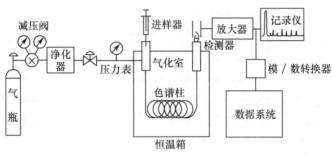

图 8-9　气相色谱仪结构示意图

(一) 气路系统

气相色谱仪的气路系统提供稳定压力的载气,它是色谱分离的动力。气路系统是一个连续运行、密闭的管路系统,它需达到气路压力稳定、流体流量测量准确、流速控制方便等要求。

载气的种类有 N_2、H_2、Ar、He 等。气路的管路包括气瓶、减压阀、净化器、色谱柱、检测器。载气的流量大小和稳定性对色谱峰有较大影响,通常流量控制在 $30\,\text{mL} \cdot \text{min}^{-1} \sim 100\,\text{mL} \cdot \text{min}^{-1}$。柱前的载气流量用转子流量计指示,作为分离条件选择的相对参数。大气压下柱后流量一般用皂膜流量计测量。

气相色谱仪的载气气路有单柱气路和双柱气路两种。双柱气路分两路进入色谱柱和检测器。其中一路作为分离分析用,而另一路不携带试样组分,用于补偿由于温度变化、载气流量波动所产生的噪音对分析结果的影响。

(二) 进样系统

进样系统的作用是把试样快速而定量地注入到色谱柱上端。它包括进样器和气化室两部分。对于气体试样常用旋转式六通阀进样,进样时转阀 $60°$。对于液体试样常用微量注射器进样,可选用 $1\,\mu L$,$5\,\mu L$,$10\,\mu L$ 和 $50\,\mu L$ 的进样器。应该注意,进样量、进样速度及退出速度都影响色谱的峰形和分离度,直接关系到分析结果的精密度和准确度。

气化室由电加热的金属块组成,其作用是将液体或固体试样瞬间气化,以保证色谱峰有较小的宽度,提高分离效果。

(三) 分离系统

色谱柱是色谱仪的分离系统。试样各组分的分离在色谱柱中进行。色谱柱有填充柱和毛细管柱两种。

1. 填充柱

填充柱又包括气固填充柱和气液填充柱。填充柱由柱管和固定相组成。固定相紧密而均匀地填装在柱内。填充柱外形为 U 型或螺旋型，材料为玻璃或不锈钢，内径 2 mm～6 mm，柱长 1 m～6 m。填充柱制备简单，应用普遍。

2. 毛细管柱

毛细管柱通常是将固定液均匀地涂渍或交联到内径为 0.1 mm～0.5 mm 的毛细管内壁而制成。毛细管材料可以是不锈钢、玻璃或石英。毛细管柱不存在涡流扩散，传质阻力小，所以毛细管柱比填充柱有更高的柱效能和分析速度。缺点是固定相体积小，使分配比降低，因而最大允许进样量受到限制，柱容量较低。毛细管柱长 20 m～200 m。

（四）温控系统

柱温改变会引起分配系数的变化，这种变化会对色谱分离的选择性和柱效能产生影响；而检测器的温度直接影响检测器的灵敏度和稳定性，所以色谱柱和检测器都应该严格地控制温度。

温度控制的方式有恒温法和程序控温法两种。通常采用空气恒温的方式来控制柱温和检测室的温度。如果组分的沸点范围较宽，采用恒定温度无法实现良好的分离时，可采用程序控温。使用程序升温可使不同沸点的组分在各自的最佳柱温下流出，从而改善分离效果，缩短分析时间。

（五）检测系统和记录系统

气相色谱检测系统的作用是将色谱柱依次分离后的组分按其特性及含量转换成易被测量的电信号，通过记录系统显示色谱图。检测器是测量载气中各组分及其浓度或质量的装置，常用的检测器有两类：（1）浓度型检测器，响应值与浓度成正比，如热导池检测器、电子俘获检测器等；（2）质量型检测器，响应值与单位时间进入检测器某组分的质量成正比，如氢火焰离子化检测器、火焰光度检测器等。下面简单介绍这两种常用的检测器。

1. 热导池检测器（thermal conductivity cell detector，TCD）

热导池检测器结构简单，稳定性好，对所有物质均有响应，因此应用最广。

（1）热导池检测器的结构

热导池由池体和热敏元件构成，可分为双臂热导池和四臂热导池两种，双臂热导池的结构如图 8-10 所示。

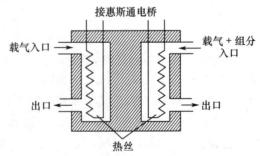

图 8-10　双臂热导池结构示意图

双臂热导池中,一臂是参比池,仅允许载气通过,通常连接在进样装置之前,另一臂是测量池,令载气携带组分通过,连接在色谱柱的出口处;四臂热导池中,其中两臂是参比池,两臂是测量池。

热导池体一般是由不锈钢制成,有两个孔道,每个孔道里有一根金属丝,两根金属丝粗细、大小及电阻值都一样,此金属丝称为热敏元件。热敏元件一般选用电阻率高、电阻温度系数大的金属丝。钨丝因具有以上条件且廉价易加工而成为目前使用最广泛的热敏元件。

(2)热导池检测器的基本原理

热导池检测器的工作是基于不同物质具有不同的热传导系数。由于载气和试样组分热传导系数不同,当等体积的气体通过热敏元件时,从热敏元件上带走的热量不同,使得两池中的热敏元件温度不同,两电阻也随之形成差值,且电阻的差值同通过的组分的浓度成正比,通过记录由电阻差值产生的电压差值就相当于记录下组分的浓度或含量。将电阻差值转变成电压差值的装置就是惠斯通(Wheatstone)电桥,其结构和工作原理如图8-11所示。

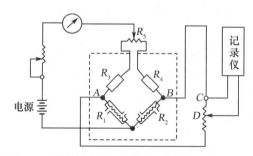

图8-11　热导池检测器的结构和工作原理示意图

图8-11中,$R_1=R_4$,$R_2=R_3$。当电流通过钨丝时,钨丝的电阻增加到一定值,由于$R_1 \cdot R_3 = R_2 \cdot R_4$,与记录仪相连的$CD$两端无输出电压(mV),电桥处于平衡状态。

在未进样时,通过参比池和测量池的都是载气。由于载气的热传导作用,使钨丝的温度下降,电阻下降,图中的R_1和R_4都下降,但下降的值是相同的,即$\Delta R_1 = \Delta R_4$,由于$(R_1 + \Delta R_1) \cdot R_3 = R_2 \cdot (R_4 + \Delta R_4)$,$CD$两端无输出电压,电桥仍然处于平衡状态。记录仪记录的仍是一条直线。

当有组分通过测量池时,由于被测组分与载气组成的混合气体的热导系数和载气的热导系数不同,因而从两池中的钨丝上带走的热量有了差异,此时钨丝的温度也就不同,电阻下降不同,即$\Delta R_1 \neq \Delta R_4$,这样电桥不再平衡,$(R_1 + \Delta R_1) \cdot R_3 \neq R_2 \cdot (R_4 + \Delta R_4)$,与记录仪相连的两端$CD$产生了输出电压,而且输出电压与组分的浓度存在定量关系,记录仪则显示出色谱图。

2.氢火焰离子化检测器(hydrogen flame ionization detector,FID)

氢火焰离子化检测器又称氢焰检测器,是除热导池检测器外又一种重要的色谱检测器。它对大多数有机化合物有很高的灵敏度,比热导池检测器的灵敏度高$10^2 \sim 10^4$倍。结构简单,稳定性好,响应快,线性范围宽,适用于配合毛细管柱做痕量分析,因此,在有机物的色谱分析中得到广泛应用。

(1) 氢火焰离子化检测器的结构

氢火焰离子化检测器的结构如图 8-12 所示。

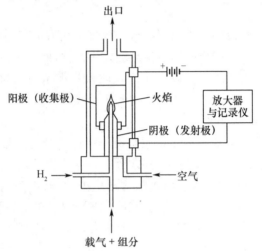

出口

阳极（收集极）   火焰

放大器
与记录仪

阴极（发射极）

H_2 空气

载气＋组分

图 8-12　氢火焰离子化检测器结构示意图

它主要由离子化室组成,离子化室一般用不锈钢制成,内有火焰喷嘴、发射极(阴极)和收集极(阳极)。工作时,氢气与空气在喷嘴处点火燃烧,氢焰上方有筒状收集极,下方为一圆环状的极化电极,在两极间施加一定电压,形成电场。一般情况下,用 N_2 为载气,通常 N_2：H_2(燃气)＝1：1～1.5：1,而 H_2：Air(助燃气)＝1：5～1：10。

(2) 氢火焰离子化检测器的工作原理

试样中的有机化合物组分经色谱柱出口由载气(N_2)带入氢焰中,在燃烧过程中发生离子化反应,产生数目相等的正、负粒子,在电场作用下分别向两极定向运动,形成电子和离子流,在高阻下产生电压信号,信号的大小与组分的质量成正比,据此进行定量分析。有机化合物在氢焰中的离子化过程如下:

$$C_n H_m \xrightarrow[2\,100\,℃]{裂解} \cdot CH(含碳自由基)$$

$$2 \cdot CH + O_2 \xrightarrow{氧化反应} 2CHO^+ + 2e$$

$$CHO^+ + H_2O(g) \longrightarrow H_3O^+ + CO \uparrow$$

二、气相色谱的流动相和固定相

(一) 流动相(载气)

气相色谱常用 H_2、N_2、Ar 和 He 等为载气。选用何种载气及气体的纯度应根据检测器的种类和分析要求而定。例如,N_2 的扩散系数 D_g 小,可用于氢火焰离子化检测器,但必须除去 N_2 中的烃类组分;H_2 的相对分子质量小,导热系数大($\lambda_{H_2} = 17.41 \times 10^{-4}$ $J \cdot m^{-1} \cdot s^{-1} \cdot ℃^{-1}$),适合于热导池检测器,可提高检测器的灵敏度。在气相色谱分析中,载气应是惰性气体,与组分没有化学作用。

(二) 固定相

气相色谱的固定相分为固体固定相和液体固定相。选择合适的固定相是色谱分离分析的关键。

1. 固体固定相

在气固填充色谱柱中,固体固定相是表面有一定活性的固体吸附剂。被分析试样随载气进入色谱柱后,固体吸附剂对试样中各组分的吸附能力不同,经过反复多次的吸附-脱附过程,使各组分彼此分离。固体吸附剂主要用于 H_2、O_2、N_2、CO、CO_2 等永久性气体及 $C_1 \sim C_4$ 低碳烃类气体的色谱分析。表 8-1 列出了气相色谱中常用的固体吸附剂及分析对象。

表 8-1　气相色谱常用的固体吸附剂

吸附剂	主要化学成分	最高使用温度	分析对象
活性炭	C	200 ℃	CO、CO_2、N_2、惰性气体等
氧化铝	Al_2O_3	400 ℃	CO、CH_4、C_2H_6、C_2H_4 等
分子筛	$x(MO) \cdot y(Al_2O_3) \cdot z(SiO_2) \cdot nH_2O$	400 ℃	O_2、N_2、H_2、CH_4、CO、NO 等
硅　胶	$SiO_2 \cdot nH_2O$	200 ℃	CO_2、CH_4、C_2H_6、C_2H_4、SO_2 等

2. 液体固定相

在气液填充色谱柱中,液体固定相由固定液和担体(载体)组成。固定液均匀地涂敷在担体表面上。

(1) 担体(载体)

担体提供大表面积的惰性表面。担体要求化学惰性,多孔,比表面积($m^2 \cdot g^{-1}$)大,热稳定性好,机械强度高,粒度均匀。

常用的气相色谱担体分为硅藻土型和非硅藻土型两大类。前者应用较多。由于加工处理方法不同,硅藻土担体分为红色担体和白色担体两类。常用的一些气相色谱担体如表 8-2 所示。

表 8-2　常用的一些气相色谱担体

担体类型	名称	适用范围
红色硅藻土担体	6201 担体 201 担体	非极性或弱极性组分
	301 担体	中等极性组分
白色硅藻土担体	101 担体 102 担体	极性或碱性组分
	101 硅烷化担体 102 硅烷化担体	高沸点氢键型组分
非硅藻土担体	聚四氟乙烯担体	强极性组分
	玻璃球载体	高沸点、强极性组分

天然硅藻土可以煅烧成具有一定粒度的多孔性硅藻土,由于煅烧后含有 FeO 使颗粒呈红色,如国产 6201 型、201 型、301 型担体等。其优点是表面孔穴多,比表面积大;其缺点是表面存在的活性中心不易被完全覆盖。由于硅醇基($\equiv SiOH$)或硅氧桥($\equiv Si—O—Si \equiv$)等活性中心的存在,分析极性组分时易出现峰拖尾现象。白色硅藻土担体在煅烧时加入了助熔剂 Na_2CO_3,使 FeO 变成无色的铁硅酸盐,如 101 型、102 型担体等。由于表面孔穴径粗,比表面积小,但表面活性中心易于覆盖,可用于分析极性组分,缺点是机械强度

较差。硅烷化处理使担体表面的硅醇基与硅烷化试剂反应,生成硅醚,消除表面活性中心,减小形成氢键的能力,改进了担体性能。

（2）固定液

固定液是高沸点有机化合物,常温下为固体或液体,在柱温下均为液体。要求固定液溶解性好,选择性好,挥发性小,热稳定性好,化学稳定性好,不与试样发生化学反应,在担体表面形成稳定而均匀的液膜。

固定液按极性分类,可分为非极性、中等极性、极性及氢键型。选择固定液应该遵循"相似相溶"的原则,即固定液的结构和极性与欲分离组分的结构和极性相似。

常用的固定液及其极性如表 8-3 所示。各种固定液的相对极性在 0～100 之间,每 20 为一级,又可分为四个组：0、+1 组为非极性组,+2 组为弱极性组,+3 组为中等极性组,+4、+5 为强极性组。

表 8-3　常用的固定液及其极性数据

固定液	相对极性	组别	固定液	相对极性	组别
角鲨烷(异三十烷)	0	0	XE-60	52	+3
阿皮松(真空润滑脂)	7～8	+1	新戊二醇丁二酸聚酯	58	+3
SE-30,OV-1	13	+1	PEG-20M	68	+4
DC-550	20	+1	PEG-600	74	+4
己二酸二辛酯	21	+2	己二酸聚乙二醇酯	72	+4
邻苯二甲酸二壬酯	25	+2	己二酸二乙二醇酯	80	+4
邻苯二甲酸二辛酯	28	+2	双甘油	89	+5
聚苯醚 OS-124	45	+3	TCEP	98	+5
磷酸三甲酚酯	46	+3	β,β'-氧二丙腈	100	+5

第四节　气相色谱分析工作条件

在气相色谱实际工作中,一些操作条件是可以改变的,如载气流速、柱温等,这些条件的改变,可影响柱效能和物质的分配系数并最终影响物质在色谱柱上的总分离效能。如何调控这些操作条件,获得最好的分离度,对气相色谱的实际操作条件的选择具有重要的意义。

一、载气种类及其流速

（一）载气种类

在实际的操作过程中,选择载气需要从三个方面进行考虑：（1）对柱效能的影响；（2）检测器的要求；（3）载气的性质。

对柱效能的影响：从对速率理论的讨论中可知：载气的相对分子质量对分子扩散项和传质阻力项均有影响,分子量越大,组分的纵向扩散越小,从而可提高柱效能；但如果载气流速很大,影响柱效能的主要是传质阻力项,这时采用相对分子质量低的载气就能较好地提高柱效能。

对检测器的要求：如果是热导池检测器，选用热导系数大的氢气有利于提高灵敏度，而对于氢火焰离子化检测器，氮气仍是最理想的。

载气的性质：在这里主要考虑载气的经济性和安全性。

（二）载气流速

对于一定的色谱柱和试样，由图8-7气相色谱中的 H-u 双曲线关系可知，在 u_{opt} 时对应 H_{min}，在此载气流速下，柱效能最好。在实际工作中，常使用的载气流速稍高于 u_{opt} 以缩短分析时间。对于填充柱，$u_{opt(N_2)} = 10\ cm \cdot s^{-1} \sim 12\ cm \cdot s^{-1}$，而 $u_{opt(H_2)} = 15\ cm \cdot s^{-1} \sim 20\ cm \cdot s^{-1}$。

二、进样时间和进样量

进样速度必须很快，进样时间要控制在1 s内，否则，试样峰形就会展宽甚至变形。

对于液体试样，一般进样量为 $0.1\ \mu L \sim 5\ \mu L$，气体试样 $0.1\ mL \sim 10\ mL$。进样量太大，容易使各组分的峰出现重叠，进样量太少，又可能使检测器无法检出。在实际工作中，进样量应控制在与峰面积或峰高呈线性关系的范围内。

三、气化温度的选择

进样口下端有一气化室，液体试样进样后在此瞬间气化。在保证试样不分解的前提下，适当提高气化室温度（气化温度）对分离有利，因为试样不能在瞬间气化同样可能造成峰形展宽。气化温度一般较柱温高30℃～70℃。

四、担体粒度的选择

担体粒度均匀、细小有利于降低涡流扩散项，从而提高柱效能；但粒度过小，则阻力及柱压增加。对填充柱而言，粒度大小为柱内径的 $1/20 \sim 1/25$ 为宜。对于内径为3 mm～6 mm的填充柱，使用60～80目的担体较适合。另外，担体表面积应尽可能大，孔径分布均匀，这样可使固定液在其表面形成均匀的薄膜，有利于提高柱效能。

五、固定液及其用量的选择

固定液的选用对物质的分离有着决定性的作用。如何根据"相似相溶"的原则选用固定液，在前文已有讨论，在此只讨论固定液的用量问题。固定液的用量是指固定液在担体上的涂渍量。一般用固定液与担体的百分配比表示，该配比通常在3%～20%之间。该配比越低，担体在其上形成的液膜就越薄，传质阻力越小，柱效能越高，分析速度越快，但同时也会导致固定相的样品负载量下降，使允许的进样量减少。

六、色谱柱温度的选择

柱温是一个重要的工作条件，直接影响分离效能和分析速度。对柱温的选择应考虑以下因素：

（1）首先应使柱温控制在固定液的最高使用温度和最低使用温度之间，超过最高温，固定液会蒸发流失，低于最低温，固定液会凝固成固体。

（2）升高柱温会使被测组分的挥发度增加，在气相中的浓度增加，分配系数和保留时间降低，低沸点的组分易产生重叠。

（3）降低柱温可在一定程度上提高分离度，但同时也会造成组分在两相中扩散速率减小，分配不能很快达到平衡，峰形展宽，柱效能降低，并会延长分析时间。

基于以上的因素,对柱温选择的原则是:在使最难分离的组分尽可能分离完全的前提下,尽可能选择低柱温,但应以保留时间适宜和峰形不拖尾为量度。一般情况下,柱温应比试样中各组分的沸点低 $20℃\sim30℃$。

第五节　气相色谱定性和定量分析

一、定性分析

色谱定性分析的目的就是确定试样中各组分属于何种物质,即每个色谱峰代表什么化合物。色谱定性分析的主要依据是利用每个组分的保留值或相对保留值进行定性分析。

(一) 利用色谱保留值进行定性分析

1. 绝对保留值定性

在一定色谱条件下,一个未知物只有一个确定的保留值(t_R 或 V_R),因此,将已知纯物质在相同的色谱条件下的保留值与未知物的保留值进行比较,就可以鉴定未知物。若二者相同,则未知物可能是已知的纯物质,若二者不同,则未知物就不是该纯物质,如图8-13 所示。

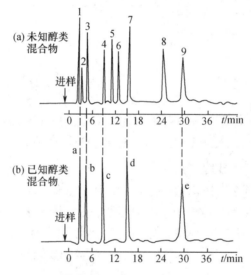

图 8-13　绝对保留值定性
a. 甲醇;b. 乙醇;c. 正丙醇;d. 正丁醇;e. 正戊醇

通过对比保留时间 t_R,图 8-13(a)中的 2,3,4,7,9 五个色谱峰,其组分分别为甲醇、乙醇、正丙醇、正丁醇、正戊醇。

利用绝对保留值定性只适用于对组分性质已有所了解,组成比较简单,并且有纯物质做参考的未知物。

2. 相对保留值定性

利用绝对保留值定性时,要求严格控制色谱工作条件,否则重现性差。如果采用相对保留值($r_{2,1}$ 或 $a_{i,s}$)作为定性分析的依据,则可消除某些工作条件差异所带来的影响。相对保留值 $a_{i,s}$ 是指组分 i 与标准物(基准物)s 的调整保留值之比,即 $a_{i,s}=t'_{R(i)}/t'_{R(s)}$ 或

$r_{2,1} = t'_{R(2)}/t'_{R(1)}$。它仅随固定液及柱温变化而改变，与其他工作条件无关系，用已求出的相对保留值与文献相应值比较即可定性。

通常选用易得的纯净物，并且与被定性组分的保留值相近的物质为标准物，如正丁烷、正戊烷、环己烷、苯、对二甲苯、环己醇、环己酮等。

（二）加入已知物质增加峰高定性

当未知样品中组分较多，所得色谱较密时，用比较保留值的方法不易辨认，或者仅作未知样品指定项目分析时，可采用加入已知物质增加峰高的方法进行定性分析。首先作出未知样品的色谱图，然后在未知样品中加入某已知物，又得一色谱图。峰高增加了的组分即可能就是这种已知物质。

（三）保留指数定性

保留指数又称科瓦茨(Kovats)指数(I)，它是一种重现性较其他保留数据都好的定性参数，可以根据所用的固定液和柱温直接与文献值对照，而不需要标准试样。人们规定正构烷烃的保留指数为其碳数乘100，如正己烷（6碳）、正庚烷（7碳）、正辛烷（8碳）的保留指数 I 分别为 600、700、800，被测组分的保留指数则可采用两个相邻正构烷烃的保留指数进行标定。

测定时，将碳数为 n 和 $n+1$ 的正构烷烃加到被测组分 x 中进行色谱分析，若测得它们的调整保留值分别为 $t'_{R(n)}$、$t'_{R(n+1)}$ 和 $t'_{R(x)}$，且 $t'_{R(n)} < t'_{R(x)} < t'_{R(n+1)}$ 时，则被测组分 x 的保留指数 I_x 可按下式计算。

$$I_x = 100 \times \left(n + \frac{\lg t'_{R(x)} - \lg t'_{R(n)}}{\lg t'_{R(n+1)} - \lg t'_{R(n)}} \right) \tag{8-33}$$

在工作中应选择适合的两个相邻正构烷烃，以使组分的调整保留值处于这两个正构烷烃的调整保留值之间。按式(8-33)求出 I_x 值，再与文献对照，即可达到定性分析的目的。

【例题 8-5】 乙酸正丁酯在阿皮松 L 柱上，柱温 100 ℃时，得到如图 8-14 所示的色谱图，求乙酸正丁酯的保留指数 I_x。

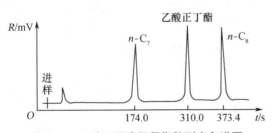

图 8-14 乙酸正丁酯保留指数测定色谱图

【解】 已知 $t'_{R(x)} = 310.0 \, \text{s}$，$t'_{R(7)} = 174.0 \, \text{s}$，$t'_{R(8)} = 373.4 \, \text{s}$，将数据代入式(8-33)，得

$$I_x = 100 \times \left(7 + \frac{\lg 310.0 - \lg 174.0}{\lg 373.4 - \lg 174.0} \right),$$

$$I_x = 100 \times \left(7 + \frac{2.4914 - 2.2406}{2.5722 - 2.2406} \right) = 775.63 。$$

二、定量分析

（一）基本原理

气相色谱定量分析的依据是被测定组分的质量与其色谱峰面积成正比，即

$$m_i = f_i A_i \qquad (8\text{-}34)$$

式中，m_i 为被测组分 i 的质量；A_i 为组分 i 的色谱峰面积；f_i 为比例常数，也称为被测组分 i 的定量校正因子。

1. 峰面积测量

（1）峰高乘半峰宽法

将对称峰按等腰三角形处理，计算所得的峰面积为真实峰面积的 0.94 倍，故真实峰面积

$$A = 1.06hW_{\frac{1}{2}} \qquad (8\text{-}35)$$

式中，h 为峰高，$W_{\frac{1}{2}}$ 为半峰宽。

（2）峰高乘平均峰宽法

对于不对称色谱峰，在峰高 0.15 和 0.85 处分别测其峰宽 $W_{0.15}$ 和 $W_{0.85}$，取其平均值为平均峰宽，峰面积 A 可按下式计算：

$$A = \frac{h}{2}(W_{0.15} + W_{0.85}) \qquad (8\text{-}36)$$

（3）峰高乘保留时间法

对于同系物的窄峰面积的计算，由于半峰宽 $W_{\frac{1}{2}}$ 与保留时间 t_R 成正比，可导出计算峰面积 A 的公式。

由于 $A = 1.06hW_{\frac{1}{2}}$

得

$$A = 1.06hbt_R \qquad (8\text{-}37)$$

因为是相对计算求值，式(8-37)中的 b 为常数，在各同系物峰面积计算时 1.06 和 b 皆可省去，则

$$A = ht_R \qquad (8\text{-}38)$$

以上测量和计量峰面积均是近似方法，若要获得准确值，应使用自动积分仪计算。

2. 定量校正因子

在色谱定量分析中，为了使检测器产生的信号真实地反映物质的质量，引入绝对校正因子和相对校正因子。

（1）绝对校正因子 f_i

f_i 是指单位峰面积所代表组分的质量，其定义式为

$$f_i = \frac{m_i}{A_i} \qquad (8\text{-}39)$$

（2）相对校正因子 $f_{i,s}$

$f_{i,s}$ 是某组分 i 的绝对校正因子 f_i 与基准物 s 的绝对校正因子 f_s 之比，其定义式为

$$f_{i,s} = \frac{f_i}{f_s} = \frac{m_i A_s}{m_s A_i} \qquad (8\text{-}40)$$

色谱定量分析的基础是组分的峰面积 A_i 与组分的质量成正比，但是 A_i 的大小和组分的性质有关系。绝对校正因子 f_i 随色谱测量条件而变化，给文献数据的运用带来不

便,因此通常用相对校正因子 $f_{i,s}$。一般色谱手册提供了许多物质的 $f_{i,s}$,可直接使用。由于使用不同类型的检测器所得的校正因子不同,故在使用文献数据时要予以注意。当无文献数据可利用时,亦可根据 f_i 或 $f_{i,s}$ 的定义式设计实验方法,测量 A_i 并计算出 f_i 或 $f_{i,s}$ 的值。

(二) 色谱定量方法

1. 归一化法

把所有出峰组分的质量分数之和看作 100% 的定量方法称为归一化法。若试样中含有 n 个组分,并且各组分均能够出色谱峰,则其中某个组分 i 的质量分数 $w_i\%$ 可按下式计算:

$$w_i\% = \frac{m_i}{m} \times 100\% = \frac{m_i}{m_1 + m_2 + \cdots + m_i + \cdots + m_n} \times 100\%$$

$$w_i\% = \frac{f_i A_i}{\sum\limits_1^n f_i A_i} \times 100\%$$

$$w_i\% = \frac{f_i A_i}{f_1 A_1 + f_2 A_2 + \cdots + f_i A_i + \cdots + f_n A_n} \times 100\% \tag{8-41}$$

归一化法的优点是简便、准确、操作条件对结果的影响较小。但试样中所有组分必须全部出峰,某些不需要定量的组分也要测出 f 和 A 值,因此,该定量方法的使用受到一定限制。

2. 内标法

内标法是在一定量试样中加入一定量的内标物,根据待测组分和内标物的峰面积及内标物质量计算待测组分的质量分数的方法。根据式(8-39)可得

$$\frac{m_i}{m_s} = \frac{f_i A_i}{f_s A_s} \quad \text{或} \quad \frac{m_i}{m_s} = \frac{f_{i,s} A_i}{A_s} \tag{8-42}$$

$$m_i = \frac{f_i A_i m_s}{f_s A_s} \quad \text{或} \quad m_i = \frac{f_{i,s} A_i m_s}{A_s} \tag{8-43}$$

则

$$w_i\% = \frac{m_i}{m} \times 100\%$$

$$w_i\% = \frac{f_i A_i m_s}{f_s A_s m} \times 100\% \tag{8-44}$$

内标法定量准确,操作条件应严格控制。它与归一化法比较,限制条件较少,但是每次分析都要准确称量试样和内标物,并且要求已知各组分的校正因子。

3. 标准曲线法

标准曲线法是一种简便、快速的定量分析法。它是在一定工作条件下测定一系列不同浓度的标准试样的峰面积,绘出 A-$w_s\%(c_s)$ 标准曲线,在相同工作条件下,测定试样中待测组分的峰面积 A_x,由 A_x 在 A-$w_s\%(c_s)$ 标准曲线上求得被测组分的 $w_x\%$。标准曲线法的优点是操作和计算简便,不使用校正因子,不加内标物。但实验条件应该严格控制,并且应该准确定量进样,否则不易得到准确分析结果。

习　题

1. 试说明色谱分析的原理。

2. 气相色谱仪一般由哪几部分组成？各有何作用？

3. 在气相色谱的操作过程中,有哪些操作可影响到柱效能？哪些会影响到分配系数或分配比？如何调整这些操作,使物质在色谱柱上达到最佳分离度？

4. 能否根据塔板理论判断某物质中各组分被分离的可能性？为什么？

5. 气-液色谱的固定相由什么组成？有哪些种类？如何选择？

6. 试述热导池检测器的工作原理,并说明哪些因素可影响到热导池检测器的灵敏度。

7. 归一化法、内标法及标准曲线法各有何特点？如何根据实际情况选择正确的计算方法？

8. 气相色谱分离某试样中两个组分,若两组分的 t_R 分别为 $7.40\,\text{min}$ 和 $6.40\,\text{min}$,峰底宽 W 分别为 $0.80\,\text{min}$ 和 $0.45\,\text{min}$。求:(1)色谱柱的分离度 R 为多少?(2)两组分色谱峰能否完全分离?

$$(1.6)$$

9. 在一根 $3\,\text{m}$ 长的色谱柱上分离试样中的组分 1 和组分 2,所得色谱数据如下:空气、组分 1、组分 2 的保留时间 t_R 分别为 $1\,\text{min}$、$14\,\text{min}$、$17\,\text{min}$,组分 2 的峰底宽 $W_{(2)}$ 为 $1\,\text{min}$,求:(1)组分 1 和组分 2 的调整保留时间 t_R' 各为多少?(2)用组分 2 计算该色谱柱的理论塔板数 n、有效塔板数 n_{eff} 和分配比 k 各为多少?(3)组分 2 对组分 1 的相对保留值 $r_{2,1}$ 为多少?

$$(13\,\text{min},16\,\text{min};4\,624\,\text{块},4\,096\,\text{块},16;1.23)$$

10. 一液体混合物中含有苯、甲苯、邻二甲苯、对二甲苯,用气相色谱法、以热导池为检测器进行定量测定,测得苯的峰面积为 $1.26\,\text{cm}^2$、甲苯为 $0.95\,\text{cm}^2$、邻二甲苯为 $2.55\,\text{cm}^2$、对二甲苯为 $1.04\,\text{cm}^2$。已知以上四种组分的质量校正因子 f 分别为 0.780、0.794、0.840 和 0.812,计算各组分的质量分数。

$$(20.8\%,16.0\%,45.3\%,17.9\%)$$

11. 测定二甲苯氧化反应溶液中的苯系物的质量分数时,先称取试样 $1500\,\text{mg}$,然后加入壬烷 $150\,\text{mg}$ 作内标物,混合均匀后进样,测得色谱数据如下:壬烷、乙苯、对二甲苯、邻二甲苯和间二甲苯的峰面积分别为 $98\,\text{cm}^2$、$70\,\text{cm}^2$、$95\,\text{m}^2$、$80\,\text{cm}^2$ 和 $120\,\text{cm}^2$,已知校正因子分别为 1.02、0.97、1.00、0.98 和 0.96,计算各组分的质量分数。

$$(6.79\%,9.50\%,7.84\%,11.52\%)$$

12. 用甲醇作内标物,称取 $0.0573\,\text{g}$ 甲醇和 $5.869\,\text{g}$ 环氧丙烷试样,混合后进行色谱分析,测得甲醇和水的峰面积分别为 $164\,\text{mm}^2$ 和 $186\,\text{mm}^2$,已知校正因子分别为 0.59 和 0.56,计算环氧丙烷中水的质量分数。

$$(1.05\%)$$

第九章　高效液相色谱分析

第一节　液相色谱分析概述

一、液相色谱分析的原理和特点

液相色谱分析是以液体为流动相的色谱分析方法，即流动相是载液。根据色谱两相的物态不同，液相色谱法分为液-固色谱和液-液色谱（LLC）。

液-固色谱的固定相是粉末状或颗粒状固体，具有表面吸附活性，流动相是液体。根据混合物中各组分在固定相表面上的吸附能力不同，当流动相流过时，各组分随流动相的移动速度不同而实现分离。

液-液色谱的固定相是涂敷于载体的固定液，流动相是另一种与固定相不互溶的液体。根据混合物中各组分在两液相间的分配系数不同，随流动相移动的速度也不同，从而实现分离。

液相色谱分析包括经典液相色谱法和现代高效液相色谱法（high performance liquid chromatography，HPLC）。液相色谱法按其操作形式不同分为柱色谱、纸色谱和薄层色谱。纸色谱和薄层色谱属于平面色谱。经典液相色谱法的分离床是开放的，分离和检测是分开的，最初仅仅是作为一种分离检验手段。如果将进样、高效分离柱和高灵敏检测有机结合起来，实现分离分析一体化，可直接用于混合物和复杂样品分析，这就是现代液相色谱分析方法，即高效液相色谱法，它具有高柱效能、高选择性和高灵敏度的特点。

二、柱色谱法

柱色谱（column chromatography）法按色谱柱的粗细等差别，又可分为填充柱色谱法、毛细管柱色谱法及微填充柱色谱法等。气相色谱法与高效液相色谱法都属于柱色谱法范围。经典柱色谱是将固定相颗粒装填在直立玻璃柱或金属管内，样品沿着一个方向移动而进行分离，它是最常见的色谱分离形式，具有快速、简单和分离容量较大等特点，常用于样品的分离和化合物的纯化。

柱色谱常用的有分配柱色谱和吸附柱色谱两类。分配柱色谱的固定相由载体（担体）与固定液构成。吸附柱色谱常用的固定相有氧化铝、硅胶、氧化镁、碳酸钙和活性炭等吸附剂，吸附剂的粒度一般为80～100目，使用前应根据需要进行活化处理，吸附剂应尽可能保持大小均匀，以保证良好的分离效果。样品量和吸附剂之比通常为1：50～1：30。

通常所用色谱柱为内径均匀、下端缩口的硬质玻璃管，常用直径和长度比为1：10～1：50，下端用棉花或玻璃纤维塞住，管内装有吸附剂。经典吸附柱色谱法的样品分离过程如图9-1所示。

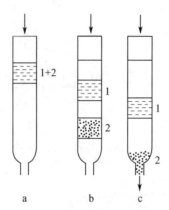

图 9-1　经典柱色谱法分离过程

当待分离的混合物溶液流过吸附柱时,各种成分同时被吸附在柱的上端。当洗脱剂流下时,由于不同化合物吸附能力不同,往下洗脱的速度也不同,于是溶液中各组分在柱中自上而下按对吸附剂亲和力大小而分离开来,已经分开的各组分可以在柱出口分别收集,处理后再分别鉴定。

三、纸色谱法

纸层析(paper chromatography)法是以层析滤纸为载体,用单一溶剂或混合溶剂进行分配的平面色谱法。它具有简单、分离效能较高、所需仪器设备廉价、应用范围广泛等特点。纸色谱在糖类化合物、氨基酸、蛋白质和天然色素等有一定亲水性的化合物分离中有广泛的应用。

层析滤纸由高纯度的纤维素组成,它可以吸附 $20\%\sim25\%$ 的水分,其中约 6% 的水分子通过氢键与纤维素上的羟基结合成复合物,即层析滤纸吸附水构成纸色谱的固定相,而流动相为不与水相溶的有机溶剂。在纸色谱分离过程中,由于滤纸纤维素的毛细管现象,使溶剂在纸上渗透展开,这样样品组分在两相中作反复多次分配达到分离目的。

商品层析滤纸分为快速、中速、慢速等规格。中速薄型层析滤纸,如新华 2# 层析滤纸适合于一般用途的分离。所用滤纸应质地均匀平整,具有一定的机械强度,不含有影响色谱效果的杂质,也不与所用显色剂起作用,以免影响分离鉴别效果,必要时可做特殊处理后再用。

在纸色谱和薄层色谱中,样品组分在层析纸或板上展开的位置,可用比移值(Rf)来表示。

$$Rf = \frac{原点中心至色谱斑点中心的距离}{原点中心至溶剂前沿的距离} \tag{9-1}$$

原点为样品溶液点样的位置,样品中 A、B 组分的 Rf 值的测量如图 9-2 所示。

A、B 两组分的 Rf 值按下式计算:

$$Rf_A = \frac{a}{c}$$

$$Rf_B = \frac{b}{c}$$

若某组分 $Rf=0$,表示它不随溶剂(流动相)移动。Rf 值的大小取决于该组分在两

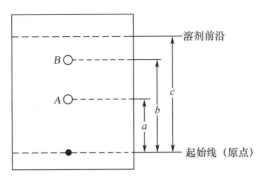

图 9-2 R_f 值的测量示意图

相中的分配系数 K 的大小。不同结构或者不同极性的物质,其 K 值不同,展开后的 R_f 值不同。因此,可用 R_f 值进行定性分析。为了得到重现性好的 R_f 值,需要严格控制实验条件。常采用相对比移值 R_{st} 代替 R_f 值,以克服实验条件对 R_f 值的影响。相对比移值 R_{st} 定义如下:

$$R_{st}=\frac{被测组分的\,R_f\,值}{参考物的\,R_f\,值} \tag{9-2}$$

在纸色谱和薄层色谱分析中,相对比移值 R_{st} 可以大于 1,也可以小于 1;而 R_f 值小于 1,一般控制在 $0.05\sim0.85$ 之间,即两组分的 R_f 值之差应大于 0.05 才能分离。通常所用的参考(对照)物可以是样品中的某一组分,也可以是外加的标准物质。

四、薄层色谱法

薄层色谱(thin layer chromatography,TLC)法是在纸色谱和柱色谱基础上发展起来的一种微量色谱分离技术。它兼有柱色谱分离效果好、适用范围广的优点和纸色谱设备简单、灵敏快速、显色方便等优点,操作方式类似于纸色谱。它还具有固定相多、分离效率高、灵敏度高以及分离过程快等优点。在食品安全、药品安全、环境污染、农药毒素残留检测等领域得到广泛应用。

薄层色谱法是把吸附剂均匀地涂布于玻璃板或塑料板上使之形成薄薄的平面涂层(固定相),试液滴于薄层板的起始线上,待试液中溶剂挥发后,放入盛有一定展开剂的展开室内。由于薄层的毛细管作用,展开剂沿着薄层板不断展开,样品中的各个组分就沿着薄层在固定相和流动相之间不断地发生溶解、吸附、再溶解、再吸附的色谱分配过程。经过一段时间的展开,不同组分因分配系数的差别就在薄层上分离开。如样品组分有色,就能看到各个色斑。否则,应进一步显色,确定各组分在薄层中的位置。

用作薄层色谱的玻璃板的质量有一定的要求,厚度一般为 2 mm～4 mm,常用的规格有 5 cm×20 cm、10 cm×20 cm、20 cm×20 cm 等,应有良好的平面性,一般可用镜面玻璃,还应有一定的耐热性,以免在烘烤时破裂。

薄层色谱固定相与柱色谱固定相大致相同,但薄层色谱固定相颗粒更细,分离效能更高。与柱色谱不同的是,薄层色谱固定相是通过加入一定量的黏合剂使吸附剂牢固涂布在薄层板上的。常用的黏合剂有煅石膏、淀粉、羧甲基纤维素等。普通薄层板可以在实验室涂布,但目前市场上提供各种规格的商品化高效薄层色谱板,最常用的薄层色谱板有硅胶 G、硅胶 GF254、硅胶 H、硅胶 H254,其次有硅藻土、硅藻土 G、氧化铝、氧化铝 G、微晶纤维素、微晶纤维素 F254 等。各种薄层板可根据不同要求和分析条件选择使用。

薄层色谱所用的展开剂主要是低沸点的有机溶剂。一般来说，对极性较大的化合物进行分离应选用极性较大的展开剂，对极性较小的化合物应选用极性较小的展开剂。当单一溶剂作展开剂不能很好分离组分时，可考虑改变展开剂的极性或选用混合溶剂展开。如果组分的 Rf 值都较小，色斑靠近原点时，可考虑增大展开剂极性或加入适量的极性较大的溶剂。如果组分的 Rf 值都较大，色斑靠近溶剂前沿时，可考虑减小展开剂极性或加入适量的极性较小的溶剂。

早期的薄层色谱法在仪器的自动化程度、分辨率及重现性等方面没有足够的优势，被认为只是一种定性和半定量的方法，未受到足够的重视。自 20 世纪 80 年代以来，随着仪器化薄层色谱的发展，采用高效薄层板进行组分分离得到分辨率极高的色谱图，再配以高质量的薄层色谱扫描仪，大大提高了定量结果的重现性及准确度，使薄层色谱法成为一般实验室必不可少的分离分析手段。

第二节　高效液相色谱分析基本原理

一、高效液相色谱分析的特点

以高压液体为流动相的液相色谱分析法称高效液相色谱法（high performance liquid chromatography，HPLC）。虽然气相色谱法是一种很好的分离、分析方法，具有分析速度快、分析效能好和灵敏度高等优点，但是气相色谱仅能分析在操作温度下能汽化且不分解的物质。据估计，在已知约 300 万个有机化合物中能直接进行气相色谱分析的仅 20% 左右。对于高沸点、难挥发及热不稳定的化合物、离子型化合物及高聚物等，很难用气相色谱法分析。为解决这个问题，20 世纪 70 年代初发展并形成了高效液相色谱，它是在气相色谱和经典液相色谱的基础上发展起来的，与经典液相色谱分析的主要区别是采用了柱色谱。因为固定相粒度较小会引起高阻力，需用高压输送流动相，一般为 15 MPa～50 MPa，故又称高压液相色谱法（high pressure liquid chromatography，HPLC）。高效液相色谱工作流程如图 9-3 所示。

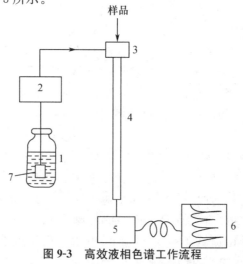

图 9-3　高效液相色谱工作流程

1. 流动相储瓶；2. 输液泵；3. 进样器；4. 色谱柱；

5. 检测器；6. 记录仪或色谱工作站；7. 过滤器

由于高效液相色谱分析采用了高效色谱柱、高压泵和高灵敏度检测器,因此,高效液相色谱具有分离效能高、选择性好、灵敏度高、分析速度快、适用范围广等特点。它适于分离、分析沸点高、热稳定性差、相对分子质量大的气相色谱法不能或不易分析的许多有机物、大分子化合物和一些无机物,而这些物质约占化合物总数的80%。高效液相色谱法只要求样品能制成溶液,而不需要汽化。对于挥发性低和热稳定性差的高分子化合物以及离子型化合物尤为有利,如氨基酸、蛋白质、生物碱、核酸、维生素、类脂等。高效液相色谱法和气相色谱法配合使用可以取长补短、相辅相成,扩大分析对象和使用领域。

二、高效液相色谱分析的基本理论

由于高效液相色谱分析和气相色谱分析在色谱流程和柱效能等方面类似,因此,在色谱基本概念、基本术语及基本理论上是一致的,如色谱保留值、色谱峰的宽度、分配平衡、塔板理论、速率理论及分离度等。

但是高效液相色谱法的流动相是液体,而气相色谱法的流动相是气体,其液体流动相扩散系数只有气体扩散系数的 $\frac{1}{10\,000} \sim \frac{1}{100\,000}$;液体的黏度($\eta$)比气体的黏度大100倍,而密度为气体的1000倍。由于液体流动相和气体流动相的物理参数不同,根据范第姆特 $H\text{-}u$ 方程,影响色谱流出曲线、色谱柱柱效能和色谱峰展宽的主要物理参数如表9-1所示。

表 9-1　影响色谱峰展宽的主要物理参数

物理参数	气体	液体
扩散系数 $D_m/(\mathrm{cm^2 \cdot s^{-1}})$	10^{-1}	10^{-5}
密　　度 $\rho/(\mathrm{g \cdot cm^{-3}})$	10^{-3}	1.0
黏　　度 $\eta/(\mathrm{g \cdot cm^{-1} \cdot s^{-1}})$	10^{-4}	10^{-2}

HPLC色谱峰展宽主要有柱内展宽和柱外展宽。由色谱柱内各种因素引起色谱峰扩展称为柱内展宽;由色谱柱外各种因素引起的色谱峰扩展称为柱外展宽,如死体积、进样器、连接管、接头和检测器等。柱内展宽的因素主要有涡流扩散、分子扩散、传质阻力,即速率理论三项动力学因素等。这些因素可使色谱塔板高度(H)变化。

(一) 液相色谱法的范第姆特方程式——影响柱内展宽的因素

由于 $H\text{-}u$ 方程表达了塔板高度 $H(\mathrm{cm})$ 与流动相线速度 $u(\mathrm{cm \cdot s^{-1}})$ 的关系,即

$$H = A + \frac{B}{u} + Cu$$

$$\text{或} \quad H = A + \frac{B}{u} + (C_g + C_l)u$$

对于液相色谱法,范第姆特方程可由下式表达:

$$H = H_e + H_d + (H_s + H_m + H_{sm}) \tag{9-3}$$

在式(9-3)中,H 为塔板高度;H_e 为涡流扩散项;H_d 为分子扩散项;($H_s + H_m + H_{sm}$)为传质阻力项。每项的单位都是 cm。

(二) 液相色谱 $H\text{-}u$ 方程中各项的物理意义

1. 涡流扩散项 H_e

$$H_e = A = 2\lambda d_p \quad (\mathrm{cm}) \tag{9-4}$$

在式(9-4)中,λ 为固定相的不规则因子;d_p 为固定项平均直径(cm)。由于高效液相色谱柱中的固定相颗粒更小,使 H_e 变得更小。

2. 分子扩散项 H_d

试样分子被流动相分子携带到色谱柱中流动时,组分分子向前运动时也存在纵向扩散。这种纵向扩散引起色谱峰展宽,导致 H 的变化,由下式表达:

$$H_d = \frac{C_d D_m}{u} \quad (cm) \tag{9-5}$$

在式(9-5)中,C_d 为常数;D_m 为分子在流动相载液中的扩散系数$(cm^2 \cdot s^{-1})$,它与载液的黏度有关系,D_m 比在气体中的扩散系数小 $4 \sim 5$ 个数量级。在液相色谱中,当 u 值大于 $0.5 \, cm \cdot s^{-1}$ 时,由于 D_m 很小,H_d 值可忽略不计,但在气相色谱法中,分子扩散项 $\frac{B}{u} = \frac{2\gamma D_g}{u}$ 却很重要。

3. 传质阻力项$(H_s + H_m + H_{sm})$

传质阻力是由于组分分子在固定相和流动相之间传质时引起的局部不平衡。它可分为固定相(stationary phase)传质阻力 H_s 和流动相(mobile phase)传质阻力$(H_m + H_{sm})$两种。

(1) 固定相传质阻力项 H_s

表示试样组分分子从流动相进入固定相的固定液内进行质量交换的传质阻力,这种传质阻力会引起色谱峰展宽,导致 H 的变化,由下式表达:

$$H_s = \frac{C_s d_f^2}{D_s} u \quad (cm) \tag{9-6}$$

在式(9-6)中,C_s 为常数,它与容量因子 k 有关系;d_f 为固定液膜厚度(cm);D_s 为组分分子在固定液内的扩散系数$(cm^2 \cdot s^{-1})$。在液-液分配色谱中,可使用较薄的固液层以减小该阻力项。

(2) 流动相传质阻力项$(H_m + H_{sm})$

① 流动的流动相中传质阻力项 H_m

当流动相流过柱内固定相时,靠近固定相的流动相流得慢一些,所以,柱内流动相的流速并不一样,引起色谱峰展宽,导致 H 的变化,由下式表达:

$$H_m = \frac{C_m d_p^2}{D_m} u \quad (cm) \tag{9-7}$$

在式(9-7)中,C_m 为常数,它与容量因子 k 有关系;d_p 为固定相的平均粒度(cm);D_m 为组分分子在流动相中的扩散系数$(cm^2 \cdot s^{-1})$。

② 滞留的流动相中传质阻力项 H_{sm}

由于固定相的多孔性,会使部分流动相停滞在微孔内不流动,使传质速率变慢或传质阻力增大,引起色谱峰展宽,导致 H 的变化,由下式表达:

$$H_{sm} = \frac{C_{sm} d_p^2}{D_m} u \quad (cm) \tag{9-8}$$

在式(9-8)中,C_{sm} 为常数,它与固定相微孔中被滞留的流动相所占据部分的体积分数及容量因子有关系。

将式(9-4)、式(9-5)、式(9-6)、式(9-7)及式(9-8)代入式(9-3)中,得液相色谱 H-u 方

程式,即

$$H=2\lambda d_p+\frac{C_dD_m}{u}+\left(\frac{C_sd_f^2}{D_s}+\frac{C_md_p^2}{D_m}+\frac{C_{sm}d_p^2}{D_m}\right)u \tag{9-9}$$

在式(9-9)中,$H_d=\dfrac{C_dD_m}{u}$项,由于组分在载液中的扩散系数 D_m 很小,使分子扩散项 $H_d=0$,因此,柱内峰展宽主要由涡流扩散项 A 和传质阻力项决定。由式(9-9)可以分析和选择液相色谱分析法的操作条件。将式(9-9)简化为

$$H=A+(H_s+H_m+H_{sm})u$$
$$或 \quad H=A+Cu \tag{9-10}$$

由式(9-10)可知,影响柱效能的主要因素是传质阻力,可以近似认为流动相的线速度 u 与板高 H 成直线关系。气相色谱(GC)和液相色谱(LC)的典型 $H\text{-}u$ 曲线如图 9-4 所示。

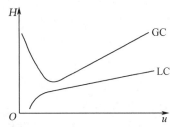

图 9-4　GC 和 LC 的典型 $H\text{-}u$ 曲线

(三) 柱外色谱峰展宽的因素

柱外色谱峰展宽分柱前展宽和柱后展宽两种。

1. 影响柱前展宽的主要因素

柱前展宽主要取决于进样方式,对于高效液相色谱多采用将试液直接注入色谱柱顶端的填料中心点,或填料中心内 1 mm~2 mm 处,可以减少试液在柱前的扩散,使峰的不对称性得到改善,使柱效能显著提高。如果注入色谱柱顶端滤塞上或进样器的液流中,由于存在进样器死体积(V_M)及液流扰动扩散,会导致峰不对称或展宽。

2. 影响柱后展宽的主要因素

连接管的体积、检测器测量池(流动池)死体积应该尽可能地小,使用零死体积接头等,以减小色谱峰展宽,提高色谱分离效率。

三、高效液相色谱分析的主要类型及其分离原理

高效液相色谱分析按分离原理不同分为液-固吸附色谱分析、液-液分配色谱分析、键合相色谱分析、离子交换色谱分析、离子对色谱分析及分子排阻色谱分析等,其色谱分离原理简述如下。

(一) 液-固吸附色谱分析

液-固吸附色谱中流动相为液体,固定相为吸附剂。液-固吸附色谱分析是基于各组分吸附能力的差异进行分离的。其固定相是固体吸附剂,它们是一些多孔性的极性微粒物质,如氧化铝、硅胶等。当混合物随流动相通过吸附剂时,由于流动相与各组分对吸附剂的吸附能力不同,故对吸附剂表面活性中心发生吸附竞争。与吸附剂结构和性质相似的组分易被吸附,呈现高保留值,反之,与吸附剂结构和性质差异较大的组分不易被吸

附,呈现低保留值。

液-固色谱是以表面吸附性能为依据的,它主要用于分离极性不同的化合物,对于具有不同官能团的化合物和异构体有较高的选择性。凡是能用薄层色谱法分离的化合物,用液-固色谱法亦能进行分离分析。

(二) 液-液分配色谱分析

在液-液分配色谱中,流动相和固定相都是液体且互不相溶,其中固定液对被分离组分是很好的溶剂。当被分析的样品进入色谱柱后,各组分按照它们各自的分配系数很快地在两相间达到分配平衡。它与气-液色谱一样,这种分配平衡的总结果导致各组分迁移速度的不同,从而实现分离。

在液-液分配色谱中,依据固定相和流动相的相对极性的不同,液-液分配色谱分析可分为正相分配色谱法(NPC)和反相分配色谱法(RPC)。

在正相分配色谱法中,固定相载体上涂布的是极性固定液,流动相是非极性溶剂,即固定相的极性大于流动相的极性。它可用来分离极性较强的水溶性样品,洗脱顺序与液-固色谱法在极性吸附剂上的洗脱结果相似,即非极性组分先被洗脱出来,极性组分后被洗脱出来。

在反相分配色谱法中,固定相载体上涂布极性较弱或非极性的固定液,而用极性较强的溶剂作流动相,即固定相的极性小于流动相的极性。它可用来分离油溶性样品,其洗脱顺序与正相液-液色谱相反,即极性组分先被洗脱,非极性组分后被洗脱。

液-液分配色谱分析既能分离极性化合物,又能分离非极性化合物,如烷烃、烯烃、芳烃、稠环、染料、甾族等化合物。

(三) 键合相色谱分析

采用化学键合固定相的液相色谱分析称为键合相色谱。键合相色谱分析是由液-液分配色谱法发展起来的,但键合相色谱中固定相的特性和分离机理与分配色谱法都存在差异,所以,一般不宜将键合相色谱分析统称为液-液分配色谱分析。

由于键合固定相共价结合在载体颗粒上,固定相表面没有液坑,比一般液体固定相传质快得多,而且非常稳定,使用中不易流失,色谱柱的使用寿命更长。由于键合到载体表面的官能团可以是各种极性的,以适用于多种不同类型的样品分析,克服了分配色谱中由于固定相在流动相中有微量溶解,及流动相通过色谱柱时的机械冲击使固定相不断流失,使色谱柱的性质逐渐改变等缺点。化学键合固定相在高效液相色谱法中已占有极其重要的地位。

根据键合固定相与流动相相对极性的强弱,可将键合相色谱法分为正相键合相色谱法和反相键合相色谱法。在正相键合相色谱法中,键合固定相的极性大于流动相的极性,适用于分离水溶性的极性与强极性化合物。在反相键合相色谱法中,键合固定相的极性小于流动相的极性,适用于分离非极性、极性化合物,其应用范围比正相键合相色谱法广泛得多。据统计,在高效液相色谱法中,70%～80%的分析任务是由反相键合相色谱法来完成的。

1. 正相键合相色谱的分离原理

正相键合相色谱使用的是极性键合固定相,以极性有机基团如胺基($-NH_2$)、氰基($-CN$)、醚基($-O-$)等键合在硅胶表面上。溶质在此类固定相上的分离机理属于分配色谱。正相键合相色谱多用于分离各类极性化合物如染料、炸药、甾体激素、多巴胺、氨基酸和药物等。

2. 反相键合相色谱的分离原理

反相键合相色谱使用的是极性较小的键合固定相,以极性较小的有机基团如苯基、烷基等键合在硅胶表面上,如 ODS 柱(即 C18 柱),其分离机理可用疏水溶剂作用理论来解释。这种理论认为,键合在硅胶表面的非极性或弱极性基团具有较强的疏水特性。当用极性溶剂为流动相来分离含有极性官能团的有机化合物时,一方面,分子中的非极性部分与疏水基团产生缔合作用,使它保留在固定相中;另一方面,被分离物的极性部分受到极性流动相的作用,促使它离开固定相,并减小其保留作用。显然,键合固定相对每一种溶质分子缔合和解缔能力的差别,决定了溶质分子在色谱分离过程中的保留值。由于不同溶质分子这种能力的差异是不一致的,所以流出色谱柱的速度是不一致的,从而使得各种不同组分得到分离。反相键合相色谱系统由于操作简单,稳定性与重复性好,已成为一种通用型液相色谱分析方法。

(四) 离子交换色谱分析

离子交换色谱分析的固定相是离子交换树脂,常用苯乙烯与二乙烯交联形成的聚合物骨架,在表面末端芳环上接上羧基、磺酸基(称阳离子交换树脂)或季氨基(称阴离子交换树脂)。被分离组分在色谱柱上的分离原理是树脂上可电离离子与流动相中具有相同电荷的离子进行可逆交换,根据各离子与离子交换树脂上的基团具有不同的电荷吸引力的差异而分离。

缓冲液常用作离子交换色谱的流动相。被分离组分在离子交换柱中的保留时间除跟组分离子与树脂上的离子交换基团作用强弱有关外,它还受流动相的 pH 和离子强度影响。pH 可以改变化合物的解离程度,进而影响其与固定相的作用。流动相的盐浓度大,则离子强度高,不利于样品的解离,导致样品较快流出。离子交换色谱法主要用于分离离子或可离解的化合物,还可用于有机化合物如有机酸、氨基酸、多肽及核酸等的分离和分析。

(五) 离子对色谱分析

离子对色谱分析又称偶离子色谱法,是液-液色谱法的一个分支。它是根据被测组分离子与离子对试剂离子形成中性的离子对化合物后,在非极性固定相中溶解度增大,从而使其分离效果改善,主要用于分析离子强度大的酸碱物质。

分析碱性物质常用的离子对试剂为烷基磺酸盐,如戊烷磺酸钠、辛烷磺酸钠等。分析酸性物质常用四丁基季铵盐,如四丁基溴化铵、四丁基铵磷酸盐等。离子对色谱分析常用 ODS 柱(即 C18),流动相为甲醇-水或乙腈-水,水中加入 $3\,mmol\cdot L^{-1} \sim 10\,mmol\cdot L^{-1}$ 的离子对试剂,在一定的 pH 范围内进行分离。

(六) 分子排阻色谱分析

分子排阻色谱分析又称凝胶色谱分析。排阻色谱是根据分子大小进行分离的一种液相色谱技术,主要用来分析高分子物质的相对分子质量分布,以此来鉴定高分子聚合物。

色谱柱内多以亲水硅胶、凝胶或经修饰凝胶如葡聚糖凝胶和聚丙烯酰胺凝胶等填充剂为固定相。分子进入色谱柱后,不同组分分子按其大小进入固定相的不同孔径的微孔内,大于所有孔径的分子不能进入填充剂颗粒内部,最早被流动相洗脱至柱外,保留时间短;小于所有孔径的分子能自由进入填充剂的所有微孔,在柱中滞留时间较长,保留时间长;其余分子则按分子大小依次被洗脱。

第三节　液相色谱分析的固定相和流动相

一、液相色谱分析的固定相

高效液相色谱固定相按承受的高压能力可分为刚性固体和硬胶两大类。刚性固体以二氧化硅为基质,它可以承受的压力为 70 MPa～100 MPa,若在它的表面键合各种官能团,其应用更广泛。硬胶由聚苯乙烯与二乙烯基苯交联而成,承受压力上限为 35 MPa,主要用于离子交换和空间排阻色谱。

固定相按孔隙深度可分为表面多孔型和全多孔微粒型两类。表面多孔型是在实心玻璃珠外面覆盖一层多孔活性物质,如硅胶、氧化铝、离子交换剂和聚酰胺等,其厚度为 $1\,\mu m$～$2\,\mu m$,以形成无数向外开放的浅孔。表面多孔型硅胶微粒固定相吸附剂出峰快、柱效能高,适用于极性范围较宽的混合样品的分析,缺点是样品容量小。全多孔微粒型由直径为 $10^{-3}\,\mu m$ 数量级的硅胶微粒凝聚而成,由于其表面积大、柱效能高而成为液-固吸附色谱中使用最广泛的固定相。

(一)液-固吸附色谱固定相

液-固吸附色谱固定相可分为极性和非极性两大类。极性固定相主要有硅胶(酸性)、氧化镁和硅酸镁分子筛(碱性)等;非极性固定相有高强度多孔微粒活性炭、$5\,\mu m$～$10\,\mu m$ 的多孔石墨化炭黑、高交联度苯乙烯-二乙烯基苯共聚物的单分散多孔微球($5\,\mu m$～$10\,\mu m$)及碳多孔小球等,其中应用最广泛的是极性固定相硅胶。

实际工作中,应根据分析样品的特点及分析仪器来选择合适的吸附剂。选择时考虑的因素主要有吸附剂的形状、粒度、比表面积等。表 9-2 列出了液-固色谱法中常用的固定相的物理性质。

表 9-2　液-固色谱法中常用的固定相的物理性质

类型	商品名称	形状	粒度/μm	比表面积/($m^2 \cdot g^{-1}$)	平均孔径/nm	生产厂家
全多孔硅胶	YQG	球形	5～10	300	30	北京化学试剂研究所
	YQG-1	球形	37～55	400～300	10	青岛海洋化工厂
	Chromegasorb	无定	5,10	500	60	ES Industries
	Chromegaspher	球形	3,5,10	500	60	ES Industries
	Si 60,Si 100	球形	5,10	250	100	Merck
	Nucleosil 50	球形	5,7,10	500	50	Macherey-Nagel
薄壳硅胶	YBK	球形	25～37～50	14～7～2	—	上海试剂一厂
	Zipax	球形	37～44	1	80	Du Pont(美)
	Corasil Ⅰ,Ⅱ	球形	37～50	14～7	5	Waters(美)
	Perisorb A	球形	30～40	14	6	E. Merck(德)
	Vydac SC	球形	30～40	12	5.7	Separation

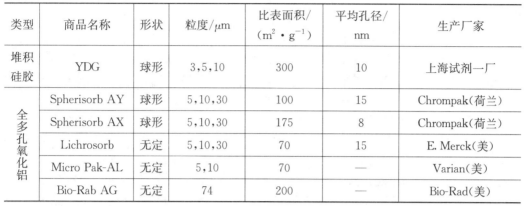

类型	商品名称	形状	粒度/μm	比表面积/$(m^2 \cdot g^{-1})$	平均孔径/nm	生产厂家
堆积硅胶	YDG	球形	3,5,10	300	10	上海试剂一厂
全多孔氧化铝	Spherisorb AY	球形	5,10,30	100	15	Chrompak(荷兰)
	Spherisorb AX	球形	5,10,30	175	8	Chrompak(荷兰)
	Lichrosorb	无定	5,10,30	70	15	E. Merck(美)
	Micro Pak-AL	无定	5,10	70	—	Varian(美)
	Bio-Rab AG	无定	74	200	—	Bio-Rad(美)

(二) 液-液分配色谱固定相

分配色谱固定相由两部分组成,一部分是惰性载体,另一部分是涂渍在惰性载体上的固定液。在分配色谱中使用的惰性载体(也叫担体),它主要是一些固体吸附剂,如全多孔球形或无定形微粒硅胶、全多孔氧化铝等。

在分配色谱法中常用的固定液如表 9-3 所示,其固定液的涂渍方法与气液色谱中基本一致。

表 9-3 分配色谱法使用的固定液

正相分配色谱法的固定液		反相分配色谱法的固定液
β,β-氧二丙腈	乙二醇	甲基硅酮
1,2,3-三(2-氰乙氧基)丙烷	乙二胺	氰丙基硅酮
聚乙二醇 400,600	二甲基亚砜	聚烯烃
甘油,丙二醇	硝基甲烷	正庚烷
冰乙酸	二甲基甲酰胺	

(三) 键合相色谱法的固定相

利用化学反应将固定液的官能团键合在载体表面形成的固定相称为化学键合固定相。化学键合固定相广泛使用全多孔或薄壳型微粒硅胶作为基体,硅胶表面的硅醇基能与合适的有机化合物反应,使具有不同极性官能团的有机物分子键合在表面,而获得不同性能的化学键合相。

化学键合固定相是目前应用最广、性能最佳的固定相,可分为:

(1) 硅氧碳键型:≡Si—O—C,这种固定相对热不稳定,遇水、醇等强极性溶剂会发生水解,使酯链断裂。因此仅适用于以干燥的无水乙醇为流动相的体系。

(2) 硅氧硅碳键型:≡Si—O—Si—C,这种固定相在 pH 2~8.5 范围内对水稳定,且由于有机分子与载体间的牢固结合,固定相不易流失,稳定性好,应用最广。

(3) 硅碳键型或硅氮键型:≡Si—C 或≡Si—N,这种固定相热稳定性和抗水解能力都较酯化型好,但仍不如后来的硅烷化键合固定相,因而至今尚无商品供应。

常用化学键合固定相如表 9-4 所示。

表 9-4　常用化学键合固定相

类型	基　团	粒度/μm	型　号
表面多孔型	十八烷基硅烷	37～50	ODS/Corasil
	十八烷基三氧硅烷	37～50	Bondapak C18/Corasil
	醚基	37～44	Permaphase ETH
	氰基硅烷	25～37	薄壳硅珠-氰基
	氨基硅烷	25～37	薄壳硅珠-氨基
	聚乙二醇	37～50	Durapal Carbowax 400/Corasil
全多孔型	十八烷基硅烷	～10	Micropak CH, Partisil 10 ODS
	氧基硅烷	～10	Micropak CN, Partisil 10 PAC
	氨基硅	～10	Micropak-NH₂
	烷基苯基硅烷	13±5	Allypheny Sil X-1

二、液相色谱分析的流动相

(一) 液相色谱分析流动相的基本要求

高效液相色谱中,流动相对分离起着极其重要的作用。不论采用哪一种色谱分离方式,对用作流动相的溶剂的要求是:

(1) 纯度高,化学稳定性好,不能与固定相相溶或与组分和固定相发生任何化学反应。

(2) 黏度低,沸点通常要低于 55 ℃。使用低黏度溶剂,可减少溶质的传质阻力,有利于提高柱效能。

(3) 选用溶剂的性质应与所使用的检测器相匹配,如使用紫外吸收检测器,不能选用检测波长下有紫外吸收的溶剂;若使用示差折光检测器,不能使用梯度洗脱。

(4) 对样品有足够的溶解能力,并无显著毒性等。

(二) 不同类型色谱流动相的选择

1. 液-固吸附色谱流动相的选择

在液-固色谱中,选择流动相的基本原则是极性大的试样用极性较强的流动相,极性小的则用低极性流动相。实际工作中,应根据流动相的洗脱序列,通过实验选择合适强度的流动相。若样品各组分分配比 k 值差异比较大,可采用梯度洗脱。

2. 液-液分配色谱流动相的选择

在正相分配色谱中,使用的流动相类似于液-固色谱中使用极性吸附剂时应用的流动相。此时,流动相主体为己烷、庚烷,可加入适当浓度的极性改性剂,如1-氯丁烷、异丙醚、二氯甲烷、四氢呋喃、氯仿、乙酸乙酯、乙醇、乙腈等。

在反相分配色谱中,使用的流动相类似于液-固色谱中使用非极性吸附剂时应用的流动相。此时流动相的主体为水,可加入一定量的改性剂,如二甲基亚砜、乙二醇、乙腈、甲醇、丙酮、对二氧六环、乙醇、四氢呋喃、异丙醇等。

3. 键合相色谱流动相的选择

正相键合相色谱中,采用和正相液-液分配色谱相似的流动性,流动相的主体成分为己烷(或庚烷)。为改善分离的选择性,常加入乙醚、甲基叔丁基醚或氯仿等。

反相键合相色谱中,采用和反相液-液分配色谱相似的流动相,流动相的主体成分为水。为改善分离的选择性,常加入甲醇或乙腈等。

实际使用中,一般采用甲醇-水体系已能满足多数样品的分离要求。由于甲醇的毒性是乙腈的五分之一,并且价格便宜,因此,反相键合相色谱中应用最广泛的流动相是甲醇。除上述三种流动相外,反相键合相色谱中也经常采用乙醇、丙醇及二氯甲烷等作为流动相。

第四节 高效液相色谱仪

典型的高效液相色谱系统一般由输液系统、进样系统、分离系统、检测系统及数据记录处理系统等组成,其中高压泵、色谱柱、检测器是三大关键部件。现代高效液相色谱仪还有微机控制系统,能进行自动化仪器控制和数据处理,制备型高效液相色谱仪还备有自动馏分收集装置。目前常见的高效液相色谱仪生产厂家国外有 Waters 公司、Agilent公司(原 HP 公司)、岛津公司等,国内有大连依利特公司、上海分析仪器厂、北京分析仪器厂等。

高效液相色谱仪的基本结构如图 9-5 所示。

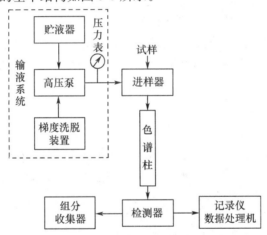

图 9-5 高效液相色谱仪结构示意图

它主要由高压泵、进样器、色谱柱、检测器和色谱工作站组成。高压泵将贮液器中的流动相以稳定的流速(或压力)输送至分析体系,在色谱柱之前通过进样器将样品导入,流动相将样品依次带入预柱、色谱柱。在色谱柱中各组分被分离,并依次随流动相流至检测器,检测到的信号被送至色谱工作站记录、处理和保存。

一、输液系统

输液系统由贮液器、脱气装置、高压输液泵、过滤器、梯度洗脱装置等组成。

(一)贮液器

贮液器主要用来贮备流动相即载液。贮液器一般以不锈钢、玻璃、聚四氟乙烯或特种塑料聚醚醚酮(PEEK)衬里为材料,容积一般以 $0.5\,L \sim 2\,L$ 为宜。所有溶剂在放入贮液器之前必须经过 $0.45\,\mu m$ 滤膜过滤,以防输液管道或进样阀产生阻塞现象。对于带有在线脱气装置的色谱仪,流动相必须先经过脱气装置后再输送到色谱柱。因为若流动相

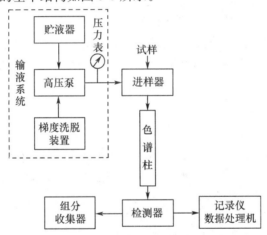

中所含空气不除去,会造成检测器噪声增大、基线不稳,使仪器不能正常工作。

(二)高压输液泵

高压输液泵是高效液相色谱仪的关键部件,其作用是将流动相以稳定的流速或压力输送到色谱分离系统。对高压输液泵的要求主要有:无脉动,流量恒定(流量变化在2%～3%以内);流量范围宽,可自由调节;耐腐蚀及易于清洗;适于梯度洗脱等。为了实现快速高效分离,泵应具有较高的柱前压力,其压力范围通常为15 MPa～50 MPa。

高压输液泵一般可分为恒流泵和恒压泵两大类。目前常用的恒流泵有往复型泵和注射型泵,其特点是泵的内体积小,用于梯度洗脱尤为理想。恒压泵又称气动放大泵,是输出恒定压力的泵,其流量随色谱系统阻力的变化而变化。这类泵的优点是输出无脉动,检测器的噪声低,通过改变气源压力即可改变流速,缺点是流速不够稳定,随溶剂黏度不同而改变。目前高效液相色谱仪普遍采用的是往复式恒流泵,特别是双柱塞型往复泵。恒压泵在高效液相色谱仪发展初期使用较多,现在主要用于液相色谱柱的制备。

(三)梯度洗脱装置

在液相色谱中常用到梯度洗脱技术,即在分离过程中按一定程序连续地适时地改变流动相的组成(溶剂极性、离子强度、pH 等)或改变流动相的浓度,其目的是使保留值相差很大的多种组分在合理的时间内全部洗脱并达到相互分离。梯度洗脱装置依据溶液混合的方式可分为高压梯度洗脱和低压梯度洗脱。

高压梯度洗脱一般只用于二元梯度,即用两个高压泵分别按设定比例输送两种不同溶液至混合器,在高压状态下将两种溶液进行混合,然后以一定的流量输出,也称泵后(高压)混合。低压梯度洗脱是在常压下将两种或两种以上溶剂混合后,再用泵输入色谱柱系统,也称泵前混合。

二、进样系统

进样系统包括进样口、注射器和进样阀等,作用是把分析样品有效地送入色谱柱中进行分离。在高效液相色谱中,早期使用装在色谱柱入口处的隔膜和停流进样器,现在大多使用六通进样阀或自动进样器。

三、分离系统

分离系统包括色谱柱、保护柱和恒温装置等部件。担负分离作用的色谱柱是色谱仪的心脏,柱效能高、选择性好、分析速度快是对色谱柱的一般要求,发展趋势是减小填料粒度和柱径以提高柱效能。

(一)色谱柱的构造

色谱柱柱管多采用优质不锈钢,柱内壁要求精细的抛光加工。柱填充的技术性很强,大多数实验室使用已填充好的商品柱。色谱柱按规格的不同分为分析型和实验室制备型两类:(1)分析型:常量柱内径 2 mm～6 mm,长 10 cm～30 cm;半微量柱内径 1 mm～1.5 mm,长 10 cm～20 cm。(2)实验室制备型:柱内径 20 mm～40 mm,长 10 cm～30 cm。

色谱柱通过柱两端的接头与其他部件(如前连进样器,后接检测器)连接,通过螺帽将柱管和柱接头牢固地连成一体。

(二)保护柱

保护柱又称预柱,是在分析柱的入口端装有与分析柱相同固定相的短柱(长

5 mm～30 mm），可以经常且方便地更换，因此，起到延长分析柱寿命的作用。

（三）色谱柱恒温装置

由于提高柱温有利于降低溶剂黏度、提高样品溶解度和改变分离度，也是保留值重复稳定的必要条件。常用的色谱柱恒温装置有水浴式、电加热式和恒温箱式三种。实际恒温过程中要求最高温度不超过 100℃，否则流动相气化会使分析工作无法进行。

四、检测系统

检测器是高效液相色谱仪的三大关键部件之一，其作用是把洗脱液中组分的量转变为电信号，要求灵敏度高、噪音低（即对温度、流量等外界变化不敏感）、线性范围宽、重复性好和适用范围广。用于液相色谱的检测器有三四十种，现简单介绍目前在液相色谱中使用比较广泛的紫外-可见光检测器、示差折光检测器、荧光检测器以及近年来出现的蒸发激光散射检测器。

（一）紫外-可见光检测器

紫外-可见光检测器（UVD）又称紫外吸收检测器，或直接称为紫外检测器，它是一种选择性浓度型检测器。几乎所有的液相色谱装置都配有紫外-可见光检测器。约有 80% 的样品可以使用这种检测器，它灵敏度高，噪声低，线性范围宽，对流速和温度均不敏感，可用于制备色谱。因其灵敏度高，即使是那些对光吸收小、摩尔吸收系数低的物质也可以进行微量分析。

紫外-可见光检测器由光源、流通池和检测器组成，光学系统如图 9-6 所示。

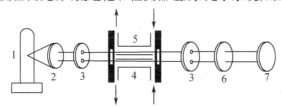

图 9-6　紫外检测器的光路图
1. 光源；2. 透镜；3. 遮光板；4. 测量池；
5. 参比池；6. 紫外滤光片；7. 光敏电阻

由光源产生波长连续可调的紫外光或可见光，经过透镜和遮光板变成两束平行光，无样品通过时，参比池和样品池通过的光强度相等，光电管输出相同，无信号产生；有样品通过时，由于样品对光的吸收，参比池和样品池通过的光强度不相等，有信号产生。根据朗伯-比尔定律，样品浓度越大，产生的信号越大。

紫外检测器灵敏度高，检测下限约为 10^{-10} g·mL^{-1}；线性范围广，对温度和流速不敏感，可用于梯度洗脱；不破坏样品，可用于制备色谱。

（二）示差折光检测器

示差折光检测器（RI）又称折光指数检测器，是一种通用型检测器，在凝胶色谱中示差折光检测器是必不可少的，尤其是对聚合物，如聚乙烯、聚乙二醇、丁苯橡胶等分子量分布的测定。此外，示差折光检测器在制备色谱中也经常使用。

示差折光检测器是通过连续监测参比池和测量池中溶液的折射率之差来测定试样浓度的检测器。溶液的光折射率是溶剂（流动相）和溶质各自的折射率乘以其物质的量浓度之和,溶有样品的流动相和流动相本身之间光折射率之差即表示样品在流动相中的浓度。原则上凡是与流动相光折射率有差别的样品都可用它来测定,其检测限可达$10^{-7}g \cdot mL^{-1} \sim 10^{-6}g \cdot mL^{-1}$。

(三)荧光检测器

荧光检测器(FD)是利用某些溶质在受紫外光激发后能发射出分子荧光的性质来进行检测的。荧光检测器的光路图如图9-7所示。

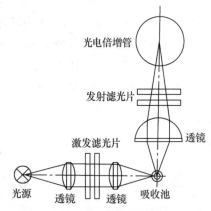

图9-7 荧光检测器的光路图

荧光检测器的灵敏度比紫外检测器要高100倍,当对痕量组分进行选择性检测时,它是一种强有力的检测工具,但它的线性范围较窄,不宜作为一般的检测器来使用。荧光检测器已在生物化工、临床医学检验、食品检验、环境监测中获得了广泛的应用。

五、数据记录、处理分析系统

高效液相色谱的分析结果除可用记录仪绘制色谱图外,现已广泛使用色谱工作站来记录和处理色谱分析的数据,通常具有自行诊断、全部操作参数控制、智能化数据处理和图谱处理等功能。

第五节 高效液相色谱分离方式的选择

应用高效液相色谱法对样品进行分离、分析方法的选择,应考虑各种因素,其中包括样品的性质(相对分子质量、化学结构、极性、溶解度等)、液相色谱分离类型及应用范围、实验室条件等。

一、相对分子质量

对于相对分子质量较低(一般在200以下),挥发性比较好,加热又不易分解的样品,可以选择气相色谱法进行分析。相对分子质量在200~2 000的化合物,可用液-固吸附、液-液分配和离子交换色谱法。相对分子质量小于2 000,但同时相对分子质量相差大于10%的组分,可用凝胶色谱柱。相对分子质量小于2 000的水溶性电解质,酸性物质用阴离子交换树脂,碱性物质用阳离子交换树脂。相对分子质量小于2 000的水溶性非电解质,选用反相色谱法。相对分子质量小于2 000的非水溶性物质,弱极性物质选用反相色谱法,极性物质选用正相色谱法。相对分子质量高于2 000的高水溶性高聚物,可用以水作流动相的排阻色谱,对于非水溶性高聚物,可采用非水流动相的排阻色谱。

二、溶解度

水溶性样品最好用离子交换色谱法和液-液分配色谱法;微溶于水,但在酸或碱存在下能很好电离的化合物,也可用离子交换色谱法;脂溶性样品或相对非极性的混合物,可用液-固色谱法。

三、化学结构

若样品中包含离子型或可离子化的化合物,或者能与离子型化合物相互作用的化合物(例如配位体及有机螯合剂),可首先考虑用离子交换色谱,但空间排阻和液-液分配色谱也都能顺利地应用于离子化合物;异构体的分离可用液-固色谱法;具有不同官能团的化合物、同系物可用液-液分配色谱法;对于高分子聚合物,可用空间排阻色谱法。

对高效液相色谱分离方式的选择综述如下:

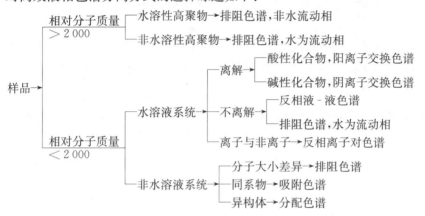

第六节　高效液相色谱分析方法

一、定性分析

由于液相色谱过程中影响溶质迁移的因素较多,同一组分在不同色谱条件下的保留值相差很大,即便在相同的操作条件下,同一组分在不同色谱柱上的保留值也可能有很大差别,因此液相色谱与气相色谱相比,定性的难度更大。常用的定性方法有如下几种:

(一)利用纯物质对照法

将已知纯物质在相同的色谱条件下的保留值与未知物的保留值进行比较,就可以定性鉴定未知物。纯物质对照法定性只适用于对组分性质已有所了解,组成比较简单,且有纯物质可参照的未知物。

(二)加入已知物增加峰高法

当未知样品中组分较多,所得色谱峰过密,用纯物质对照法不易辨认时,或仅作未知样品指定项目分析时均可用此法。首先作出未知样品的色谱图,然后在未知样品中加入某已知物,又得到一个色谱图。峰高增加的组分即可能为这种已知物。

二、定量分析

高效液相色谱的定量方法与气相色谱的定量方法类似,主要有面积归一化法、内标法和外标法,简述如下。

（一）归一化法

归一化法要求所有组分都能分离并有响应,其基本方法与气相色谱中的归一化法类似。由于液相色谱所用检测器为选择性检测器,对很多组分没有响应,因此液相色谱法使用归一化法较少。

（二）内标法

当样品各组分不能全部从色谱柱流出,或有些组分在检测器上无信号,或只需对样品中某几个色谱峰的组分进行定量时可采用内标法。

内标法是比较精确的一种定量方法。它是将已知量的参比物(称内标物)加到已知量的试样中,那么试样中参比物的浓度为已知。在进行色谱测定之后,待测组分峰面积和参比物峰面积之比应该等于待测组分的质量与参比物质量之比,即可求出待测组分的质量,进而求出待测组分的含量。参看第八章气相色谱分析式(8-44)。

（三）外标法

外标法是以待测组分纯品配制标准溶液和待测试样同时作色谱分析来进行比较而定量的,可分为标准曲线法和直接比较法。具体方法可参阅气相色谱的外标法定量。

三、应用

高效液相色谱法不受沸点、热稳定性、相对分子质量、有机物或无机物等的限制,因此它的适用范围较气相色谱法更为广泛。目前,HPLC 在生化、医学、药物临床、食品卫生、环保监测、商检和法检等方面都有广泛的用途,在生物和高分子样品的分离与分析中更具有明显优势。

（一）在生物化学和生物工程中的应用

在生物化学和生物工程研究中,经常涉及对氨基酸、多肽、蛋白质及核苷、核苷酸、核酸等的分离分析,高效液相色谱法正是这类样品的主要分析手段。图 9-8 显示了用 Spherisorb ODS 反相键合相色谱柱分离氨基酸标准物的色谱图。

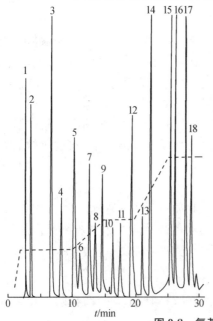

色谱峰:1. Asp;2. Glu;3. Asn;4. Ser;5. Gln;
6. His;7. Hse;8. Gly;9. Thr;10. Arg;
11. β-Ala;12. Ala;13. GABA;14. Tyr;
15. Val;16. Phe;17. Ile;18. Leu

色谱柱:Spherisorb ODS,15 cm×4. 6 mm(内径),5 μm

流动相:A. NaNO$_3$ 处理的 0. 01 mol·L^{-1}二氢正磷酸盐,离子强度为 0. 08 mol·L^{-1},四氢呋喃 1%;
B. 甲醇

检测器:荧光检测器($\lambda_{ex}=340$ nm,$\lambda_{em}=425$ nm)

图 9-8　氨基酸标准物的色谱图

（二）在医药研究中的应用

人工合成药物的纯化及成分的定性、定量测定,中草药有效成分的分离、制备及纯度测定,临床医药研究中人体血液和体液中药物浓度、药物代谢物的测定,新型高效手性药物中手性对映体含量的测定等,可以用反相键合相色谱予以解决。

磺胺类消炎药是一种常见的药物,主要用于细菌感染疾病的治疗。图 9-9 显示了磺胺类药物的反相色谱分离。色谱柱为 Partisil-ODS（5 μm，ϕ4.6 mm×250 mm）,流动相：（A）10％甲醇水溶液；（B）1％乙酸的甲醇溶液。线性梯度程序为（B）组分以 1.7％/min 的速率增加。使用紫外检测器（λ＝254 nm）检测。

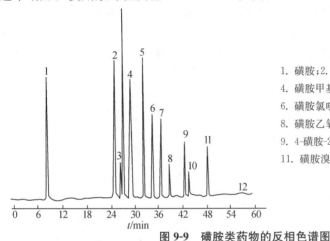

1. 磺胺；2. 磺胺嘧啶；3. 磺胺吡啶；
4. 磺胺甲基嘧啶；5. 磺胺二甲基嘧啶；
6. 磺胺氯哒嗪；7. 磺胺二甲基异噁唑；
8. 磺胺乙氧哒嗪；
9. 4-磺胺-2,6-二甲氧嘧啶；10. 磺胺喹噁啉；
11. 磺胺溴甲吖嗪；12. 磺胺呱

图 9-9　磺胺类药物的反相色谱图

（三）在食品分析中的应用

高效液相色谱法在食品分析中的应用主要包括三个方面：第一是食品本身组成,尤其是营养成分的分析,如维生素、脂肪酸、香料、有机酸、矿物质等；第二是人工加入的食品添加剂的分析,如甜味剂、防腐剂、人工合成色素、抗氧化剂等；第三是在食品加工、储运、保存过程中由周围环境引起的污染物的分析,如农药残留、霉菌毒素、病原微生物等。图 9-10 显示了用反相键合相色谱法分离 6 种常见的脂溶性维生素的色谱图。

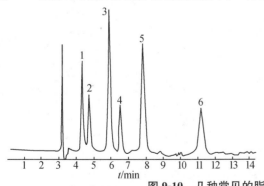

色谱柱：Nucleosil-120-5C8,250 mm×2.0 mm（内径）
柱　温：室温
流动相：甲醇＋水（体积比＝92：8）
流　速：0.2 mL·min^{-1}
检测器：UV

图 9-10　几种常见的脂溶性维生素色谱图

（四）在环境污染和农药残留分析中的应用

反相键合相色谱法适用于对环境中存在的高沸点有机污染物的分析,如大气、水、土壤和蔬菜、水果等中存在的多环芳烃、多氯联苯、有机氯农药、有机磷农药、氨基甲酸酯农药、含氮除草剂、苯氧基酸除草剂、酚类、胺类、黄曲霉毒素、亚硝胺等。

（五）在其他领域中的应用

液相色谱在化学工业和电子工业等领域也得到了广泛的应用。例如化学工业中采用 HPLC 分离较高分子量的富勒烯,电子工业中用 HPLC 分析不同价态的铬离子、钡离子等。

习　题

1. 影响 HPLC 色谱峰展宽的主要原因有哪些? 与气相色谱比较主要的区别是什么?

2. 何谓化学键合固定相? 键合相色谱与传统的液-液色谱相比,有哪些优点?

3. 高效液相色谱法中,对流动相的基本要求是什么?

4. 典型的 HPLC 系统由哪些部分组成? 简述各部分的功能。

5. 简述 HPLC 的工作流程。

6. 为什么一般采用全多孔微粒型固定相?

7. 分离下列物质时,宜采用何种液相色谱方法?

　(1) CH_3CH_2OH 和 $CH_3CH_2CH_2OH$;

　(2) Ba^{2+} 和 Sr^{2+};

　(3) C_4H_9COOH 和 $C_5H_{11}COOH$;

　(4) 高相对分子质量的葡糖苷。

8. 指出下列化合物从氧化钙柱中流出的顺序:正丁醇、甲醇、正己醇、乙醇。

（甲醇、乙醇、正丁醇、正己醇）

9. 指出下列物质在正相色谱柱中的洗脱顺序:正己烷、正己醇、苯。

（正己烷、苯、正己醇）

10. 指出下列物质在反相色谱中的洗脱顺序:乙酸乙酯、乙醚、硝基丁烷。

（硝基丁烷、乙醚、乙酸乙酯）

仪器分析实验

实验一　紫外光谱法测定苯甲酸含量

一、实验目的

1. 掌握紫外光谱分析法的基本原理。
2. 熟悉 TU-1810 型紫外-可见分光光度计的结构和使用方法。
3. 学习苯甲酸含量的测定原理和方法。

二、实验原理

紫外-可见光谱分析法是利用溶液中物质的分子或离子对紫外-可见光产生选择性吸收,引起分子中电子能级间的跃迁,从而产生电子光谱,即紫外-可见吸收光谱。根据吸收波长进行定性分析,根据吸收强度进行定量分析。

朗伯-比尔定律是光吸收的基本定律,也是分光光度法的定量依据。根据朗伯-比尔定律,在一定的条件下,吸光物质的吸光度 A 与该物质的浓度 c 和液层厚度 l 成正比。即

$$A = \lg \frac{I_0}{I_t} = \varepsilon l c$$

式中,I_0 和 I_t 分别为入射光和透射光的强度;ε 为摩尔吸收系数,单位为 $L \cdot mol^{-1} \cdot cm^{-1}$。

在碱性条件下,苯甲酸形成苯甲酸盐,对紫外光产生选择性吸收:

$$\text{⟨⟩—COOH} + NaOH \longrightarrow \text{⟨⟩—COONa} + H_2O$$

在紫外-可见分光光度计上绘制苯甲酸在紫外光区的 A-λ 吸收曲线,根据吸收曲线的最大吸收波长 λ_{max} 进行定量分析。

三、仪器与试剂

1. 仪器:TU-1 810 型紫外-可见分光光度计;石英吸收池。
2. 试剂:$0.1 mol \cdot L^{-1}$ NaOH 溶液;苯甲酸(AR);苯甲酸样品溶液。

四、实验步骤

1. 苯甲酸标准溶液的制备:

准确称取已烘干(105℃)的苯甲酸 0.100 0 g 于 250 mL 烧杯中,用 100 mL $0.1 mol \cdot L^{-1}$ 氢氧化钠溶液溶解后,转入 1 000 mL 容量瓶中,用蒸馏水稀释至刻度,摇匀即得到浓度为 $100 mg \cdot L^{-1}$ 的苯甲酸标准溶液。

2. 苯甲酸吸收曲线的制作:

移取 $100 mg \cdot L^{-1}$ 的苯甲酸标准溶液 4.00 mL 于 50 mL 容量瓶中,用 $0.01 mol \cdot L^{-1}$

氢氧化钠溶液定容,摇匀,得到浓度为 $8\,mg \cdot L^{-1}$ 的苯甲酸标准溶液。

用 $0.01\,mol \cdot L^{-1}$ 氢氧化钠溶液作为参比,波长从 $210\,nm \sim 240\,nm$,每隔 $5\,nm$ 测量 $8\,mg \cdot L^{-1}$ 的苯甲酸标准溶液的吸光度。以波长为横坐标,吸光度为纵坐标,绘制苯甲酸的 A-λ 吸收曲线,并找出最大吸收波长 $\lambda_{\max}$。

3. 样品的测定:

以苯甲酸的 $\lambda_{\max}(225\,nm)$ 作为测定波长,以 $0.01\,mol \cdot L^{-1}$ 氢氧化钠溶液为参比,在相同实验条件下测定苯甲酸标准溶液吸光度 A_s 和样品溶液的吸光度 A_x。

五、数据记录及处理

1. 列表记录以上实验数据。

2. 由标准比较法计算 c_x:

由 $\dfrac{c_x}{c_s} = \dfrac{A_x}{A_s}$ 得

$$c_x = \frac{A_x}{A_s} c_s$$

式中,c_x 为待测样品的浓度;A_x 为待测样品的吸光度;c_s 为标准溶液的浓度;A_s 为标准溶液的吸光度。

六、思考题

1. 本实验为什么要使用石英吸收池?使用紫外光源(氘灯)应注意些什么?

2. 为什么要使用 $0.01\,mol \cdot L^{-1}$ 的氢氧化钠溶液为参比溶液?

3. 制作 A-λ 吸收曲线时应注意哪些问题?

实验二　食品中 NO_2^- 含量的测定

一、实验目的

1. 熟悉分光光度计的性能、结构及其使用方法。
2. 学习分光光度法测定亚硝酸盐的原理。

二、实验原理

硝酸盐广泛存在于自然界中,食物和水中都含有一定量的硝酸盐,而硝酸盐在细菌硝基还原酶的作用下,可转变为亚硝酸盐。少数不良商贩将亚硝酸盐加入肉制品中,使肉色鲜艳。当人摄入大量亚硝酸盐后可使血红蛋白失去携氧能力,引起中毒。亚硝酸盐在一定条件下,可形成具有致癌作用的亚硝胺类化合物,亚硝酸盐浓度越高,产生亚硝胺的量就越多,因此,食品在加工中需严格控制亚硝酸盐的加入量。

在弱酸性溶液中亚硝酸盐与对氨基苯磺酸发生重氮反应,生成的重氮化合物与盐酸萘乙二胺偶联成紫红色的偶氮染料,在最大吸收波长 540 nm 处,可用分光光度法测定 NO_2^- 的含量。有关反应如下:

$$NO_2^- + 2H^+ + H_2N \underset{}{-\!\!\!\bigcirc\!\!\!-} SO_3H \longrightarrow N\equiv N^+ \underset{}{-\!\!\!\bigcirc\!\!\!-} SO_3H + 2H_2O$$

$$N\equiv N^+ \underset{}{-\!\!\!\bigcirc\!\!\!-} SO_3H + \text{（萘基）}NHCH_2CH_2NH_2 \cdot HCl \longrightarrow$$

$$HO_3S \underset{}{-\!\!\!\bigcirc\!\!\!-} N\!\!=\!\!N \underset{}{-\text{（萘基）}} NHCH_2CH_2NH_2 \cdot HCl$$

三、仪器与试剂

1. 仪器:TU-1810 型紫外-可见分光光度计;石英吸收池;小型食品粉碎机。

2. 试剂:

(1) 饱和硼砂溶液。称取 25 g 硼砂($Na_2B_4O_7 \cdot 10H_2O$)溶于 500 mL 热的去离子水中。

(2) 1.0 mol·L^{-1} $ZnSO_4$ 溶液。称取 150 g $ZnSO_4 \cdot 7H_2O$ 溶于 500 mL 去离子水中。

(3) 4 g·L^{-1} 对氨基苯磺酸溶液。称取 0.4 g 对氨基苯磺酸溶于 200 g·L^{-1} 盐酸中配成 100 mL 溶液,避光保存。

(4) 2 g·L^{-1} 盐酸萘乙二胺溶液。称取 0.2 g 盐酸萘乙二胺溶于 100 mL 去离子水中,避光保存。

(5) $NaNO_2$ 标准溶液(10 μg·mL^{-1})。准确称取 0.010 0 g 干燥 24 h 的分析纯 $NaNO_2$,用去离子水溶解后定量转入 1 000 mL 容量瓶中,加水稀释至刻度,摇匀,即为 10 μg·mL^{-1} 的 $NaNO_2$ 标准溶液。

四、实验步骤

1. 试样预处理：

称取肉制品(如香肠)5g,将其均匀绞碎后置于50mL烧杯中,加入12.5mL硼砂饱和溶液,搅拌均匀,然后用150mL～200mL左右70℃以上的热去离子水分数次将烧杯中的试样全部洗入250mL容量瓶中,并置于沸水浴中加热15min,取出。在轻轻摇动下滴加2.5mL 1.0mol·L⁻¹的$ZnSO_4$溶液以沉淀蛋白质。冷却至室温后,加水稀释至刻度,摇匀。放置10min,撇去上层脂肪,清液用干滤纸或干燥脱脂棉过滤,弃去最初10mL滤液,测定用的滤液应为无色透明。

2. 测定：

(1) 标准曲线的绘制：

准确移取$NaNO_2$标准溶液(10μg·mL⁻¹)0.0mL、0.4mL、0.8mL、1.2mL、1.6mL、2.0mL分别置于50mL的容量瓶中,各加水30mL,然后分别加入2mL对氨基苯磺酸溶液,摇匀。静置3min后,再分别加入盐酸萘乙二胺溶液1mL,加水定容后,摇匀,放置15min,以试剂空白为参比,于最大吸收波长540nm处测定各试液的吸光度。

(2) 试样的测定：

准确移取经过处理无色透明的试样滤液40mL于50mL容量瓶中,加入2mL对氨基苯磺酸溶液,摇匀。静置3min后,再加入盐酸萘乙二胺溶液1mL,加水定容,摇匀。测定试样的吸光度A_x。

五、分析结果处理

1. 以$NaNO_2$标准溶液的浓度为横坐标,相应的吸光度为纵坐标,绘制A-c标准曲线。

2. 根据测得的试样吸光度A_x,从A-c标准曲线上查出相应的浓度c_x(μg·mL⁻¹),最后计算样品中$NaNO_2$的质量分数,按下式计算：

$$w\% = \frac{c_x \cdot \frac{50}{40} \times 250}{m} \times 100\%$$

式中,m为试样质量(g)。

六、思考题

1. 在本实验中是否可用去离子水来代替各溶剂作参比溶液,为什么？

2. 承接滤液时,为什么要弃去最初的10mL滤液？

3. 亚硝酸容易氧化为硝酸盐,在实验时应注意哪些问题？

实验三　分光光度法同时测定饮料中多组分——合成色素

一、实验目的

1. 进一步掌握分光光度法的操作技术。
2. 熟悉紫外-可见分光光度法同时测定多组分的原理和方法。

二、实验原理

根据吸光度的加合性,当含有多种吸光物质,一定条件下可以不分离物质即可对多组分测定。通过测定组分的标准曲线,从而得到组分的摩尔吸光系数。分别在一定的波长下进行测定,通过求解联立方程,得到不同组分的浓度。

$$\lambda_1 : A_1^{a+b} = A_1^a + A_2^b = \varepsilon_1^a c_a l + \varepsilon_1^b c_b l$$
$$\lambda_2 : A_2^{a+b} = A_2^a + A_2^b = \varepsilon_2^a c_a l + \varepsilon_2^b c_b l$$

三、实验用品

1. 仪器:TU-1810 紫外-可见分光光度计。
2. 试剂:$500\,mg \cdot L^{-1}$靛蓝和 $200\,mg \cdot L^{-1}$酸性红标准溶液,有色饮料。

四、实验步骤

1. 标准溶液的配制:

分别准确移取 $500\,mg \cdot L^{-1}$靛蓝 $1.0\,mL$、$2.0\,mL$、$3.0\,mL$、$4.0\,mL$ 于 $25\,mL$ 容量瓶,用去离子水稀释定容至刻度。

分别准确移取 $200\,mg \cdot L^{-1}$酸性红 $2.0\,mL$、$3.0\,mL$、$4.0\,mL$、$5.0\,mL$ 于 $25\,mL$ 容量瓶,用去离子水稀释定容至刻度。

2. 测量波长的选择:

取任意一种浓度的靛蓝和酸性红标准溶液,分别在 $400\,nm \sim 700\,nm$ 范围进行光谱扫描,求出两组分的最大吸收波长,确定测量波长 λ_1 和 λ_2。

3. 吸光度的测定:

以蒸馏水为参比,在上述两个波长处分别测定上述配好的 8 个溶液及待测样的吸光度,记录数据。

4. 标准曲线的绘制:

分别绘制 4 条标准曲线,曲线的斜率即为吸光系数。

五、数据记录及处理

溶液	靛蓝				酸性红				待测液
编号	1	2	3	4	1	2	3	4	
$V/(mL)$	1.0	2.0	3.0	4.0	2.0	3.0	4.0	5.0	
$c(mg \cdot L^{-1})$	20	40	60	80	16	24	32	40	
$A(\lambda_1)$									
$A(\lambda_2)$									

计算：

$$c_a = \frac{\varepsilon_2^b \cdot A_1^{a+b} - \varepsilon_1^b \cdot A_2^{a+b}}{\varepsilon_1^a \cdot \varepsilon_2^b - \varepsilon_2^a \cdot \varepsilon_1^b}$$

$$c_b = \frac{\varepsilon_1^b \cdot A_2^{a+b} - \varepsilon_2^a \cdot A_1^{a+b}}{\varepsilon_1^a \cdot \varepsilon_2^b - \varepsilon_2^a \cdot \varepsilon_1^b}$$

六、思考题

1. 如何确定吸光系数？
2. 简述吸光度的加合性原理。

实验四　紫外吸收光谱法测定水果中 Vc 的含量

一、实验目的

1. 熟悉 UV2600 型分光光度计测量原理和使用方法。
2. 掌握紫外吸收光谱法测定 Vc 的原理和方法。

二、实验原理

Vc(抗坏血酸)具有抗氧化作用,存在于许多水果、蔬菜中。抗坏血酸是水溶性的,在空气中容易被氧化,在碱性介质中更甚,因此提取时应加入少量的酸使溶液呈弱酸性,以减缓其氧化速度,减少其损失。Vc 在紫外区有吸收,其吸光度与其在溶液中的浓度成正比。据此,可利用标准曲线法定量测定。

三、仪器和试剂

1. 仪器:UV2600 紫外-可见分光光度计、离心机、石英比色皿等。
2. 试剂:100 mg/L 抗坏血酸标准储备液。

四、实验步骤

1. 抗坏血酸标准溶液的制备:

分别移取抗血酸标准储备液 0.50 mL、1.00 mL、1.50 mL、2.00 mL、2.50 mL 于 5 只 25 mL 容量瓶中,用水稀释至刻度,摇匀,得到浓度分别为 $2\,mg \cdot L^{-1}$、$4\,mg \cdot L^{-1}$、$6\,mg \cdot L^{-1}$、$8\,mg \cdot L^{-1}$、$10\,mg \cdot L^{-1}$ 的系列标准溶液。

2. 吸收光谱曲线的测定:

以水为参比,任选一种标准溶液作为测试液,在 400 nm～200 nm 范围测绘出抗坏血酸的吸收光谱曲线,并确定 λ_{max}。

3. 标准曲线的制作:

以水为参比,在波长 λ_{max} 处,分别测定上述 5 个标准溶液的吸光度,以浓度为横坐标,吸光度为纵坐标绘制标准曲线。

4. 样品的测定:

取适量水果(苹果/梨)去皮、匀浆,置于离心机上离心,上清液即为提取的果汁溶液。对果汁进行适当稀释后,采用紫外分光光度法测定吸光度值,根据标准曲线计算样品中 Vc 的含量。(注:果汁稀释时添加适量 10％盐酸防止 Vc 被氧化。)

五、实验结果与处理

1. 根据 Vc 的吸收光谱曲线,确定 λ_{max}。
2. 根据试验中的数据,用计算机绘制标准曲线,并计算样品的 Vc 含量。

六、思考题

1. 用紫外-可见分光光度法测得某两种物质的最大吸收峰值在同一波长处,可否判断是同一物质？为什么？
2. 在绘制吸收光谱曲线的操作过程中,为什么要选用"基线校正"而不是"自动调零"？

实验五　分子荧光法测定维生素 B_2 的含量

一、实验目的

1. 学习荧光光谱分析的基本原理。

2. 了解分子荧光光度计的结构。

3. 掌握 F-96 型荧光分光光度计的使用方法。

二、实验原理

溶液中物质的分子选择性地吸收紫外-可见光能,分子被激发,激发态的分子不稳定,经过无辐射跃迁至第一激发单重态的最低振动能级,即 $S_1(v=0)$,在 10^{-8} s后经辐射跃迁再返回到基态时,便发射出分子荧光。

利用测量荧光强度而建立的物质含量分析方法,称为分子荧光分析法。维生素 B_2 溶液在 pH=6~7 时,以波长为 430 nm~440 nm 的光照射,能发射分子荧光,荧光峰值波长为 535 nm。其荧光强度与被测物质浓度的定量关系式为

$$I_f = 2.303 \varphi_f I_0 \varepsilon l c$$
$$I_f = Kc$$

在一定实验条件下,荧光强度与浓度呈线性关系,可采用标准曲线法做定量分析。

三、仪器与试剂

1. 仪器:F-96 型荧光分光光度计;石英吸收池。

2. 试剂:$10 \mu g \cdot mL^{-1}$ 维生素 B_2 标准溶液。准确称取 10.0 mg 维生素 B_2 于 50 mL 小烧杯中,加入少量 1‰醋酸使其溶解,定量转入 1000 mL 的容量瓶中,用蒸馏水定容,摇匀,保存于棕色瓶并置于冰箱中。

四、实验步骤

1. 标准溶液的配制:

分别取 1.0 mL、2.0 mL、3.0 mL、4.0 mL 及 5.0 mL $10 \mu g \cdot mL^{-1}$ 维生素 B_2 标准溶液于 50 mL 容量瓶中,用去离子水稀释至刻度,摇匀。

2. 标准工作曲线的制作:

以去离子水为空白,分别测定上述配制的标准溶液的荧光强度。

3. 未知试样的测定:

称取维生素 B_2 粉末或药片研细的粉末 0.05 g 于 50 mL 烧杯中,用少量去离子水溶解并定量转移至 50 mL 容量瓶中,定容至刻度,摇匀。如有必要,可经过干燥滤纸过滤样品溶液,在与测定标准溶液相同的实验条件下,测量其荧光强度。

五、分析结果计算

1. 绘制 I_f-c 标准曲线。

2. 根据测得未知溶液的 I_f，从标准曲线上查得其浓度 c_x。

3. 按下式计算试样中维生素 B_2 的质量分数：

$$w\% = \frac{c_x V_x}{m} \times 100\%$$

六、思考题

1. 在荧光光度计中，激发光源和荧光检测器为什么不在一条直线上，而是呈 90°角？

2. 荧光光度计中为什么需要两个单色器，各单色器选择波长的依据是什么？

实验六　分子荧光法测定奎宁的含量

一、实验目的

1. 掌握用荧光法测定奎宁含量的方法。
2. 进一步熟悉 F-96 型荧光分光光度计的操作方法。

二、实验原理

奎宁在稀酸溶液中是强荧光物质。它有两个激发波长 250 nm 和 350 nm，荧光发射波长为 450 nm。在低浓度时，荧光强度与荧光物质的浓度成正比，即

$$I_f = Kc$$

采用标准曲线法，即以一定量的标准物质配制一系列标准溶液，测定这些溶液的荧光后，用荧光强度对标准溶液浓度绘制标准曲线，再根据试样溶液的荧光强度，在标准曲线上求出试样中荧光物质的含量。

三、仪器与试剂

1. 仪器：荧光分光光度计；石英吸收池。

2. 试剂：

(1) $100\,\mu g \cdot mL^{-1}$ 奎宁贮备液　准确称取 120.7 mg 硫酸奎宁二水合物于 100 mL 烧杯中，加 50 mL $1\,mol \cdot L^{-1}$ H_2SO_4 使其溶解，定量转移至 1 000 mL 容量瓶中，用去离子水定容，摇匀。将此溶液稀释 10 倍，得 $10\,\mu g \cdot mL^{-1}$ 奎宁标准溶液。

(2) $0.05\,mol \cdot L^{-1}$ H_2SO_4 溶液。

四、实验步骤

1. 系列标准溶液的配制：

取 6 只 50 mL 容量瓶，分别加入 $10\,\mu g \cdot mL^{-1}$ 奎宁标准溶液 0.0 mL、2.0 mL、4.0 mL、6.0 mL、8.0 mL、10.0 mL，以 $0.05\,mol \cdot L^{-1}$ H_2SO_4 溶液稀释至刻度，摇匀。

2. 绘制激发光谱和荧光发射光谱：

将发射波长固定在 450 nm，在 200 nm～400 nm 范围扫描激发光谱；将激发波长固定在 350(或 250)nm，在 400 nm～600 nm 范围扫描荧光发射光谱。

3. 绘制标准曲线：

将激发波长固定在 350(或 250)nm，发射波长为 450 nm，测量系列标准溶液的荧光强度。

4. 未知样的测定：

取 4～5 片奎宁，在研钵中研磨，准确称取 0.1 g，置于 50 mL 小烧杯中，用 $0.05\,mol \cdot L^{-1}$ H_2SO_4 溶液溶解，定量转移至 1 000 mL 容量瓶中，用 $0.05\,mol \cdot L^{-1}$ H_2SO_4 溶液稀释至刻度，摇匀。取上述溶液 5.0 mL 至 50 mL 容量瓶中，用 $0.05\,mol \cdot L^{-1}$ H_2SO_4 溶液稀释至刻度，摇匀。在与标准系列溶液同样条件下，测量试样溶液的荧光强度。

五、分析结果处理

1. 绘制荧光强度对奎宁溶液浓度的标准曲线，并由标准曲线确定未知试样的浓

度 c_x。

2. 计算药片中的奎宁的质量分数。

六、思考题

1. 如何绘制荧光激发光谱和荧光发射光谱？
2. 哪些因素可能会对奎宁的荧光强度产生影响？

实验七　FTIR 红外光谱仪的使用及化合物红外光谱的测定

一、实验目的

1. 了解红外光谱法的测定原理。
2. 熟悉 FTIR 红外光谱仪的使用方法及数据的处理方法。
3. 掌握化合物红外光谱图的测定方法。

二、实验原理

红外光谱反映了分子化学键的特征吸收频率,不同化合物具有其特征的红外光谱,因此可以用红外光谱对物质进行结构分析。

三、仪器及试剂

1. 仪器:FTIR 红外光谱仪、压片机、红外线干燥器、玛瑙研钵等。
2. 试剂:样品、无水乙醇、KBr(光谱纯)。

四、实验步骤

1. 样品的制备(KBr 压片法):

(1)取约 1 mg 干燥样品于干净的玛瑙研钵中,在红外灯下研磨成细粉,再加入约 100 mg 干燥的 KBr 一起研磨至二者完全混合均匀,颗粒粒度约为 $2\,\mu m$ 以下。

(2)取适量的混合样品于干净的压片模具中,堆积均匀,用压片机加压 8～10 吨(对应 30 MPa 左右),停留 1 min～2 min,制成透明试样薄片。

2. 样品红外光谱图的测定:

启动红外光谱仪,先测空白背景,然后将试样置于样品架上,放入样品室中,测量样品的红外光谱图。

3. 数据处理:

对所测谱图进行简单处理,标出主要吸收峰的波数值,打印谱图;用计算机进行图谱检索,对样品进行鉴定。

五、实验结果及处理

根据样品的红外光谱图及计算机图谱检索结果,判定样品是什么物质。

六、思考题

1. 实验过程中,为什么要求样品及 KBr 粉末必须干燥?
2. 除了压片法,样品的制备方法还有哪些?

实验八　薄膜法测定聚苯乙烯红外光谱

一、实验目的

1. 掌握薄膜的制备方法,并将其用于聚苯乙烯的红外吸收光谱测定。
2. 利用绘制的图谱进行红外光谱的校正。

二、实验原理

在红外吸收光谱法测定中,记录仪每绘制一张谱图,图纸的实际安放位置是有变化的。为了完全正确地鉴别峰的位置,需要校正仪器的波数,常用标准聚苯乙烯薄膜为校正样品。在聚苯乙烯的结构中,除了亚甲基和次甲基外,苯环上还有碳碳骨架和不饱和碳氢基团。它们构成了聚苯乙烯分子中的基本振动形式。通常采用的三个校正峰分别在 $2851\ cm^{-1}$、$1601\ cm^{-1}$ 及 $907\ cm^{-1}$ 处。

此外,薄膜法在高分子化合物的红外光谱分析中被广泛应用。

三、仪器与试剂

1. 仪器:IR-408 型红外分光光度计;红外灯;薄膜夹;平板玻璃;铜丝。
2. 试剂:CCl_4(AR);聚苯乙烯。

四、实验步骤

1. 将标准聚苯乙烯薄膜插入红外分光光度计的试样窗口前,扫描测绘标准膜的红外吸收谱图。查对 $2851\ cm^{-1}$、$1601\ cm^{-1}$ 及 $907\ cm^{-1}$ 的吸收峰是否正确,借以校正仪器的波数。

2. 配制浓度约为 12% 的聚苯乙烯四氯化碳溶液,用胶头滴管吸取此溶液于干净的玻璃板上,立即用两端绕有细铜丝的玻璃棒将溶液推平,让其自然干燥(1h~2h)。然后将玻璃板浸入水中,用镊子小心地揭下薄膜,再用滤纸吸去薄膜上的水,将薄膜置于红外灯下烘干。

3. 将薄膜放在薄膜夹上于红外分光光度计上测绘谱图。

五、分析结果处理

将二次扫描的谱图与已知标准谱图对照比较,找出主要吸收峰的归属,同时检查 $2851\ cm^{-1}$、$1601\ cm^{-1}$ 及 $907\ cm^{-1}$ 的吸收峰位置是否正确,了解仪器图纸位置是否合适。

六、注意事项

1. 平板玻璃一定要光滑、干净。
2. 扫谱前应先调整好仪器图纸的实际位置。

七、思考题

1. 指出聚苯乙烯红外谱图中各特征吸收峰属何种基团的什么形式的振动?
2. 为什么必须将制备薄膜的溶剂和水分除去?

实验九　红外吸收光谱法鉴别有机化合物的结构

一、实验目的

1. 掌握红外光谱测定的样品制备方法。

2. 学习如何由红外光谱鉴别物质官能团及确定未知组分的主要结构。

二、实验原理

红外吸收光谱的定性分析，一般采用两种方法，一种是已知标准物对照法，另一种是标准谱图查对法。

1. 已知标准物对照法应由标准品和被检物在完全相同的条件下，分别绘出其红外吸收光谱进行对照，图谱相同，则肯定为同一化合物。

2. 标准谱图查对法是一种最直接、可靠的方法。根据待测样品的来源、物理常数、分子式以及谱图中的特征谱带，查对标准谱图来确定化合物。常用标准谱图集为萨特勒红外标准图谱集（Sadtler Catalog of Infrared Standard Spectra）。

一般图谱的解析大致步骤如下：

（1）先从特征频率区入手，找出化合物所含主要官能团。

（2）指纹区分析，进一步找出官能团存在的依据。因为一个基团常有多种振动形式，所以，确定该基团就不能只依靠一个特征吸收，必须找出所有的吸收带。

（3）对指纹区谱带位置、强度和形状仔细分析，确定化合物可能的结构。

（4）对照标准谱图，配合其他鉴定手段，做进一步验证。

三、仪器与试剂

1. 仪器：IR-408 型红外分光光度计；手压式压片机（包括压模等）；玛瑙研钵；可拆式液体池；盐片。

2. 试剂：KBr(AR)；无水乙醇(AR)；石蜡油；滑石粉；苯甲酸；对硝基苯甲酸；苯乙酮；苯甲醛。

四、实验步骤

1. 固体样品苯甲酸（或对硝基苯甲酸）的红外吸收光谱的测绘：

取样品（已干燥）1 mg～2 mg 在玛瑙研钵中充分磨细后，再加入 400 mg 干燥的 KBr 粉末，继续研磨至完全混匀。颗粒直径大小约为 $2\,\mu m$。取出约 100 mg 混合物装于干净的压模内（均匀铺洒在压模内），于压片机上在 29.4 MPa 压力下压制 1 min，制成透明薄片。将此片装于样品架上，放于分光光度计的样品池处。先粗测透光度是否超过 40%。若未达 40%，则重新压片。若达到 40% 以上，即可进行扫谱，从 4 000 cm^{-1} 扫至 650 cm^{-1} 为止。扫谱结束后，取下样品架，取出薄片，按要求将模具、样品架等擦净收好。

2. 纯液体样品苯乙酮（或苯甲醛）的红外光谱测绘：

（1）可拆式液体样品池的准备：

戴上指套，将可拆式液体样品池的两个氯化钠盐片从干燥器中取出，在红外灯下用少许滑石粉混入几滴无水乙醇磨光其表面。用软纸擦净后，滴加无水乙醇 1～2 滴，再用吸水纸擦干净。反复数次，使盐片表面抛光干净，然后将盐片放置于红外灯下烘干备用。

（2）液体试样的测试：

在可拆式液体池的金属池板上垫上橡胶圈，在孔中央位置放一个盐片，然后滴半滴液体试样于盐片上。将另一个盐片平压在上面（注意，不能有气泡），再将另一金属片盖上，对角方向旋紧螺丝，将盐片夹紧在其中。把此液体池放于 IR-408 型红外分光光度计的样品池处，进行扫谱。

（3）液体试样的后处理：

扫谱结束后，取下样品池，松开螺丝，套上指套，小心取出盐片。先用软纸擦净液体，滴上无水乙醇洗去样品。然后，再于红外灯下用滑石粉及无水乙醇进行抛光处理。最后，用无水乙醇将表面洗干净，擦干，烘干。将两个盐片收入干燥器中保存。

五、分析结果处理

将扫描得到的苯甲酸和苯乙酮红外吸收谱图与已知标准谱图进行对照比较，并找出主要吸收峰的归属。

六、注意事项

1. 固体试样在红外灯下研磨后，仍应防止吸水，否则压出的薄片易粘在模具上。

2. 可拆式液体池的氯化钠盐片应保持干燥透明，每次测定前后均应在红外灯下反复用无水乙醇及滑石粉抛光，不能用水冲洗。烘干后保存在干燥器中。

3. 盐片装入可拆式液体池架时，螺丝不宜拧得过紧，否则会压碎盐片。

七、思考题

1. 芳香烃的红外特征吸收在谱图的什么位置？

2. 用压片法制样时，为什么要求将固体试样研磨到颗粒粒度在 $2\,\mu m$ 左右？为什么要求 KBr 粉末干燥、避免吸水受潮？

实验十　火焰原子吸收法测定自来水中的镁

一、实验目的

1. 熟悉 A3 型原子吸收分光光度计的结构及正确操作方法。

2. 掌握标准曲线法测定自来水中的镁离子的测定方法。

二、实验原理

在固定实验条件下,试样的吸光度 A 与试样中被测元素的浓度 c 成正比,即 $A = Kc$,此即为原子吸收分光光度法的定量基础。

三、仪器及试剂

1. 仪器:原子吸收分光光度计、空气压缩机、镁空心阴极灯、乙炔钢瓶等。

2. 试剂:自来水、镁的储存标准溶液($1.000\,\text{g} \cdot \text{L}^{-1}$)、镁的工作标准溶液($0.100\,\text{g} \cdot \text{L}^{-1}$)。

四、实验步骤

1. 镁标准溶液的配制:

取五个 100 mL 容量瓶,依次加入 0.0 mL、0.1 mL、0.2 mL、0.3 mL、0.4 mL、0.5 mL、0.6 mL 的 $0.100\,\text{g} \cdot \text{L}^{-1}$ 镁的工作标准溶液,用去离子水稀释至刻度,摇匀。

2. 待测溶液的配制:

取一定量的自来水用去离子水进行适当稀释后摇匀,备用。

3. A3 型原子吸收分光光度计的基本操作流程:开机→联机初始化→选择元素灯及测量参数→选择测量方法(火焰法)→设置测量参数及样品参数→点火,开始测量→测定完成后,关火→数据处理及关机。按照以上仪器的基本操作步骤,依次测定标准溶液及未知溶液的吸光度。

五、实验结果及处理

绘制镁的标准曲线。根据未知试样的吸光度,求出自来水中镁的含量并判断是否符合国家标准。(自来水中钙、镁离子一般在 300 ppm 以内)

六、思考题

1. 如果实验过程中点火失败,可能的原因是什么?

2. 如何判定标准曲线是否标准？如果不标准应该如何处理?

实验十一 火焰原子吸收光谱法测定水样中铜的含量

一、实验目的

1. 熟悉原子吸收分光光度计的结构和使用方法。
2. 掌握标准加入法的实际应用。

二、实验原理

在原子吸收分光光度分析中,若试样基本成分不确切或十分复杂时,无法配制与试样组成相似的标准溶液,不能采用标准曲线法进行测定,这时可采用标准加入法,即曲线外推法。

标准加入法的操作过程是:首先取若干份(不少于 4 份)浓度为 c_x 的待测试液,依次加入浓度为 $0, c_0, 2c_0, 3c_0, \cdots$ 的标准溶液($c_0 \approx c_x$),稀释到一定体积,在相同的条件下各自测得吸光度为 $A_x, A_1, A_2, A_3, \cdots$ 以加入的标准溶液浓度 c_s 为横坐标,对应的吸光度为纵坐标,绘制 $A\text{-}c_s$ 标准曲线,曲线的延长线与横坐标的交点即为试样中待测元素的浓度,即 $c_x = |-c_s|$。其工作曲线如图所示:

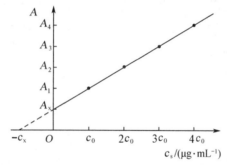

三、仪器与试剂

1. 仪器:TAS-986 型原子吸收分光光度计;铜空心阴极灯。

2. 试剂:$100.0\,\mu g \cdot mL^{-1}$ 铜标准溶液 准确称取 $0.1000\,g$ 的金属铜于 $50\,mL$ 小烧杯中,加入少量 $6\,mol \cdot L^{-1}$ 的硝酸,溶解后定量转移到 $1000\,mL$ 容量瓶中,以 $0.1\,mol \cdot L^{-1}$ 稀硝酸定容,摇匀,即为 $100.0\,\mu g \cdot mL^{-1}$ 铜标准溶液。

四、实验步骤

1. 实验条件:

(1) 分析线波长:$324.7\,nm$;

(2) 空心阴极灯电流:$4\,mA$;

(3) 狭缝宽度:$0.5\,nm$;

(4) 燃烧器高度:$2\,mm \sim 4\,mm$;

(5) 火焰:乙炔-空气,乙炔流量:$2\,L \cdot min^{-1}$,空气流量:$9\,L \cdot min^{-1}$。

2. 溶液的配制:

分别移取 $25.00\,mL$ 待测水样 5 份于 5 个 $50\,mL$ 容量瓶中,各加入浓度为 $100.0\,\mu g \cdot mL^{-1}$ 的铜标准溶液 $0\,mL$、$1.0\,mL$、$2.0\,mL$、$3.0\,mL$、$4.0\,mL$,分别用

$0.1\ mol \cdot L^{-1}$稀硝酸稀释至刻度,摇匀。

3. 吸光度测定:

待仪器稳定后,在最佳工作条件下,用去离子水作空白参比,分别测定上述5份溶液的吸光度。

五、数据处理及计算

1. 以吸光度为纵坐标,加入的铜元素浓度为横坐标,绘制铜的标准加入法A-c_s曲线。

2. 将直线外推至与横坐标相交,由所得的交点到原点的距离在横坐标上对应的浓度求出试样中铜的含量c_x。

六、思考题

1. 标准加入法有哪些优点? 为什么曲线的延长线与横坐标的交点即为试样中待测元素的浓度?

2. 本实验对加入的标准溶液浓度大小有无要求? 为什么?

实验十二 巯基棉分离富集——原子吸收法测定痕量镉

一、实验目的

1. 进一步熟悉原子吸收分光光度计的结构和使用。
2. 掌握巯基棉分离富集金属离子的机理和方法。

二、实验原理

1. 巯基棉纤维的制备原理 硫代乙醇酸使脱脂棉纤维巯基化,反应如下:

$$HS-CH_2-COOH + 纤维素 \xrightarrow[24\,h]{25\,℃} \begin{matrix} CH_2-C-O-纤维素 \\ | \quad\quad \| \\ SH \quad\ O \end{matrix}$$

2. 巯基棉纤维吸附金属离子的机理

$$\begin{matrix} CH_2-C-O-纤维素 \\ | \quad\quad \| \\ SH \quad\ O \end{matrix} + \frac{1}{2}Cd^{2+} \xrightarrow{pH\,5\sim6} \begin{matrix} CH_2-C-O-纤维素 \\ | \quad\quad \| \\ S \quad\ O \\ \diagdown\ \diagup \\ \underset{\overline{2}}{Cd} \end{matrix} + H^+$$

3. 痕量元素被洗脱原理

$$\begin{matrix} CH_2-C-O-纤维素 \\ | \quad\quad \| \\ S \quad\ O \\ \diagdown\ \diagup \\ \underset{\overline{2}}{Cd} \end{matrix} + H^+ \longrightarrow \begin{matrix} CH_2-C-O-纤维素 \\ | \quad\quad \| \\ SH \quad\ O \end{matrix} + \frac{1}{2}Cd^{2+}$$

三、仪器与试剂

1. 仪器:原子吸收分光光度计;镉空心阴极灯;乙炔钢瓶;空气压缩机。

2. 试剂:

(1) $1.0\,g\cdot L^{-1}$ 镉标准贮备溶液。准确称取 $2.744\,g$ 的 $Cd(NO_3)_2\cdot 4H_2O$ 于 $50\,mL$ 小烧杯中,加 $30\,mL$ 去离子水溶解,定量转移至 $1000\,mL$ 容量瓶中,定容,摇匀。

(2) $100\,mg\cdot L^{-1}$ 镉标准使用溶液。将 $1.0\,g\cdot L^{-1}$ 镉标准贮备溶液稀释 10 倍即可。

(3) $0.02\,mol\cdot L^{-1}$ 盐酸溶液。将浓 HCl 稀释 600 倍即可。

(4) 硫代乙醇酸(AR);乙酸酐(AR);浓硫酸(AR);浓盐酸(AR);脱脂棉;废水试样。

四、实验步骤

1. 巯基棉纤维的制备:

取硫代乙醇酸 $20\,mL$、乙酸酐 $14\,mL$ 于烧杯中,加浓硫酸 2 滴,冷却后倒入 $250\,mL$ 的棕色广口瓶中,加 $4\,g$ 脱脂棉,充分浸润,盖上盖子,于室温($25\,℃$)下放置 $24\,h\sim28\,h$,使纤维充分巯基化。取出巯基棉用自来水冲洗,用蒸馏水或去离子水洗至中性,挤干后,置于瓷盘中在 $35\,℃\sim38\,℃$ 条件下烘干或风干,然后放入棕色广口瓶中于暗处保存。在 $3\sim5$ 年内,此固体吸附剂仍然有效。

2. 巯基棉吸附装置：

由 250 mL 的分液漏斗下端接巯基棉管组成。巯基棉管的内径为 4 mm，长 50 mm，内装 0.1 g 巯基棉纤维。以分液漏斗旋塞调节流速。

3. 工作条件的设置：

(1) 吸收线波长：Cd 228.8 nm；

(2) 空心阴极灯电流：4 mA～6 mA；

(3) 狭缝宽度：0.1 mm；

(4) 原子化器高度：6 mm～10 mm；

(5) 空气流量：4.5 L·min^{-1}，乙炔气流量：1.5 L·min^{-1}。

4. 巯基棉分离富集镉

取 10.0 mL 含痕量 Cd^{2+} 的废水，调节 pH 5～6，以 5 mL·min^{-1} 的流量通过巯基棉吸附装置。用 5 mL 0.02 mol·L^{-1} 的 HCl 分三次洗脱 Cd^{2+}，将溶液全部转移到 25 mL 的容量瓶中，定容、摇匀。

5. 用 100 mg·L^{-1} 镉标准使用溶液配制 0 mg·L^{-1}、0.1 mg·L^{-1}、0.2 mg·L^{-1}、0.3 mg·L^{-1}、0.4 mg·L^{-1}、0.5 mg·L^{-1} 的 Cd^{2+} 标准系列溶液。

6. 在最佳工作条件下，以蒸馏水为空白，测定镉标准系列溶液和富集后镉溶液的吸光度 A_x。

7. 实验结束，按程序关机，关气路、电源等。

五、数据记录与处理

1. 绘制镉的 A-c 标准曲线。

2. 由富集后镉的吸光度 A_x，计算废水中的镉含量(mg·L^{-1})。

六、思考题

1. 影响巯基棉富集镉的因素有哪些？

2. 如何使巯基棉再生重复使用？

实验十三　石墨炉原子吸收法测定痕量铅

一、实验目的

1. 掌握石墨炉原子吸收光谱法的原理及特点。
2. 了解石墨炉原子吸收分光光度计的结构。
3. 熟悉石墨炉原子吸收光谱分析的操作技术和应用。

二、实验原理

石墨炉原子吸收光谱法是一种非火焰原子化的原子吸收光谱法。它使石墨管升至 $2\,000\,K$ 以上的高温,令管内试样中的待测元素分解形成气态的基态原子,再利用气态基态原子对特征谱线的吸收程度与浓度成正比的特点,进行定量分析。

石墨炉原子吸收法克服了火焰原子吸收法雾化及原子化效率低的缺陷,方法的绝对灵敏度比火焰法高几个数量级,最低可测至 $10^{-14}\,g$,试样用量少,还可直接进行固体试样的测定。但此法涉及的仪器较复杂,背景吸收干扰较大。

石墨炉原子吸收法原子化过程可分为如下几步:

(1) 干燥。

先通小电流,在稍高于溶剂沸点的温度下蒸发溶剂,把试样转化成干燥的固体试样。

(2) 灰化。

把试样中复杂的物质分解为简单的化合物,或把试样中易挥发的无机基体蒸发以及把有机物分解,减小因分子吸收而引起的背景干扰。

(3) 原子化。

把试样分解为气态基态原子。

(4) 除残。

在下一个试样测定前提高石墨炉的温度,高温除去遗留下来的试样,以消除记忆效应。

铅是对人体有害的元素之一,土壤中的铅可以通过饮用水或被其他植物吸收而进入人体。植物叶子中铅的含量不高,很难用其他方法直接进行检测,常用的测定方法是用石墨炉原子吸收法。试样经干燥、研细后可直接进样进行测定,定量方法可用标准曲线法或标准加入法。

本实验采用标准曲线法来测定菜叶中铅的含量($\mu g \cdot g^{-1}$)。

三、仪器与试剂

1. 仪器:原子吸收分光光度计;石墨炉电源;铅空心阴极灯;氩气钢瓶;空气压缩机;微量注射器。

2. 试剂:硝酸铅(GR);浓硝酸(GR);稀硝酸溶液(1:500);去离子水。

3. 标准溶液配制:

(1) 铅标准贮备液($1\,000\,\mu g \cdot mL^{-1}$)　准确称取 $1.598\,g$ 无水硝酸铅于 $50\,mL$ 小烧杯中,用少量浓硝酸溶解,定量转移到 $1\,000\,mL$ 容量瓶中,用 1:500 稀硝酸溶液定容,摇匀备用。

（2）铅标准使用液（$1.0\,\mu g \cdot mL^{-1}$）　由上述铅标准贮备液用 1:500 稀硝酸溶液稀释而成。

四、实验步骤

1. 实验条件：

（1）吸收线波长：283.3 nm；

（2）狭缝宽度：0.2 mm；

（3）空心阴极灯电流：10 mA；

（4）载气：Ar，载气流量：管内流量 $0.5\,L \cdot min^{-1}$，管外流量 $0.5\,L \cdot min^{-1}$；

（5）氘灯背景校正；

（6）进样量：$10\,\mu L$；

（7）干燥[℃/s]：105 ℃/20 s；

（8）灰化[℃/s]：650 ℃/90 s；

（9）原子化[℃/s]：2000 ℃/8 s；

（10）清洗[℃/s]：2200 ℃/3 s。

2. 标准溶液配制：

在 6 支 25 mL 容量瓶中，分别加入 $1.0\,\mu g \cdot mL^{-1}$ 铅标准溶液 0 mL、1.0 mL、2.0 mL、3.0 mL、4.0 mL、5.0 mL，用 1:500 稀硝酸稀释至刻度，摇匀。

3. 试样处理：

取菜叶若干，干燥、研细后，准确称取 10 mg 于小烧杯中，加入 5 mL 浓 HNO_3，在电热板上消解样品至固体样品消失。再加入 5 mL 浓 HNO_3 和 5 mL $HClO_4$，缓慢加热至样品澄清。将样品残液（约 3 mL）转移至 25 mL 容量瓶中，用水稀释至刻度，摇匀，备用。

4. 吸光度测定：

根据上述实验条件及仪器操作方法调节仪器，待仪器稳定后，依照由稀到浓的次序分别用微量注射器注入 $10\,\mu L$ 标准溶液及试样并分别测其吸光度。

五、数据记录与处理

1. 记录测得的铅标准溶液的吸光度，然后以吸光度为纵坐标，系列标准溶液质量浓度为横坐标绘制工作曲线。

2. 根据试样的吸光度，从标准曲线上查出铅的质量浓度，计算菜叶中铅的质量分数（以 $\mu g \cdot g^{-1}$ 表示）。

六、思考题

1. 石墨炉原子吸收分光光度法为何灵敏度较高？

2. 如何选择石墨炉原子化的实验条件？

实验十四　旋光分析法测定味精中谷氨酸钠的含量

一、实验目的

1. 掌握旋光仪的使用方法。
2. 掌握旋光法测定味精纯度的方法。

二、实验原理

味精为 L-谷氨酸钠盐,在 $2\ mol \cdot L^{-1}$ 盐酸溶液中以 L-谷氨酸的形式存在。L-谷氨酸的比旋度 $[\alpha]_D^t = +32°$,在一定温度下测定样品的旋光度,即可计算出味精的纯度。

三、仪器与试剂

1. 仪器:自动旋光仪,旋光管,移液管,容量瓶。
2. 试剂:盐酸(1:1),味精。

四、实验步骤

1. 样品溶液的配制:

准确称量于 (98 ± 1)℃下干燥 5h 的味精样品 5.000g,加 20mL～30mL 水溶解,再加 16mL 盐酸(1:1),溶解后移入 50mL 容量瓶中,加水至刻度,摇匀。

2. 校正零点:

取 16mL 盐酸(1:1),用纯水定容至 50mL,装满旋光管(注意勿产生气泡),放进样品室,旋光管安放时应注意标记的位置和方向,校正零点。

3. 样品测定:

将旋光管用样品溶液冲洗 3 次,装入样品溶液,并按照相同位置相同方向置于旋光仪内,读取旋光度,测定 3 次。

五、数据记录与处理

记录测得的旋光度,求平均值。计算样品中 L-谷氨酸的含量,再计算出 L-谷氨酸钠的含量,即得样品中味精的纯度。

六、思考题

1. 影响旋光度测定的因素有哪些?
2. 为什么在样品测定前要检查旋光仪的零点? 通常用来作零点检查液的溶剂应符合哪些条件?

实验十五　折光分析法测定葡萄糖注射液的含量

一、实验目的

1. 掌握折射率的测定方法。
2. 熟悉阿贝折光仪的使用方法及维护。

二、实验原理

光在两个不同介质中的传播速度是不相同的,所以光线从一个介质进入另一个介质,当它的传播方向与两个介质的界面不垂直时,则传播方向在界面处发生改变,这种现象称为光的折射现象。根据折射定律:

$$n=\frac{v_1}{v_2}=\frac{\sin\alpha}{\sin\beta}\quad(\alpha>\beta,n>1)$$

式中,n 为折射率;α 为入射角;β 为折射角。

而我们通常在测定时都是光从空气射入液体介质中,因此,我们通常用在空气中测得的折射率作为该介质的折射率。

折射率常用 n_D^t 表示,D 是以钠灯的 D 线作光源,t 是与折射率相对应的温度。例如 n_D^{20} 表示 20 ℃时,该介质对钠灯 D 线的折射率。通常用阿贝折光仪测定物质的折射率。

三、仪器与试剂

1. 仪器:恒温水浴,50 mL 容量瓶,分析天平,阿贝折光仪。
2. 试剂:葡萄糖注射液。

四、实验步骤

1. 准备:

从箱中取出仪器,放在工作台上,在温度计套中插入温度计,通入恒温水,当温度恒定后,松开直角校镜锁钮,分开直角棱镜,在光滑镜面上滴加 2 滴丙酮(或乙醚、乙醇等有机溶剂),合上棱镜,使上、下棱镜润湿,洗去镜面污物,再打开棱镜,用擦镜纸擦干镜面或晾干。

2. 校正:

将直角棱镜打开,用少许溴代萘将标准玻璃块(没有刻度的一面)黏附于光滑棱镜面上,标准玻璃块另一个抛光面应向上,以接受光线,转动棱镜手轮,使读数镜内标尺读数等于标准玻璃块上的刻示值。然后观察望远目镜中明暗分界线是否在十字交叉点上,如有偏差,转动示值调节螺钉,使明暗分界线在十字交叉点处。校正工作结束。

3. 葡萄糖注射液折射率测定:

用已校正好的阿贝折光仪,打开棱镜,用滴管滴加 2～3 滴待测液体于磨砂镜面上,使其均匀分布,合上棱镜,锁紧锁钮。调节反射镜,调节望远目镜,转动手轮,直到在目镜中看到明暗分界的视场,调节色散棱镜,使彩色消去,视场内明暗分界十分清晰。继续转动棱镜手轮,使明暗分界线在十字交叉处。读取折射率数值和糖浓度数值。测定三次。

五、数据记录与处理

记录测得的葡萄糖注射液浓度,求平均值。计算注射液中葡萄糖含量,测定结果用含量占标示量的百分比表示。

六、思考题

1. 影响折射率测定的因素有哪些?
2. 滴加样品量过少将会产生什么后果?

实验十六　氟离子选择性电极法测定水中氟

一、实验目的

1. 学习离子选择性电极法测定离子含量的原理。

2. 掌握标准曲线法测定水中微量氟的方法。

3. 了解使用总离子强度调节缓冲溶液的意义和作用。

二、实验原理

氟离子选择性电极是以氟化镧单晶片为敏感膜的指示电极,它对溶液中的氟离子有良好的选择性响应。当氟离子选择性电极与作为参比电极的甘汞电极插入试液中组成测量原电池时,电池电动势 E 在一定的条件下与氟离子活度的对数值成直线关系。测量时,若指示电极(氟离子选择性电极)为正极,则

$$E=K-\frac{2.303RT}{nF}\lg a_{F^-}$$

当溶液中总离子强度不变时,离子活度系数也是常数,于是上式可写成:

$$E=K-\frac{2.303RT}{nF}\lg c_{F^-}$$

式中,K 为截距电位,包括内外参比电极电位、液接电位、不对称电位和离子活度系数的对数项等,在一定测量条件下是常数。上式表明,一定温度下,当溶液中离子强度保持不变,E 和 $\lg c_{F^-}$ 呈线性关系。

为了保持溶液中总离子强度不变,通常在标准溶液与试样溶液中同时加入等量的总离子强度调节缓冲溶液(TISAB)。溶液的酸度对测定有影响,酸性溶液中,H^+ 与部分 F^- 形成 HF 或 HF_2^-,降低了 F^- 浓度;在碱性溶液中,氟化镧薄膜与 OH^- 发生交换作用而使 F^- 浓度增加。氟离子选择性电极最适宜于 pH 5.5～6.5 范围内测定,所以通常用 pH＝6 的柠檬酸盐缓冲溶液来控制溶液的 pH,柠檬酸盐还可消除 Al^{3+}、Fe^{3+} 等对 F^- 的干扰。

当 F^- 浓度在 10^{-6} mol·L^{-1}～1 mol·L^{-1} 范围内,氟电极电位与 ρ_{F^-} 呈线性关系,可用标准曲线法测定。

三、仪器与试剂

1. 仪器:PHS-25C 型酸度计;复合氟离子选择性电极;电磁搅拌器;塑料烧杯。

2. 试剂:

(1) 0.1 mol·L^{-1} 氟标准溶液:准确称取 4.198 8 g 在 120℃下烘干 2 h 并冷却的氟化钠于 50 mL 烧杯中,以少量去离子水溶解完全,转入 1 000 mL 容量瓶中,稀释至刻度,摇匀,贮于聚乙烯瓶中。

(2) 总离子强度调节缓冲溶液(TISAB):称取 29 g 硝酸钠和 0.2 g 二水合柠檬酸钠,溶于 50 mL 1∶1(体积)的醋酸与 50 mL 5 mol·L^{-1} 氢氧化钠混合溶液中,测量该溶液的 pH,若不在 5.5～6.5 内,可用 5 mol·L^{-1} 氢氧化钠或 6 mol·L^{-1} 盐酸调节至所需 pH 范围。

四、实验步骤

1. 酸度计的调节：

按 PHS-25C 型酸度计的使用方法校正好仪器。

氟电极在使用时应注意：测量前需要用电阻在 $3\,M\Omega$ 以上的去离子水浸泡活化 $1\,h$ 以上，当测得其在纯水中的毫伏数小于 $-260\,mV$ 时，便可用于测量。测量时，单晶膜上不可附有气泡，以免干扰读数，溶液的搅拌速度应缓慢、稳定。

2. 系列标准溶液的配置：

用吸量管 $5\,mL$ $0.1\,mol\cdot L^{-1}$ 的氟化钠标准溶液、$5\,mL$ TISAB 溶液于 $50\,mL$ 容量瓶中，用去离子水稀释至刻度，摇匀。并用逐级稀释法配成浓度为 $10^{-2}\,mol\cdot L^{-1}$、$10^{-3}\,mol\cdot L^{-1}$、$10^{-4}\,mol\cdot L^{-1}$、$10^{-5}\,mol\cdot L^{-1}$ 的系列标准溶液。逐级稀释时，只需要加入 $4.5\,mL$ TISAB 溶液。

3. 标准曲线的制作：

按照由稀到浓的次序测定 $10^{-5}\,mol\cdot L^{-1}$、$10^{-4}\,mol\cdot L^{-1}$、$10^{-3}\,mol\cdot L^{-1}$、$10^{-2}\,mol\cdot L^{-1}$ 氟化钠溶液的 E 值（mV）。在普通坐标纸上作 E-$\lg c_{F^-}$ 标准曲线或在半对数纸上作 E-c_{F^-} 标准曲线。

4. 饮用水样的测定：

用移液管取 $25\,mL$ 饮用水样于 $50\,mL$ 容量瓶中，加入 $5\,mL$ TISAB 溶液，用去离子水稀释至刻度，摇匀，得未知试样溶液。在相同实验条件下，测定未知试样溶液的 E 值。

五、分析结果处理

由未知试样溶液的 E 值在标准曲线上查得未知试样溶液中氟离子浓度，由下式换算为饮用水中的氟含量：

$$\rho_{F^-} = c_{F^-} \times (50/25) \times M_F \times 1000$$

式中，ρ_{F^-} 单位为 $mg\cdot L^{-1}$，M_F 为氟的相对原子质量。

六、思考题

1. 测定中溶液的 pH 应控制在什么范围？pH 偏高或偏低对测定有何影响？

2. TISAB 的组成是什么？它们在测量中起什么作用？

实验十七　电位滴定法测定维生素 B_1 中的氯含量

一、实验目的

1. 学习电位滴定法的基本原理。
2. 掌握电位滴定法测定氯的操作技术。

二、实验原理

电位滴定法是根据滴定过程中指示电极电位的变化来确定终点的容量分析方法。用电位法确定的终点,常比一般容量分析方法更为准确,它还可以用于有色、浑浊溶液的滴定以及无合适指示剂的滴定,由于终点是以电信号来指示,较易实现自动化分析。

维生素 B_1,又名盐酸硫胺($C_{12}H_{17}ClN_4OS \cdot HCl$),其分子中的氯在水溶液中可完全离解成氯离子。氯离子含量测定通常以溴酚蓝作为吸附指示剂,用硝酸银溶液滴定。但这种方法不能用于维生素 B_1 片剂中氯的测定,因为片剂中还有糊精、淀粉等填料,致使试样在水中呈悬浮状,影响滴定终点的判断,而用电位滴定方法就能克服这一困难。

用电位滴定法测定氯离子时,以硝酸银标准溶液为滴定剂,在滴定过程中,氯离子和银离子的浓度发生变化,可用银电极或氯离子选择性电极作为指示电极,测定在化学计量点附近发生的电位突跃。本实验以银电极作指示电极。银指示电极的电位可以根据 Nernst 公式计算。

在化学计量点前,Ag 电极的电位取决于 Cl^- 的浓度:

$$\varphi_{AgCl/Ag} = \varphi_{AgCl/Ag}^{\ominus} - 0.0592\lg c_{Cl^-}$$

在化学计量点时,$c_{Ag^+} = c_{Cl^-}$,可由 $K_{sp,AgCl}$ 求出 c_{Ag^+},由此计算出 Ag 电极的电位:

$$\varphi_{Ag^+/Ag} = \varphi_{Ag^+/Ag}^{\ominus} + 0.0592\lg\sqrt{K_{sp,AgCl}}$$

在化学计量点后,Ag 电极电位取决于 Ag^+ 的浓度,其电位由下式计算:

$$\varphi_{Ag^+/Ag} = \varphi_{Ag^+/Ag}^{\ominus} + 0.0592\lg c_{Ag^+}$$

在化学计量点前后,Ag 电极的电位有明显的突跃,由 E-V 滴定曲线确定终点时的 V_{AgCl},由 V_{AgCl} 和 c_{AgCl} 计算维生素 B_1 片剂中的氯含量。

因为测定的是氯离子,所以要用带硝酸钾盐桥的饱和甘汞电极作为参比电极,也可以采用饱和硫酸亚汞电极,以避免氯离子的污染。

三、仪器与试剂

1. 仪器:ZD-3 型自动电位滴定仪;216 型银电极;双盐桥饱和甘汞电极;烧杯。
2. 试剂:硝酸银标准溶液,$0.01\,mol \cdot L^{-1}$;氨水($1:1$)。

四、实验步骤

1. 调节仪器:

银电极接正端,双盐桥饱和甘汞电极接负端。按 PHS-25C 型酸度计的使用方法校正仪器。

2. 电位滴定:

在 $100\,mL$ 烧杯中,放入两片维生素 B_1 片剂(每片含维生素 B_1 约为 $10\,mg$),加入约

40 mL 蒸馏水,待片剂均匀分散后,将此烧杯置于磁力搅拌器上,放入搅拌子,然后将清洗后的银电极和双盐桥饱和甘汞电极插入溶液。

开动搅拌器,使溶液稳定而缓慢地搅动,测量电动势并记下滴定起始体积和 E 值(mV)。然后控制自动电位滴定仪加入一定体积的硝酸银溶液,待电位稳定后,读取滴定体积和电动势值。每次滴加的硝酸银体积,开始时可以大些,如2 mL,但在接近化学计量点时应小些,如 0.1 mL,且每次加入的量应相同,这样有利于滴定终点的计算。滴定超过化学计量点后还应继续滴定几个点。

重复测量三次。

五、分析结果处理

记录测定维生素 B_1 时的数据,用 $E\text{-}V$ 滴定曲线确定终点,计算维生素 B_1 片剂中的氯含量。

$$w\% = \frac{V_{\text{AgNO}_3} \cdot a_{\text{AgNO}_3} \times 35.5}{10 \times 2} \times 100\%$$

六、思考题

1. 试述双盐桥饱和甘汞电极的结构特点及在本次实验中的作用。
2. 滴定操作时应注意哪些问题?

实验十八　玻璃电极响应斜率和溶液 pH 的测定

一、实验目的

1. 了解玻璃电极响应斜率的概念。

2. 掌握玻璃电极响应斜率和溶液 pH 的测定方法。

二、实验原理

在进行 pH 测定时,把玻璃电极与饱和甘汞电极浸入试液中组成工作电池。

$$E_{电池}=E_{SCE}-E_{玻}$$

$$E_{玻}=k-0.0592pH$$

在一定条件下,E_{SCE} 为一常数,因此,电动势可写为

$$E_{电池}=K+0.0592pH(25℃)$$

若上式中 K 值已知,则由测得的 $E_{电池}$ 就能计算出被测溶液的 pH,但实际上由于 K 值不易求得,因此,在实际工作中,用已知的标准缓冲溶液作为基准,比较待测溶液和标准溶液两个电池的电动势来确定待测溶液的 pH。所以在测定 pH 时,先用标准缓冲溶液校正酸度计(亦称定位),以消除 K 值的影响。

一支功能良好的玻璃电极,根据 Nernst 公式,应该有理论上的 Nernst 响应斜率:

$$S=\frac{2.303RT}{nF}$$

S 为玻璃电极的响应斜率,即在不同 pH 的缓冲溶液中测得的电极电位与 pH 呈直线关系。在 25℃ 时其理论值为 59.2 mV/pH。实际上电极的响应斜率常小于理论值,电极长期使用就会老化,对玻璃电极,当 $S_{实测}<52$ mV/pH 时就不宜再使用。

三、仪器与试剂

1. 仪器:pHS-25C 型酸度计;pH 复合电极。

2. 试剂:未知 pH 试液;pH 标准缓冲溶液。

(1) pH＝4.00 标准缓冲溶液。称取在 110℃ 烘干 1 h～2 h 的邻苯二甲酸氢钾($KHC_8H_4O_4$)10.21 g 在烧杯中溶解后移至 1 000 mL 容量瓶中,稀释至刻度,摇匀(也可用市售袋装标准缓冲溶液试剂,按说明书配制)。

(2) pH＝6.86 标准缓冲溶液。称取磷酸二氢钾(KH_2PO_4)3.39 g 和磷酸氢二钠(Na_2HPO_4)3.53 g 于烧杯中,用水溶解,移至 1 000 mL 容量瓶中,稀释至刻度,摇匀。

(3) pH＝9.18 标准缓冲溶液。称取 3.80 g 硼砂($Na_2B_4O_7 \cdot 10H_2O$),在烧杯中溶解后,移至 1 000 mL 容量瓶中,稀释至刻度(所用蒸馏水需煮沸以除去 CO_2),摇匀。

四、实验步骤

1. 玻璃电极响应斜率的测定:

(1) 接通仪器电源,按使用说明校正好酸度计。

(2) 在 3 只 50 mL 烧杯中分别盛装 20 mL 左右的 pH＝9.18、6.86、4.00 的标准缓冲溶液,将仪器档位调至 mV 档,分别测定上述三种标准缓冲溶液的 E 值(单位为 mV)。

2. 试液的 pH 测定：

（1）将电极用蒸馏水冲洗干净，用滤纸吸干。

（2）先用广泛 pH 试纸初测试液的 pH 值，再用与试液 pH 值相近的标准缓冲溶液校正仪器（例如：若测 pH 为 9.0 左右的试液，应选用 pH＝9.18 的标准缓冲溶液定位）。

3. 校正完毕后，不得再转动定位和斜率旋钮，否则应重新进行校正。用蒸馏水冲洗电极，用滤纸吸干后，将电极插入试液中，摇动烧杯，待显示屏数字稳定后读出 pH 值。

4. 取下电极，用蒸馏水冲洗干净，妥善保存，实验完毕。

五、数据记录与处理

1. 用以上测得的 E 值对 pH 值作图，求其直线的斜率 S。该斜率即为玻璃电极的响应斜率。

2. 记录测定试样溶液 pH 结果。

六、思考题

1. 玻璃电极的响应斜率与其性能有什么联系？

2. 测定 pH 时，为什么要选用与待测溶液的 pH 相近的标准缓冲溶液来定位？

实验十九　气相色谱法测定醇系物

一、实验目的

1. 熟悉气相色谱仪的结构及操作技术。
2. 掌握气相色谱法测定醇系物的原理及方法。

二、实验原理

气相色谱法具有高效率、高灵敏度、分析速度快等特点,应用范围广泛。气相色谱法中,载气带有要分离组分的分子进入色谱柱,各组分分子在柱内向前运动并在气液两相间进行反复多次分配,由于各组分分配系数不同,在固定相中分配系数小的组分先出柱,分配系数大的后出柱,从而实现组分的分离。

气相色谱仪主要结构包括气路(载气)系统、进样系统(进样器、气化室)、分离系统(色谱柱)、检测系统(检测器)、记录系统和温度控制系统等部分。醇系物是指甲醇、乙醇、正丙醇、正丁醇等,在适当条件下,利用气相色谱仪可对它们进行完全分离。根据色谱峰的保留时间可以进行定性鉴定,根据色谱峰的峰面积或峰高可以进行定量分析。常用峰高乘保留时间的归一化法计算醇系物中各组分的含量。

三、仪器与试剂

1. 仪器:GC9800型气相色谱仪;高纯氢气发生器;微量注射器。
2. 试剂:醇系物(甲醇、乙醇、正丙醇、正丁醇),混合试样。

四、实验步骤

1. 实验条件:
(1) 色谱柱:长0.5m,内径为2mm的不锈钢柱;
(2) 固定相:SE-30硅藻土类固定相;
(3) 检测器:热导池检测器,桥电流100mA,柱温125℃,检测器温度135℃,气化室温度120℃;

载气流量:$50\,mL \cdot min^{-1} \sim 100\,mL \cdot min^{-1}$。

2. 测定:

按仪器操作规定开动仪器,待基线稳定后迅速进样,进样量0.3μL(氢气作载气),记录色谱图。

五、分析结果处理

1. 定性分析:根据标准色谱图与试样色谱图确定多组分的位置。
2. 测定多组分的保留时间、峰高,利用归一化法计算各组分含量。

$$w_i\% = \frac{h_i \times t_{R_i} f_i}{\sum h_i \times t_{R_i} f_i} \times 100\%$$

各组分的质量校正因子如下:(热导池检测器,氢气作载气)

$f_{水}=0.55$;$f_{甲醇}=0.58$;$f_{乙醇}=0.64$;$f_{正丙醇}=0.72$;$f_{正丁醇}=0.78$。

六、思考题

1. 简述气相色谱仪结构及各部分的作用。
2. 归一化法进行定量分析的前提条件是什么?

实验二十　内标法测定白酒中的己酸乙酯

一、实验目的

1. 熟悉 G5 型气相色谱仪的结构及使用方法。
2. 掌握内标法定量分析的原理及数据处理方法。

二、实验原理

不同组分在气液两相中有不同的分配系数,在流动相洗脱过程中,经多次分配达到完全分离,利用 FID 检测器进行检测。

内标法:称取一定量的样品,加入一定量的内标物,根据被测物和内标物的质量及其在色谱图上的峰面积比,求出被测组分的含量的方法。计算公式如下:

$$\frac{m_i}{m_{样}} \times 100\% = m_s \cdot \frac{f_i A_i}{f_s A_s} \Big/ m_{样} \times 100\%$$

式中:m_s、$m_{样}$ 为内标和样品的质量;A_i、A_s 为被测组分和内标的峰面积;

f_i、f_s 为被测组分和内标的绝对校正因子。

一般以内标物为基准,则 $f_i/f_s = f_i'$,上述计算式可简化为:

$$\frac{m_i}{m_{样}} \times 100\% = m_s \cdot f_i' \frac{A_i}{A_s} \Big/ m_{样} \times 100\%$$

三、仪器和试剂

1. 仪器:G5 型气相色谱仪、FID 检测器、毛细管柱(极性)、微量进样器等。
2. 试剂:2%(V/V)乙酸丁酯(内标)、2%(V/V)己酸乙酯、无水乙醇,以上试剂均为色谱纯试剂。

四、实验步骤

1. G5 型气相色谱仪基本操作:开机及启动软件→设置各参数→FID 点火→走基线→进样,采集数据→色谱图→处理结果→关机。条件参数:气化温度 190 ℃,FID 170 ℃,柱温 80 ℃。

2. 相对校正因子 f' 的测定:吸取 2% 己酸乙酯 1.0 mL,2% 乙酸丁酯(内标)1.0 mL,用 60% 乙醇稀释至 50 mL,己酸乙酯及乙酸丁酯(内标)的体积分数均为 0.04%。待基线稳定后,用微量进样器进样(0.2 μL)。记录己酸乙酯及乙酸丁酯(内标)的保留时间及峰面积。计算己酸乙酯的相对校正因子。

3. 样品的测定:吸取 10.0 mL 样品,加入 2% 内标 0.20 mL,混合均匀后,在与 f' 值测定相同的条件下进样。根据保留时间确定己酸乙酯的位置,并测定己酸乙酯的峰面积与内标的峰面积。计算样品中己酸乙酯的含量。

五、实验结果及处理

1. 己酸乙酯相对校正因子的计算:

$$f' = \frac{m_i}{m_s} \cdot \frac{A_s}{A_i} = \frac{A_s \rho_i}{A_i \rho_s}$$

式中:f' 为己酸乙酯的相对质量校正因子;

A_s 为内标(乙酸丁酯)的峰面积,A_i 为己酸乙酯的峰面积;

ρ_i 为己酸乙酯的相对密度(0.87),ρ_s 为内标(乙酸丁酯)的相对密度(0.88)。

2. 样品中己酸乙酯含量的计算:

$$X = \frac{0.04\% \rho_s f' A_1}{A_2}$$

式中,X 为样品中己酸乙酯的质量浓度($\text{g} \cdot \text{L}^{-1}$);

A_1 为样品中己酸乙酯的峰面积;A_2 为样品中内标的峰面积。

六、思考题

1. 如何判断 FID 已经点燃火焰?

2. 气相色谱法中常用的定量方法有归一化法、内标法和外标法,试比较它们的优缺点。

实验二十一　VC 银翘片和扑热息痛有效成分的对比

一、实验目的

1. 熟悉 L600 型液相色谱仪的结构及操作方法。

2. 掌握液相色谱法对目标化合物进行分析鉴定的方法。

二、实验原理

液相色谱法采用液体作为流动相,利用物质在两相中的吸附或分配系数的微小差异达到分离的目的。当两相做相对移动时,被测物质在两相之间进行反复多次的质量交换,使溶质间微小的性质差异产生放大的效果,达到分离分析和测定的目的。80%的有机化合物都可以用高效液相色谱分析,目前已经广泛应用于生物工程、制药工程、食品工业、环境检测、石油化工等行业。

三、仪器和试剂

1. 仪器:L600 型液相色谱仪、C18 色谱柱、甲醇(色谱级)、一级水等。

2. 试剂:VC 银翘片,扑热息痛。

四、实验步骤

1. 流动相的准备:

有机相、水相经相应的滤膜过滤。

2. 供试品溶液的制备:

取本品 1 片,除去糖衣,研细,混匀,加入一级水,超声处理 1 min 使充分溶解,放冷,摇匀,用 0.25 μm 的一次性过滤器滤过,即得供试品溶液。VC 银翘片、扑热息痛均按照此法处理得到样品溶液,并准备一级水装入样品瓶作为空白对照。

3. 开机及启动软件:

开机从下到上(先开检测器,再开泵),打开机身四个开关,机器启动自检,打开工作站软件。

4. 对流动相进行脱气,同时可以连接柱子,注意柱子的连接方向。

5. 用 100% 纯有机相冲洗柱子 15 min,流速为 0.8 mL/min。

6. 用水:甲醇＝75:25 的比例平衡柱子 5 min,之后在此等度条件下,设定波长为 249 nm 下对样品进行检测,进样 5 μL 检测时间为 30 min,分别对 VC 银翘片、扑热息痛以及空白对照进行检测。

7. 完成测试后,仍用 100% 纯有机相冲洗柱子 15 min,流速为 0.8 mL/min,之后流速调为 0,泵停止工作,按照从上到下的顺序关掉机身开关。

五、实验结果及处理

根据三次检测的样品色谱图,对 VC 银翘片、扑热息痛中的有效成分进行对比分析。

六、注意事项

1. 流动相:流动相应选用色谱纯试剂、高纯水或双蒸水,过滤后使用且需及时更换。

2. 样品:选择合适的溶剂溶解样品,过滤样品得到澄清溶液。

3. 色谱柱:(1)针对不同样品选择合适的色谱柱;(2)使用保护柱;(3)色谱柱在不使用时,应用甲醇冲洗,取下后紧密封闭两端保存。

4. 实验过程:(1)注意流动相是否有气泡,若有,请及时停止并脱气到气泡消失;(2)流动相不可低于过滤头处;(3)不要随意开关紫外灯,会损耗灯的寿命。

七、思考题

1. 为什么流动相和整个系统中不可存在气泡?

2. 为什么柱子不可反接?

3. 什么样品可以采用高效液相法进行测试?

实验二十二　内标法分析低度大曲酒中的杂质

一、实验目的

1. 了解程序升温色谱在复杂样品分析中的应用。
2. 掌握程序升温色谱的操作方法。
3. 熟悉内标法定量分析的方法。

二、实验原理

程序升温是指在一个分析周期里,色谱柱的温度按照适宜的程序连续地随时间升高的色谱操作方式。在程序升温中,采用足够低的初始温度,使低沸点组分能得到良好的分离,然后随着温度不断升高,沸点较高的组分也逐一被升高的柱温"推出"色谱柱,高沸点组分也能较快地流出,并和低沸点组分一样得到尖锐的和对称的色谱峰。

在程序升温操作时,宜采用双柱、双气路,即用两根完全相同的色谱柱,两个完全相同的检测器并保持色谱条件完全一致,这样可以补偿由于固定液流失和载气流量不稳等因素引起的检测器噪声和基线漂移,以保持基线平直。若使用单柱,应先不进样运行,把空白色谱信号(即基线信号)储存起来。然后进样,记录样品信号与储存的空白色谱信号之差。这样虽然也能补偿基线漂移,但效果不如双柱、双气路系统理想。

低度大曲酒中所含微量成分复杂,其极性和沸点变化范围很大,以致采用定温色谱方法不能很好地一次同时进行分析。使用以 PEG-20M 为固定液,Carbopack B AW 为担体制成的色谱柱,采用程序升温操作方式,以内标法定量,就能较好地对各组分进行测定。

三、仪器与试剂

1. 仪器:GC9000 型气相色谱仪(或其他型号);高纯氢气发生器;微量注射器。

2. 试剂:甲醇、乙醇、正丙醇、正丁醇、异戊醇、乙醛、乙酸乙酯、己酸乙酯、乙酸正戊酯,以上均为分析纯;低度大曲酒。

四、实验步骤

1. 色谱柱的准备:

以 PEG-20M 为固定液,Carbopack B AW(80～120 目)为担体。液担比为6.6%,制备规格为 $\phi 2\,mm \times 2\,000\,mm$ 的不锈钢柱。

2. 色谱操作条件:

(1) 柱温:80℃～200℃;

(2) 升温速率:4℃·min^{-1};

(3) 汽化室、检测器温度:220℃;

(4) 检测器:氢火焰离子化检测器;

(5) 氢气流速:40 mL·min^{-1};

(6) 空气流速:450 mL·min^{-1};

(7) 载气(N_2)流速:40 mL·min^{-1}。

3. 标准溶液的配制：

以 60%乙醇水溶液为溶剂。首先在 25 mL 容量瓶中预先放入 3/4 体积的溶剂，然后分别加入 20.0 μL 甲醇、乙醇、正丙醇、正丁醇、异戊醇、乙醛、乙酸乙酯、己酸乙酯、乙酸正戊酯，用溶剂稀释至刻度，充分摇匀。

4. 样品制备：

预先用待测低度大曲酒荡洗 25 mL 容量瓶，然后移取 20.0 μL 乙酸正戊酯至容量瓶中，再用待测低度大曲酒稀释至刻度，摇匀。

5. 色谱测定：

打开仪器，启动程序升温系统，设置色谱柱升温程序，待仪器稳定后，依次注入 1.0 μL 标准溶液及待测样品溶液。

五、数据记录与处理

1. 以保留时间对照定性，确定各物质的色谱峰。

2. 以乙酸正戊酯为内标物，根据标准溶液的色谱图分别求出各物质的校正因子。

3. 采用内标法计算待测大曲酒中各组分的含量。

六、思考题

1. 与恒温色谱法相比，程序升温色谱法具有哪些优点？

2. 在哪些情况下，需采用程序升温色谱法对样品进行分离？

实验二十三　高效液相色谱法测定饮料中咖啡因的含量

一、实验目的

1. 了解反相色谱分离系统的应用。
2. 熟悉高效液相色谱仪的使用方法。
3. 掌握高效液相色谱法测定咖啡因的方法。

二、实验原理

在高效液相色谱中,若采用非极性固定相和极性流动相,即构成反相色谱分离系统。反相色谱分离系统比正相色谱分离系统的应用更为广泛。

饮料中咖啡因含量的测定,采用反相高效液相色谱法,可以将饮料中的咖啡因与其他组分(如单宁酸、咖啡酸、蔗糖等)进行分离。通过设置适宜的色谱条件,将浓度不同的咖啡因标准溶液及待测溶液依次注射进入色谱系统,通过测定色谱图上的保留时间定性,确定咖啡因的色谱峰。然后用峰面积作为定量测定的参数,采用标准曲线法测定饮料中的咖啡因含量。

三、仪器与试剂

1. 仪器:LC-10ATvp 高效液相色谱仪;超声波清洗器;微量进样器。
2. 试剂:咖啡因(色谱纯或分析纯);甲醇(色谱纯或分析纯)。

四、实验步骤

1. 色谱条件:

(1) 色谱柱:长 15 cm,内径 3 mm,装填粒度为 10 μm 的 C18 烷基键合固定相;

(2) 柱温:室温;

(3) 流动相:甲醇溶液 60∶40,进入色谱系统前经 4G 砂芯漏斗过滤,用超声波清洗器脱气;

(4) 流动相流速:1.0 mL·min^{-1};

(5) 检测器:紫外光度检测器,波长 254 mm。

2. 溶液的配制:

(1) 标准系列溶液的配制　准确称取 25.0 mg 色谱纯或分析纯咖啡因,用甲醇溶解,定量转入 100 mL 容量瓶中,稀释至刻度,摇匀,即得标准贮备液。

实验前,用标准贮备液配制浓度分别为 25 μg·mL^{-1}、50 μg·mL^{-1}、75 μg·mL^{-1}、100 μg·mL^{-1} 及 125 μg·mL^{-1} 系列标准溶液。

(2) 试样溶液的配制　取 2 mL 咖啡饮料试液放入 25 mL 容量瓶中,用流动相稀释至刻度。

3. 色谱测定:

打开仪器电源,启动高压泵,打开检测器及色谱工作站系统,对仪器进行预热,并通过仪器的自检。待基线稳定后,开始进样。用微量注射器依次吸取各标准系列溶液及试样溶液 100 μL,注入仪器进样口。

五、实验记录

标准溶液/($\mu g \cdot mL^{-1}$)	25	50	75	100	125	待测试样
峰面积 A						

六、数据处理及计算结果

1.用标准溶液色谱图中的保留值,确定试样溶液色谱图中相应咖啡因的色谱峰。

2.以峰面积为纵坐标,咖啡因的浓度为横坐标,作标准曲线。根据试样溶液峰面积,从标准曲线上查出相应咖啡因浓度,然后求出原试样溶液中咖啡因的含量。

七、思考题

1.何谓反相色谱分离系统?在实际分析中,为什么反相色谱应用更广?

2.气相色谱柱进行分离需加热且恒温,而高效液相色谱柱一般在室温下进行分离,为什么?

实验二十四　高效液相色谱柱效能测定

一、实验目的

1. 了解高效液相色谱仪的基本结构和工作原理。
2. 学习高效液相色谱仪的使用。
3. 掌握液相色谱柱效能测定方法。

二、实验原理

高效液相色谱法是以液体作为流动相的一种色谱分析法,它亦是根据不同组分在流动相和固定相之间的分配系数的差异来对混合物进行分离的。气相色谱中评价色谱柱效能的方法及计算理论塔板数的公式同样适合于高效液相色谱,即:

$$n = 5.54\left(\frac{t_R}{W_{\frac{1}{2}}}\right)^2 = 16\left(\frac{t_R}{W}\right)^2$$

式中,t_R 为组分的保留时间;$W_{\frac{1}{2}}$ 为色谱峰的半峰宽度;W 为色谱峰的峰底宽度。

速率理论及范第姆特方程式对于研究影响高效液相色谱柱效能的各种因素,同样具有指导意义:

$$H = A + B/u + Cu$$

在液相色谱中由于组分在液体中的扩散系数很小,纵向扩散项(B/u)对色谱峰扩展的影响实际上可以忽略,而传质阻力项(Cu)则成为影响柱效能的主要因素。可见,要提高液相色谱的柱效能,提高柱内填料装填的均匀性和减小填料的粒度,以加快传质速率是非常重要的,而装填技术的优劣亦将直接影响色谱柱的分离效能。

除上述影响柱效能的一些因素外,对于液相色谱还应考虑到一些柱外展宽的因素,其中包括进样器的死体积和进样技术等所引致的柱前展宽,以及由柱后连接管、检测器流通池体积所引致的柱后展宽。

三、仪器和试剂

1. 仪器:LC-10ATvp 高效液相色谱仪(紫外检测器);25 μL 微量进样器;超声波清洗器。

2. 试剂:苯、萘、联苯、甲醇均为分析纯;纯水为重蒸的去离子水;标准溶液:配制含苯、萘、联苯各 10 μg·mL^{-1} 的甲醇溶液。

四、实验条件

(1) 色谱柱:长 15 cm,内径 3 mm,装填粒度为 10 μm 的 C18 烷基键合固定相;
(2) 流动相:甲醇溶液 85∶15,流量 0.8 mL·min^{-1};
(3) 紫外检测器:波长 254 nm,灵敏度 0.08;
(4) 进样量:5 μL。

五、实验步骤

1. 将流动相先经 4G 砂芯漏斗过滤后,置于超声波清洗器上脱气约 30 min。
2. 根据实验条件,按仪器操作规程调节至进样状态,待仪器流路及电路系统达到平衡,色谱工作站基线平直时,即可进样。

3. 吸取 $5\,\mu L$ 苯、萘、联苯的甲醇溶液进样,并用色谱工作站记录色谱数据,同时记录色谱数据文件名。

4. 用色谱工作站之"数据处理"系统处理数据文件。

六、数据记录及处理

1. 记录实验条件:

(1) 色谱柱与固定相;

(2) 流动相及其流量;

(3) 检测器及其灵敏度;

(4) 进样量。

2. 记录色谱峰的保留时间 t_R 和相应色谱峰的半峰宽 $W_{\frac{1}{2}}$。

3. 分别计算苯、萘、联苯在该色谱柱上的理论塔板数 n。

七、思考题

1. 由本实验计算出的各组分理论塔板数说明了什么问题?

2. 紫外检测器是否适用于检测所有有机化合物,为什么?

附　　录

附录Ⅰ　SI 单位制表

表 1　SI 基本单位和物理量

物理量	量符号	单位名称	单位符号
长度	l	米	m
质量	m	千克(公斤)	kg
时间	t	秒	s
电流	I	安[培]	A
热力学温度	T	开[尔文]	K
物质的量	n	摩[尔]	mol
发光强度	I_V	坎[德拉]	cd

表 2　SI 词头

乘因子	词头	符号	乘因子	词头	符号
10	十	da	10^{-1}	分	d
10^2	百	h	10^{-2}	厘	c
10^3	千	k	10^{-3}	毫	m
10^6	兆	M	10^{-6}	微	μ
10^9	吉[伽]	G	10^{-9}	纳[诺]	n
10^{12}	太[拉]	T	10^{-12}	皮[可]	p
10^{15}	拍[它]	P	10^{-15}	飞[母托]	f
10^{18}	艾[可萨]	E	10^{-18}	阿[托]	a
10^{21}	泽[它]	Z	10^{-21}	仄[普托]	z

表 3　SI 导出单位的名称和符号

物理量	SI 单位名称	SI 单位符号	以 SI 基本单位表示
频率	赫[兹]	Hz	s^{-1}
力	牛[顿]	N	$m \cdot kg \cdot s^{-2}$
压力,张力	帕[斯卡]	Pa	$m^{-1} \cdot kg \cdot s^{-2} (= N \cdot m^{-2})$
能量,功,热量	焦[耳]	J	$m^2 \cdot kg \cdot s^{-2} (= N \cdot m = Pa \cdot m^3)$
功率	瓦[特]	W	$m^2 \cdot kg \cdot s^{-3} (= J \cdot s^{-1})$
电荷	库[仑]	C	$s \cdot A$
电位	伏[特]	V	$m^2 \cdot kg \cdot s^{-3} \cdot A^{-1} (= J \cdot C^{-1})$

物理量	SI 单位名称	SI 单位符号	以 SI 基本单位表示
电容	法［拉］	F	$m^{-2} \cdot kg^{-1} \cdot s^4 \cdot A^2 \ (= C \cdot V^{-1})$
电阻	欧［姆］	Ω	$m^2 \cdot kg \cdot s^{-3} \cdot A^{-2} \ (= V \cdot A^{-1})$
电导	西［门子］	S	$m^{-2} \cdot kg^{-1} \cdot s^3 \cdot A^2 \ (= \Omega^{-1})$
磁通［量］	韦［伯］	Wb	$m^2 \cdot kg \cdot s^{-2} \cdot A^{-1} \ (= V \cdot s)$
磁通［量］密度	特［斯拉］	T	$kg \cdot s^{-2} \cdot A^{-1} \ (= V \cdot s \cdot m^{-2})$
自感	亨［利］	H	$m^2 \cdot kg \cdot s^{-2} \cdot A^{-2} \ (= V \cdot A^{-1} \cdot s)$
摄氏温度	摄氏度	℃	K

表 4　SI 以外的常用单位

物理量	单位	单位符号	以 SI 单位表示的数值	SI 单位
时间	分	min	60	s
时间	小时	h	3 600	s
体积	升	L	10^{-3}	m^3
能量	电子伏特	eV	1.602 18	$\times 10^{-19} J$

附录Ⅱ　基本数据表

表 5　元素的相对原子质量(原子量)(2005 年)

摘自 IUPAC 2005 Standard Atomic Weights

原子序数	英文名称	符号	名称	相对原子质量	原子序数	英文名称	符号	名称	相对原子质量
1	Hydrogen	H	氢	1.007 94(7)	13	Aluminium (Aluminum)	Al	铝	26.981 5386(8)
2	Helium	He	氦	4.002 602(2)					
3	Lithium	Li	锂	6.941(2)	14	Silicon	Si	硅	28.085 5(3)
4	Beryllium	Be	铍	9.012 182(3)	15	Phosphorus	P	磷	30.973 762(2)
5	Boron	B	硼	10.811(7)	16	Sulfur	S	硫	32.065(5)
6	Carbon	C	碳	12.017(8)	17	Chlorine	Cl	氯	35.453(2)
7	Nitrogen	N	氮	14.006 7(2)	18	Argon	Ar	氩	39.948(1)
8	Oxygen	O	氧	15.999 4(3)	19	Potassium (Kalium)	K	钾	39.098 3(1)
9	Fluorine	F	氟	18.998 403 2(5)	20	Calcium	Ca	钙	40.078(4)
10	Neon	Ne	氖	20.179 7(6)	21	Scandium	Sc	钪	44.955 912(6)
11	Sodium (Natrium)	Na	钠	22.989 769 28(2)	22	Titanium	Ti	钛	47.867(1)
					23	Vanadium	V	钒	50.941 5(1)
12	Magnesium	Mg	镁	24.305 0(6)	24	Chromium	Cr	铬	51.996 1(6)

原子序数	英文名称	符号	名称	相对原子质量	原子序数	英文名称	符号	名称	相对原子质量
25	Manganese	Mn	锰	54.938 045(5)	56	Barium	Ba	钡	137.327(7)
26	Iron (Ferrum)	Fe	铁	55.845(2)	57	Lanthanum	La	镧	138.905 47(7)
					58	Cerium	Ce	铈	140.116(1)
27	Cobalt	Co	钴	58.933 195(5)	59	Praseodymium	Pr	镨	140.907 65(2)
28	Nickel	Ni	镍	58.693 4(2)	60	Neodymium	Nd	钕	144.242(3)
29	Copper (Cuprum)	Cu	铜	63.546(3)	61	Promethium*	Pm	钷	[145]
					62	Samarium	Sm	钐	150.36(3)
30	Zinc	Zn	锌	65.409(4)	63	Europium	Eu	铕	151.964(1)
31	Gallium	Ga	镓	69.723(1)	64	Gadolinium	Gd	钆	157.25(3)
32	Germanium	Ge	锗	72.64(1)	65	Terbium	Tb	铽	158.925 35(2)
33	Arsenic	As	砷	74.921 60(2)	66	Dysprosium	Dy	镝	162.500(1)
34	Selenium	Se	硒	78.96(3)	67	Holmium	Ho	钬	164.930 32(2)
35	Bromine	Br	溴	79.904(1)	68	Erbium	Er	铒	167.259(3)
36	Krypton	Kr	氪	83.798(2)	69	Thulium	Tm	铥	168.934 21(2)
37	Rubidium	Rb	铷	85.467 8(3)	70	Ytterbium	Yb	镱	173.04(3)
38	Strontium	Sr	锶	87.62(1)	71	Lutetium	Lu	镥	174.967(1)
39	Yttrium	Y	钇	88.905 85(2)	72	Hafnium	Hf	铪	178.49(2)
40	Zirconium	Zr	锆	91.224(2)	73	Tantalum	Ta	钽	180.947 88(2)
41	Niobium	Nb	铌	92.906 38(2)	74	Tungsten (Wolfran)	W	钨	183.84(1)
42	Molybdenum	Mo	钼	95.94(2)	75	Rhenium	Re	铼	186.207(1)
43	Technetium*	Tc	锝	[97.907 2]	76	Osmium	Os	锇	190.23(3)
44	Ruthenium	Ru	钌	101.07(2)	77	Iridium	Ir	铱	192.217(3)
45	Rhodium	Rh	铑	102.905 50(2)	78	Platinum	Pt	铂	195.008 4(9)
46	Palladium	Pd	钯	106.42(1)	79	Gold(Aurum)	Au	金	196.966 569(4)
47	Silver (Argentum)	Ag	银	107.868 2(2)	80	Mercury (Hydrargyrum)	Hg	汞	200.59(2)
48	Cadmium	Cd	镉	112.411(8)	81	Thallium	Tl	铊	204.383 3(2)
49	Indium	In	铟	114.818(3)	82	Lead (Plumbum)	Pb	铅	207.2(1)
50	Tin (Stannum)	Sn	锡	118.710(7)	83	Bismuth	Bi	铋	208.980 40(1)
51	Antimony (Stibium)	Sb	锑	121.760(1)	84	Polonium*	Po	钋	[208.982 4]
					85	Astatine*	At	砹	[209.987 1]
52	Tellurium	Te	碲	127.60(3)	86	Radon*	Rn	氡	[222.017 6]
53	Iodine	I	碘	126.904 47(3)	87	Francium*	Fr	钫	[223]
54	Xenon	Xe	氙	131.293(6)	88	Radium*	Re	镭	[226]
55	Caesium (Cesium)	Cs	铯	132.905 451 9(2)	89	Actinium*	Ac	锕	[227]
					90	Thorium*	Th	钍	232.038 06(2)

原子序数	英文名称	符号	名称	相对原子质量	原子序数	英文名称	符号	名称	相对原子质量
91	Protactinium*	Pa	镤	231.035 88(2)	104	Rutherfordium*	Rf	𬬻	[261]
92	Uranium*	U	铀	238.028 91(3)	105	Dubnium*	Db	𬭊	[262]
93	Neptunium*	Np	镎	[237]	106	Seaborgium*	Sg	𬭳	[266]
94	Plutonium*	Pu	钚	[244]	107	Bohrium*	Bh	𬭛	[264]
95	Americium*	Am	镅	[243]	108	Hassium*	Hs	𬭶	[277]
96	Curium*	Cm	锔	[247]	109	Meitnerium*	Mt	鿏	[268]
97	Berkelium*	Bk	锫	[247]	110	Ununnilium*	Ds	𫟼	[271]
98	Californium*	Cf	锎	[251]	111	Unununium*	Rg	𬬭	[272]
99	Einsteinium*	Es	锿	[252]	112	Ununbium*	Uub		[285]
100	Fermium*	Fm	镄	[257]	114	Ununquadium*	Uuq		[289]
101	Mendelevium*	Md	钔	[258]	116	Ununhexium*	Uuh		[292]
102	Nobelium*	No	锘	[259]	118	Ununoctium*	Uuo		[293]
103	Lawrencium*	Lr	铹	[262]					

注:Li 的商品的相对原子质量与标准相对原子质量有较大差别。标有"＊"的为放射性元素。

表 6　基本物理常数

名　称	符　号	数值和单位
真空光速	c	$2.997\ 924\ 58\times10^{8}\,\mathrm{m\cdot s^{-1}}$
普朗克(Planck)常数	h	$6.626\ 075\ 5\times10^{-34}\,\mathrm{J\cdot s}$
以电子伏为单位		$4.135\ 669\ 2\times10^{-15}\,\mathrm{eV\cdot s}$
$h/2\pi$	$\hbar$	$1.054\ 572\ 66\times10^{-34}\,\mathrm{J\cdot s}$
以电子伏为单位		$6.582\ 122\ 0\times10^{-16}\,\mathrm{eV\cdot s}$
基本电荷	e	$1.602\ 177\ 33\times10^{-19}\,\mathrm{C}$
核磁子	μ_{N}	$5.050\ 786\ 6\times10^{-27}\,\mathrm{J\cdot T^{-1}}$
阿伏伽德罗(Avogadro)常数	N_{A}	$6.022\ 136\ 7\times10^{23}\,\mathrm{mol^{-1}}$
原子质量单位,原子质量常量 $$1u=\frac{1}{12}m(^{12}\mathrm{C})$$	u	$1.660\ 540\ 2\times10^{-27}\,\mathrm{kg}$
法拉第(Faraday)常数	F	$96\ 485.309\,\mathrm{C\cdot mol^{-1}}$
摩尔气体常数	R	$8.314\ 510\,\mathrm{J\cdot mol^{-1}\cdot K^{-1}}$
玻耳兹曼(Boltzmann)常数	k	$1.380\ 658\times10^{-23}\,\mathrm{J\cdot K^{-1}}$
以电子伏为单位		$8.617\ 385\times10^{-5}\,\mathrm{eV\cdot K^{-1}}$
理想气体摩尔体积	V_{m}	$22.414\ 10\,\mathrm{dm^{3}\cdot mol^{-1}}$ (273.15 K,101.3 kPa)

表7 原子吸收光谱分析中元素的主要吸收线

元素	λ/nm	元素	λ/nm
Ag	328.07，338.29	Na	589.00，330.30
Al	309.27，308.22	Nb	334.37，358.03
As	193.70，197.20	Nd	463.42，471.90
Au	242.80，267.60	Ni	232.00，341.48
B	249.68，249.77	Os	290.91，305.87
Ba	553.55，455.40	Pb	216.70，283.31
Be	234.86	Pd	247.64，244.79
Bi	223.06，222.83	Pr	495.14，513.34
Ca	422.67，239.86	Pt	265.95，306.47
Cd	228.80，326.11	Rb	780.02，794.76
Ce	520.00，369.70	Re	346.05，346.47
Co	240.71,242.49	Rh	343.49，339.69
Cr	357.87，359.35	Ru	349.89，372.80
Cs	852.11，455.54	Sb	217.58，206.83
Cu	324.75，327.40	Sc	391.18，402.04
Dy	421.17，404.60	Se	196.03，203.99
Er	400.80，415.11	Si	251.61，250.69
Eu	459.40，462.72	Sm	429.67，520.06
Fe	248.33，252.29	Sn	224.61，286.33
Ga	287.42，294.42	Sr	460.73，407.77
Gd	368.41，407.87	Ta	271.47，277.59
Ge	265.16，275.46	Tb	432.65，431.89
Hf	307.29，286.64	Te	214.28，225.90
Hg	253.65	Th	371.90，380.30
Ho	410.38，405.39	Ti	364.27，337.15
In	303.94，325.61	Tl	276.79，377.58
Ir	209.26，208.88	Tm	409.4，410.58
K	766.49，769.90	U	351.46，358.49
La	550.13,418.73	V	318.40，385.58
Li	670.78，323.26	W	255.14，294.74
Lu	335.96，328.17	Y	410.24，412.83
Mg	285.21，279.55	Yb	398.80,346.44
Mn	279.48，403.08	Zn	213.86，307.59
Mo	313.26，317.04	Zr	360.12，301.18

主要参考文献

1. 华中师范大学,陕西师范大学,东北师范大学. 分析化学下册[M]. 3 版. 北京:高等教育出版社,2001.

2. 华中师范大学,东北师范大学,陕西师范大学,北京师范大学. 分析化学实验[M]. 3 版. 北京:高等教育出版社,2001.

3. 方惠群,于俊生,史坚. 仪器分析[M]. 北京:科学出版社,2002.

4. 刘约权. 现代仪器分析[M]. 2 版. 北京:高等教育出版社,2006.

5. 郭英凯. 仪器分析[M]. 北京:化学工业出版社,2006.

6. 曾泳淮,林树昌. 分析化学(仪器分析部分)[M]. 2 版. 北京:高等教育出版社,2004.

7. 李吉学. 仪器分析[M]. 北京:中国医药科技出版社,1999.

8. 叶宪曾,张新祥. 仪器分析教程[M]. 2 版. 北京:北京大学出版社,2006.

9. 武汉大学化学系. 仪器分析[M]. 北京:高等教育出版社,2001.

10. 陈玉英. 药学实用仪器分析[M]. 北京:高等教育出版社,2006.

11. 朱明华. 仪器分析[M]. 3 版. 北京:高等教育出版社,2000.

12. 王秀萍. 仪器分析技术[M]. 北京:化学工业出版社,2003.

13. 刘虎威. 气相色谱方法及应用[M]. 北京:化学工业出版社,2000.

14. 孙凤霞. 仪器分析[M]. 北京:化学工业出版社,2004.

15. 吴谋成,贺立源,王静. 仪器分析[M]. 北京:科学出版社,2003.

16. 高向阳. 新编仪器分析[M]. 北京:科学出版社,2004.

17. 孟令芝,龚淑玲,何永炳. 有机波谱分析[M]. 2 版. 武汉:武汉大学出版社,2003.

18. 邓勃. 应用原子吸收与原子荧光光谱分析[M]. 北京:化学工业出版社,2003.

19. 孙汉文. 原子光谱分析[M]. 北京:高等教育出版社,2002.

20. 陈培榕,邓勃. 现代仪器分析实验与技术[M]. 北京:清华大学出版社,1999.

21. 田丹碧. 仪器分析[M]. 北京:化学工业出版社,2004.